# 废墟美学实践的艺术视角

冯大康　冯默墨 ◎ 著

中国书籍出版社
China Book Press

**图书在版编目（CIP）数据**

废墟美学实践的艺术视角 / 冯大康, 冯默墨著.

北京：中国书籍出版社, 2024. 10.

ISBN 978-7-5241-0071-3

Ⅰ. TU-80

中国国家版本馆 CIP 数据核字第 20245UZ744 号

**废墟美学实践的艺术视角**

冯大康　冯默墨　著

| | |
|---|---|
| 图书策划 | 成晓春 |
| 责任编辑 | 李　新 |
| 封面设计 | 冯默墨 |
| 责任印制 | 孙马飞　马　芝 |
| 出版发行 | 中国书籍出版社 |
| 地　　址 | 北京市丰台区三路居路 97 号（邮编：100073） |
| 电　　话 | （010）52257143（总编室）（010）52257140（发行部） |
| 电子邮箱 | eo@chinabp.com.cn |
| 经　　销 | 全国新华书店 |
| 印　　刷 | 天津和萱印刷有限公司 |
| 开　　本 | 710 毫米 ×1000 毫米　1/16 |
| 字　　数 | 290 千字 |
| 印　　张 | 16.75 |
| 版　　次 | 2025 年 6 月第 1 版 |
| 印　　次 | 2025 年 6 月第 1 次印刷 |
| 书　　号 | ISBN 978-7-5241-0071-3 |
| 定　　价 | 72.00 元 |

# 前　言

　　本书研究的对象是"废墟美学"及其实践。截至目前，学界仍然没有正式将"废墟美学"作为一个独立的门类进行研究并建立完善的学术系统，但它确实已经在文化研究、文学批评、艺术理论、建筑学等多个领域出现并被研究。在艺术领域，那些文化遗迹、废弃建筑物或是灾后的废墟等场景，常常被艺术家或设计师用作创作的素材或加工改造的对象，时不时地创造出令人惊艳的艺术效果。无数案例证明，那些司空见惯且常人避之不及的废墟，确实蕴藏着丰富的文化、哲学、情感及艺术审美价值。那些废墟是如何作为时间记忆和历史见证而激起人们思考和情感反应的？在艺术创作中废墟是如何作为记忆、重生、反省和隐喻的？意义又何在？"丑陋无用"的废墟空间如何能在当代社会"枯木逢春"般摇身变成网红打卡圣地的？废墟元素如何在影像等视觉艺术作品中带动观众的情绪价值，实现惊人的播放量？进入数字化时代，这些问题引起越来越多学者、艺术家、网络达人甚至普通大众的注意。尽管"废墟美学"是一个新生概念，但其影响力在迅速扩大，因此，本书的研究变得十分必要。

　　"废墟"的涵义不仅包含"可触可感"的物质废墟，同时也包含比喻意义上的废墟，也就是"心理废墟"。本书仅站在实践角度，尤其是艺术创作和审美的角度去审视物质废墟和心理废墟，并没有过多讨论废墟在社会学、心理学、伦理学等方面的内容，因此，本书既不过多涉及废墟的社会和阶级属性，也不讨论废墟的经济意义和商业归宿，更不关心废墟的道德伦理价值，只专注于讨论视觉实践角度的"废墟美学"。

　　歌德说过，人所能达到的最高境地，就是他明确地意识到他自己的信念和思想，认识到自己并且由此开始也深切地认识到别人的思想感情。事实上，艺术家更愿意追究灵魂和内心，或者世界和人生最隐秘的意义和秘密，就像斯皮尔伯格指出的那样："所有伟大作品的渊源，就是人的灵魂以及它经历的痛苦和欢乐。"①
正如王羲之书法《兰亭集序》中所言"后之视今，亦犹今之视夕"，我们眼中所
看到的一切，终将沦为废墟，这是"物"的最终归宿。因此，不管是西方人眼中
的石质"建筑遗存"还是东方人眼中的木质或土质的"丘墟"，在艺术家那里最
后都会归于"崇高""虚空""超然"之类的心境表达。自古至今，文人骚客往往
都是借助废墟空灵之外壳，灌注主观情感，叹古咏今，借物抒情。斗转星移，21
世纪的中国，经济高速发展，思想观念空前活跃，一些中国学者对于"废墟"的
研究也更加深入细致，不但进行分类，还对废墟的象征意义做了深入的研究和论
述。如巫鸿，不仅将中国废墟题材的作品分为"如画"和"灰烬"废墟两类，并
将中国与西方的废墟艺术进行比较之后，做出中国古代废墟具有感伤情怀与西方
欧洲废墟具有时间记录的结论；又如，岛子在一次采访问答中提出了"废墟与废
墟艺术中包含了创伤、反思、希望的情感"②等。改革开放以来，东西方观念激烈
碰撞与融合。"废墟"作为一种题材，以一种更加多元共融的姿态广泛出现在绘画、
装置、设计、摄影、文学等作品中。例如，荣荣运用独特的摄影视角精确地捕捉
了流动在城市废墟中的绚丽与沉默，尹秀珍以装置的形式再现废墟，以此保存她
自己与这座城市的记忆，张大力以涂鸦的艺术形式与他所生活的城市展开了对话
等。包括笔者在内的很多中国艺术家，之所以采用废墟题材进行艺术创作实践，
原因大致有三：一是废墟出现太普遍。改革开放以来，随着我国城市化进程加快，
伴随而来的是废墟的出现和拔地而起的高楼大厦，各式各样的废墟大量出现，它
们在一定程度上成了这个时代的符号缩影。二是废墟承载着"启示"。所有的人都
在探寻，探寻自己的精神栖居之所，这时的废墟也就承载了更多的"启示"。三
是废墟的批判价值。早些时候，笔者为苏丹的"上下废墟，艺术家在行动"所吸引，
其中的一段话颇为感人，废墟是一个文明的终结，也是另一个文明的开始……
城市废墟有点像落叶成肥的道理，一方面它代表着过去的衰败和终结，另一方面
它是希望的沃土，废墟的下面总在涌动着无限的生机。德国"二战"之后的"废
墟文学"就是如此，作家一方面观察和描述战争造成的城市废墟以及社会的颓废，
另一方面对"废墟"的重建寄予希望……艺术家是另一种拾荒者，他们闯入现场
捡拾人性的碎片，然后试图缝合出一些震撼人心的图像。③

---

① 冯大康，张青荣. 从弗洛伊德《画家的工作·反射》谈起 [J]. 大众文艺，2012（1）：129-130.
② 岛子，郝青松. 现代性废墟与废墟艺术 [J]. 艺术广角，2013（6）：34-39.
③ 苏丹. 上下废墟，艺术家在行动 [R/OL].（2019-03-06）[2024-04-16]. http://www.art-ba-ba.com/main/main.art?threadId=192838&forumId=8.

　　笔者在这本书的研究和写作过程中得到了许多机构、师长、同事、友人和学生的关心支持。笔者自 2003 年在四川美术学院攻读硕士学位期间就开始了废墟主题艺术创作并展开相应的理论研究，在这期间得到了硕士导师庞茂琨教授的悉心指导，在导师的帮助下，笔者逐渐明确了努力方向并逐步建立了自己的学术体系，陆续创作了 300 多幅废墟题材的油画作品并在国内外参加了几十个场次的展览活动，出版了《呓语·家园》等两部专著。本书写作前期，叶廷芳、巫鸿、岛子、程勇真等学者的相关研究成果给了笔者很大的思想启发。一些国内高校优秀的硕士、博士论文和期刊论文成果也很有参考价值，著名批评家王林、吕彭、彭德、李小山、李超、何桂彦、郑娜、郑川等的相关著作或观点也给本书的写作提供了重要的帮助，在这里请容许笔者向这些师友和学者以及同行致以深深的谢意。笔者最需要感谢夫人张青荣和女儿冯默墨。张青荣女士是一位研究影像图形语言的学者，冯默墨目前正在上海大学美术学院攻读海派人物画创作研究方向的博士学位，是一名爱读书、爱思考的文艺青年。本书中许多想法和观点来自一家人对中外艺术和文化的讨论与对话，一些看法和意见形成并成熟于我们共同参观的各种遗迹废墟、艺术展览或者浏览画册后的讨论之中。笔者的夫人是本书草稿的第一个阅读者和评论者，笔者的女儿则是本书的共同写作者。笔者的学生费立芝在本书写作过程中参与了少量资料整理工作，一并致谢。最后，本书组稿时间有限，疏漏之处恳请专家学者予以批评指正。

　　此专著写作中，冯大康约完成 25 万字，冯默墨约完成 4 万字，在此特别说明。

冯大康

2024 年 4 月

# 目　录

# 第一章 绪 论

对于像笔者这样的普通职员而言，最惬意的事情莫过于一段紧张忙碌的工作过后外出旅游了。到了陌生的地方很容易就会发现，一些很有年代感的院落、城墙、古塔等悄然出现在旅游指南上。这文化名片似的东西似乎在告诉我们这个地方值得来一趟，至少是有点历史文化底蕴或故事的，更不用说那些如雷贯耳的名字如古希腊帕特农神庙、埃及金字塔、柬埔寨吴哥窟、庞贝古城、古罗马斗兽场以及中国长城、圆明园了。这些地方都是旅游打卡圣地。不仅如此，越来越多的废墟符号也被借用、复制、解构重组后，出现在各大艺术博览会或美术馆展出的绘画、设计，甚至观念作品中。为什么人们会对废墟之美如此着迷呢？这正是本书讨论的核心问题。

"废墟"一词，中外解释略有不同。中国《说文解字》认为"废，屋顿也。顿之言钝，谓屋顿置无居之者也"[1]。意思是建筑物遭受破坏后变成的荒凉地方即为废墟；一些学者认为西方的"废墟"（Ruins）与拉丁语"落石"的观念有关，主要指石质结构的建筑遗存。

废墟的出现几乎是伴随着人类生活开始的。废墟是人类社会和自然"新陈代谢"的结果，不同社会时期废墟的种类可能不尽相同，尤其是生产力发达的现代社会，人类进入数字时代，人类生产制造的物品越多样，废弃物的产生就越多。比如，随着工业化的推进，许多工厂因为技术更新、产业转型或环保要求而关闭，留下了大量的工业废弃物和废弃工厂，这些废墟不仅占用土地资源，还可能对周边环境和人类健康造成危害。在城市规划和建设的进程中，一些老旧城区、房屋和建筑因为城市更新、拆迁或重建而被废弃。这些废墟常常是城市发展的见证，但也带来了诸多问题。环境污染和生态破坏是由于人类活动对环境的过度开发。这些问题表现为土地沙漠化、水资源枯竭、树木被过度砍伐等，给当地居民和自然生态系统带来了严重的影响。在数字时代，网络中也存在废墟现象。废弃的网站、社交媒体账号和在线论坛等被称为"网络废墟"。这些废墟不仅占据网络空间，还可能包含有害信息，对网络安全和用户隐私造成威胁。人类活动留下的废墟不

---

① 汉典. 废 [ M /OL][2024-02-08]. https://www.zdic.net/hans/%E5%BA%9F.

限于工业、城市和环境领域，还包括战争、自然灾害等因素产生的废墟。这些不同形式的废墟记录了人类历史的沧桑和自然力量的威力。总之，当代社会的废墟现象反映了社会发展和环境问题的复杂性。面对这些问题，社会应当加强环境保护和文化遗产保护的意识，推动可持续发展，减少废墟现象。同时，废墟也可以被视为一种资源，通过创新和合理利用，为社会带来新的价值。

在经济全球化、经济发展和科技进步的共同作用下，当代社会出现明显的物质主义和消费文化盛行的现象，人们的生活态度和价值观念出现很大的改变，甚至影响到社会结构和环境方面。在经济发展和科技进步的推动下，物质生活水平大幅提高，消费文化盛行，物质财富成为衡量个人成功的重要标准。这种现象在全球范围内都有所体现，尤其是在发达国家和发展中国家的城市地区。物质主义是一种认为物质财富和消费是生活质量和幸福感的决定性因素的价值观。当代消费文化大行其道，主要表现在以下方面。在物质主义和消费主义的驱动下，人们越来越注重物质财富的积累和消费，导致过度追求物质享受，忽视精神文化需求。这种现象容易导致人们的价值观扭曲，追求短期满足而忽视长远发展。在这种价值观的引导下，人们将物质财富作为追求的目标，而忽视了人际关系、精神追求和社会责任等其他生活方面。同时，随着广告和媒体的影响增强，消费文化鼓励人们不断购买新产品和服务，以满足不断变化的物质需求和欲望，这导致了过度消费和浪费，以及对环境的负面影响。人们总是将自己与他人比较，追求更高的社会地位和更多的物质财富，这种比较导致不满、焦虑和心理压力过大。物质主义带来的负面影响至少带来五方面问题：一是环境问题，物质繁荣往往伴随着资源过度开采和环境污染，环境污染和资源枯竭等问题给人类带来了生存挑战。这不仅威胁到自然资源的可持续性，也影响了未来人们的生活质量。二是社会财富分配不均的问题。物质繁荣可能加剧社会不平等，财富集中在少数人手中，这必将导致社会关系紧张。三是对于社交网络的依赖，随着互联网和社交媒体的普及，人们越来越依赖于虚拟世界来满足社交需求。长时间沉浸在虚拟世界中，容易导致现实生活中的沟通障碍和人际关系疏离。四是快节奏生活带来的压力，现代生活节奏快，人们面临着工作、生活等多方面的压力。人们在生活中面临着人际关系紧张、社会信任缺失等问题，在应对这些压力的过程中，人们往往忽视了精神层面的调养和成长，导致心理问题和生活质量下降。五是教育问题更加凸显，在应试教育的背景下，学生面临着巨大的学业压力，忽视了个性发展和兴趣培养。这导致许多学生在精神层面上得不到充分的滋养，容易出现心理问题和价值观偏差。当代社会，我们在发展物质文明的同时，也需要重视精神文明的建设，通过提高人们的道德素质、培养广泛的兴趣爱好等方式，来满足人们的精神文化需求，实现物质与精神的协调发展。为了抑制过度的物质主义，需要包括政策制定者、企业和个人在内的多方积极努力。政策制定者通过税收、教育和社会保障政策来减少不平等，促进可持续发展；企业采取更加环保和负责任的商业实践，推动可持续消费；个人则需要培养健康和节制的消费习惯，重视非物质生活方面的满足感，如人际关系、个人成长和精神追求，尤其重要的是，需要倡导人文精神和文化建设，抑制过度的物质主义和消费文化，促进社会更加平衡和可持续发展。

文化不过是残存下来的废墟，废墟是文明的绝佳档案，废墟将过去、现在和未来联系在一起。自15世纪开始，西方人们逐渐认识到残存下来的古希腊和古罗马时期的壁画和雕塑等艺术品那令人陶醉的古典美、残缺美。人们也开始注意到到废墟有着独特的艺术价值和文化内涵。伴随浪漫主义运动的悄然兴起，人们开始批判工业化的浮躁与刻板，"废墟"更进一步契合了人们的审美理想。19世纪以来，"断臂维纳斯"作为残缺美的经典震惊了世界，为废墟的残缺美进入美学殿堂提供了有力的依据，同时也使保护废墟遗址成为一种文化行为。[①]进入20世纪，本雅明延续波德莱尔的研究，忙碌地穿梭于城市的各种废墟之中，收集着当时的各种残渣与废料，并以此告诫我们，我们的生活就构筑在由以往废墟碎片堆砌的基础之上，这样的生活就是存在的真实图景。断裂的时间、内省的目光、悲怆的情感、深沉的历史意识等成为废墟美学的主要的审美特征。[②]伴随西方工业化发展、高潮和衰落，工业废墟数量逐渐增多，影响力逐渐加大，逐步成为文学艺术主要表现的废墟美学素材。废墟美学的正式兴起可以追溯到20世纪末期，当时社会变迁和文化碰撞的背景下，人们开始对废墟产生了浓厚的兴趣。快速的城市化进程以及不断爆发的战争冲突，使得废墟美学的影响更为深入和广泛，特别是工业废墟与城市废墟，它们成了当代废墟美学的主要审美对象。人们在思考未来的同时，也不自觉地将这些"废墟"作为日常的审美对象。文学、建筑、绘画、音乐、艺术设计、影像、实验艺术等当代艺术作品中出现各种废墟景观甚至垃圾物品内容，废墟成了当代艺术的重要表现题材和审美对象。在当代人看来，废墟带给人的并不都是残酷、悲伤、灰暗心理体验，废墟之中也蕴藏着重生的力量，它不仅生长出"恶之花"，更带来生存的希望。[③]废墟不仅代表着毁灭和衰败，

---

① 叶廷芳. 废墟文化与废墟美学 [C]//《圆明园》学刊第十三期. 中国社会科学院外国文学研究所，2012：5.

② 程勇真. 废墟美学研究及现实意义 [J]. 河南机电高等专科学校学报，2015，23（2）：64.

③ 董志远. 1990年代以来好莱坞后启示录电影研究 [D]. 南京：南京师范大学，2017：49.

更是带着一种坚韧倔强的生命力。毁坏与荒凉只是事物存在的表象，瓦砾和碎片背后的本质是人类内心真正的"废墟"和不堪，这才是"废墟美学"的终极意义和温情。因此，废墟美学不仅关怀当下，更思考未来；废墟既代表毁灭与逝去，也暗含着新生与希望。让人们记忆深刻的就是 1976 年唐山大地震和 2008 年的汶川大地震后，灾区人民在国家的帮助下进行灾后重建，迅速重建了一座更加安全、更加宜居的新城。文化艺术领域的电影资料馆修复和保存老电影胶卷、古籍修复师精心修复古老的书卷。这些都具有文化遗产保护传承意义。在个人层面，生活的打击和挫折，如经历失去亲人、疾病或灾难的时候，长城、敦煌莫高窟这些历史遗迹能够起到慰藉心灵的作用。

废墟是艺术创作的绝佳素材。废墟形象总是与荒草丛生、残垣断壁相联系，给人的视觉感受大多是凋敝、破落，却可以承载人们的情感寄托、审美表达及文化记忆。在中国当代城市化进程快速发展背景下，废墟主题的艺术作品逐渐进入大众视野。废墟美学作为借助城市遗骸、文明废墟而生成的连接新与旧、过去与未来的独特审美经验，在悲凉、荒芜、颓败的躯壳之中孕育着人类的希望。艺术家通过对废墟的感知与演绎，以艺术的方式将废墟从过往的真实中抽离、解构与重组。观者在艺术家主观创造的意象中实现共鸣。废墟承载着丰富的历史和文化意义，成为艺术家和理论家讨论社会变迁、文化记忆和审美价值的焦点。艺术家通过创作废墟主题的作品，表达了对过去和未来的思考，对人类存在的探索。在视觉艺术领域，废墟美学成了许多艺术家创作的灵感来源。他们通过描绘废墟的景象，表达了对时间流逝和人类文明的反思。摄影家通过拍摄废墟照片，展现了废墟的美丽和神秘；画家则通过画布上的废墟景象，传达了废墟所承载的历史和文化意义。在文学领域，废墟美学也备受关注。许多文学作品以废墟为背景，通过描绘废墟中的生活和文化，展现了人类在面对毁灭和困境时的坚韧和创造力。如小说《废墟之城》通过描述一个废弃的城市中的生活，探讨了人类对家园和文化的执着追求。在电影领域，废墟美学也成了导演表达情感和主题的重要手段。例如，电影《末日崩塌》通过描绘一座城市的废墟景象，来传达人类在面对灾难时的恐慌和无助；电影《荒城纪》则通过展现一个荒废的城市中的生活，探讨人类对希望和重建的追求。在建筑领域，废墟美学也影响了许多建筑师的设计理念，他们从废墟中汲取灵感，将废墟元素融入建筑设计中，创造出独特的废墟建筑。因此，废墟承载着丰富的历史和文化意义，成为艺术家和理论家讨论社会变迁、文化记忆和审美价值的焦点。废墟美学的兴起不仅丰富了当代艺术的表现形式，也使我们更加关注和思考人类文明的发展和未来。

　　废墟美学研究具有必要性和深远的意义。首先，从文化传承和历史的角度来看，废墟美学关注的是废墟所承载的历史记忆和文化价值。废墟作为历史变迁的见证者，往往凝聚了一个时代的文化精髓，对于研究历史文化、社会变迁以及人类文明的发展具有不可替代的价值，通过对废墟的美学研究，我们可以更好地理解历史、尊重历史，并在此基础上进行文化创新和发展。其次，废墟美学具有强烈的现实意义。在快速发展的现代社会中，城市更新、旧区改造等过程中产生了大量废墟。如何处理这些废墟，如何将废墟转化为具有美学价值和文化内涵的公共空间，是废墟美学需要解决的问题。废墟美学的出现为我们提供了一种全新的视角和理念。废墟不再是城市发展的负担，而是转化为推动城市文化发展的重要资源。再次，废墟美学对于人的精神世界具有重要的启示作用。废墟所蕴含的荒凉、残缺、沉默等特质，能够引发人们对生命、时间和存在的深刻思考，废墟美学通过对废墟的审美解读，可以唤醒人们对于历史的尊重、对于生命的珍视以及对于环境的保护意识。最后，废墟美学研究具有重要的必要性和深远的意义。它不仅有助于人们更好地理解历史、传承文化，还可以为现代城市发展提供新的思路和方向。

　　废墟美学实践从多个维度关注废墟的价值，挖掘废墟背后的历史、文化和社会意义。废墟往往承载着丰富的历史信息，是历史发展的见证，废墟美学实践者通过对废墟的挖掘、保护和创作，使历史得以延续，让后人了解和反思过去。同时，实践者关注废墟所蕴含的不同文化元素，通过创作展现多元文化的交融，这样更有利于增强民族自豪感，促进文化多样性的传承与发展。废墟美学实践者通过关注废墟背后的社会问题，如城市化进程中的废弃物、战争遗留物等，反思人类社会的变迁与发展，唤起人们对和平、可持续发展的关注。在环保意识的层面，废墟美学实践者在创作过程中，注重环保和资源再利用，提倡绿色艺术，从而提高人们的环保意识，推动可持续发展。在创新思维的层面，废墟美学实践者运用创新的艺术手法，将废墟与艺术相结合，为废墟注入新的生命，拓展了艺术表现形式，丰富人们的精神世界。总之，废墟美学实践通过对废墟元素的利用和创作，挖掘废墟背后的故事，展现时间的痕迹以及人类社会的发展历程。这在保护和传承历史文化、促进文化创新发展、提升环保意识和历史使命感方面具有重要的意义。

　　"废墟之美"在时空维度上给人带来的情感体验是十分深刻的。朱光潜在谈及"距离"概念对于美学的价值时，强调了时空距离对于美学的重要价值。废墟的多样化的美学特征可以从视觉、情感、文化和哲学等多个层面来理解。在视觉方面，废墟通常具有一种独特的视觉美学，其破败的结构、裸露的墙壁、剥落的表皮、生长的植被等元素，形成了一种特殊的视觉语言，这种语言充满了诗意和隐喻，能够激发人们的想象力和情感。在情感方面，废墟常常唤起人们对于过去时光的怀念、对于损失的哀悼以及对未来的深思，废墟的美学情感层面通常包含着悲剧、孤独、沉思和希望等复杂的情感。在文化方面，废墟是文化历史的见证者，它们承载着特定的文化记忆，废墟美学关注文化与时间的对话，以及自然与文化之间的相互影响。在哲学方面，废墟美学引发了关于生命、死亡、永恒和存在的哲学思考，废墟作为时间的痕迹，使人们反思人类存在的意义，以及人们与周围世界的关系。在象征方面，废墟常常被视为衰败、损失、重生和希望的象征，它们在不同的文化和艺术作品中承载着多种象征意义，反映了人类经验的深层层面。在创意激发方面，废墟的美学价值在于其破败和残缺的状态。它们激发了艺术家的创造力，成为创作灵感的来源，许多艺术作品通过"废墟"这一主题，表达了独特的艺术表现和深刻的情感共鸣。因此，废墟美学具有多样化的特征，它们在视觉、情感、文化、哲学和象征等层面上展现了废墟的独特美学价值。在设计师和艺术家的眼中，"废墟之美"是一个重要的创作来源。随着后工业化时代的到来和未来城市化进程的结束，生活中的废墟景观和废弃建筑越来越多，甚至成为一个非常熟悉的符号，更加容易引起人们的情感共鸣。废墟作为物质遗存，同时具备时间维度和空间维度的距离感。废墟物象与人们有疏离感，残破的古堡、废弃的古寺、断桥破壁皆可成为书写的对象，一根断裂的石柱、一段残损的城墙、一座荒芜的城门都能成为颂咏的对象。废墟美学实践的视角主要投注于历史与记忆、自然与人文、废墟审美、废墟与重生等层面。历史与记忆视角方面，废墟承载着过去的故事和记忆。艺术家通过创作，揭示废墟背后的历史脉络，引发观众对过去的思考和对未来的想象。自然与人文的视角方面，废墟往往与自然界的力量有关，如自然灾害、时间的侵蚀等。艺术家通过展现废墟与自然的关系，探讨人类与自然之间的互动和平衡。废墟本身的审美视角方面，其虽然代表着破坏和失去，但它也有一种独特的美。艺术家通过发现和表现废墟的美，挑战传统的美学观念，开阔观众的审美视野。废墟与重生的视角方面，废墟是重生的象征，它代表着从毁灭中崛起的希望。艺术家通过废墟美学实践，传达对生命、人类和社会重生的信念和期待。总之，废墟美学实践的艺术视角是多元和深刻的，它不仅展现了废墟的面貌，更揭示了废墟背后的深层意义。通过艺术家的创造和观众的参与，废墟美学实践成为一种富有力量和启示的艺术形式。

事实上，废墟美学实践案例已广泛存在于文学、电影、建筑、美术等多个视觉艺术领域。废墟美学以独特的魅力和深邃的思考，吸引着艺术家和理论家的目光，成为讨论社会变迁、文化记忆和审美价值的焦点。在文学领域，托马斯·品钦的《万有引力之虹》这部小说，通过错综复杂的情节和丰富的象征，探讨了"二战"后世界的碎片化和精神废墟，展现了废墟美学在文学中的应用。朱利安·巴恩斯的《福楼拜的鹦鹉》通过对作家古斯塔夫·福楼拜生活和作品的重构，反思了过去与现在之间的断裂，以及个人记忆与历史废墟之间的关系。在电影领域，克里斯托弗·诺兰的《星际穿越》，展现了废弃地球和外太空的孤寂景象，体现了对人类文明未来废墟的想象，以及探索和生存的渴望。宫崎骏的动画电影《风之谷》描绘了一个被污染和战争破坏后的世界。其中自然与废墟共存，传达了对环境保护和重生的深刻思考。在建筑领域，安藤忠雄的建筑作品"光之教堂"等，虽然不是直接以废墟为主题，但他的设计常常运用原始材料、光影对比，创造出一种简洁而深邃的空间感，让人联想到过往和时间的痕迹。雷姆·库哈斯的中央电视台总部大楼建筑，因其独特的形态被誉为"大裤衩"，其非传统设计挑战了传统建筑美学，某种程度上体现了对现代城市结构的解构和重建。在美术领域，德国艺术家安塞姆·基弗以其庞大的画作和装置著称，经常使用如泥土、铅、灰烬等材料，探索历史、记忆与灾难的主题，如作品《玛格丽特》系列，反映了废墟美学的深沉与反思；丹尼尔·阿尔轩则以其"未来遗迹"系列闻名，他创作的雕塑和装置艺术常呈现被侵蚀或风化的日常物品，如水晶侵蚀的电话、破损的墙壁，这些作品既是对未来的设想也是对过去的回忆，完美体现了废墟美学的概念。这些例子展示了废墟美学在不同艺术领域的多样性和深远影响，它们共同探索了废墟作为美学和哲学概念的多重含义，反映了人类对时间流逝、历史变迁、灾难与重建的深刻思考。废墟美学的兴起不仅丰富了当代艺术的表现形式，也使我们更加关注和思考人类文明的发展和未来。

　　研究废墟美学有什么价值呢？笔者看来，废墟美学研究至少有七个方面的价值。一是文化传承与历史意识价值。废墟美学关注废墟作为历史见证的价值，通过艺术创作表达对过去的记忆和怀念，这种研究有助于强化人们的历史意识，传承和弘扬文化遗产。二是社会批判与反思价值。废墟美学常常作为对社会现象的批判和反思的工具，通过对废墟的描绘和探索，艺术家可以揭示社会问题，如城市化进程中的拆迁问题、环境破坏等，从而促进社会对这些问题的关注和思考。三是提供审美体验的价值。废墟美学作品能够为观众提供独特的审美体验。废墟的残破、衰败和荒凉特质，往往能够激发人们的情感共鸣，引发对生命、死亡、永恒等哲学命题的思考。四是创新艺术表现手法价值。废墟美学的实践鼓励创新和实验，艺术家们通过废墟元素的运用，探索新的艺术形式和表达方式，推动艺术的边界扩展。五是跨学科合作与知识整合价值。废墟美学的研究通常需要多个学科的合作，如艺术、历史、哲学、社会学等，这种跨学科的合作有助于整合不同领域的知识，促进学术界的交流和合作。六是环境保护与可持续发展价值。废墟美学关注废弃物和环境的关系，通过艺术创作探讨环境保护和可持续发展的重要性。这种研究可以提高公众对环境问题的认识，推动环境保护的行动。七是教育和公众认知价值。废墟美学的研究和实践对于教育和公众认知具有重要意义，它可以帮助人们学习和欣赏艺术，提高审美能力，同时增强对历史和文化的认识。总之，废墟美学研究不仅对艺术创作和文化传承有重要价值，而且对社会批判、环境保护、教育普及等方面也具有深远的影响。通过废墟美学的镜头，我们可以更好地理解人类社会的发展历程，反思当下的社会问题，并为未来的发展提供启示。

# 第二章 废墟美学概述

本章是关于废墟美学的概述，主要包括五个部分，依次是废墟、废墟美学、废墟美学的研究、其他相关理论以及本章小结。

## 第一节 废　墟

何为废墟？有人说，"废墟"不就是那些废弃无用之物的笼统称呼吗，但仔细琢磨却并没有这么简单，我们可以从多个层面来探寻"废墟"的定义及其内涵。

废墟的理解存在着中外文化上的差异。"废墟"一词，在《现代汉语词典》中被定义为城市、村庄遭受破坏或天灾后变成的荒凉地方，《辞海》释义为受到破坏后变成的荒芜的地方，在《现代英汉词典》中被解释为衰败、毁灭、瓦解。在中国古汉语中，"虚"和"丘"都是一个意思，都是指"废墟"。新华字典中，"丘"的含义有小土山，像小土山凸起的事物（如坟墓）。废，代表了无法使用的意思，墟，是有人居住过，但是已经荒废的地方。中国古代的早期宫殿、陵墓、庙堂建筑底下都会用土一层层夯实，垒成高大雄伟的高台。古时宫殿经过岁月沧桑，唯余丘陵模样的遗迹。从材料学角度看，东方（中国）语境的"废墟"是木质结构建筑为主的文明。相对西方的石质建筑，木质建筑更加脆弱，天灾人祸面前会更频繁地经历维修、翻新或重建。我国古代"废墟"词汇有两个源头：一个是"丘"，通常指土堆、小山、各种人口聚集地（包括乡村、城镇、国都）遗址；另一个是"墟"，如考古研究存世的王朝都城"夏墟"和"殷墟"等。在中国传统文化语境中，"墟"不仅指具体的物质存在，也指主观意念中的"空"。"空"是观者对所见所闻特定物像的主观反映，如《礼记》中鲁国名士周丰所言，墟墓之间，未施哀于民而民哀。与此同时，符合废墟概念的古代作品通常为怀古诗，[①] 如《王风·黍离》，"故宗庙宫室，尽为禾黍"描述的废墟遗迹，茫茫旷野，禾黍漫天，故都难寻，掩入尘土……这样的描述是符合中国传统审美观念的，这种"丘墟"式的

---

① 理查德·沃林. 瓦尔特·本雅明：救赎美学 [M]. 吴勇立，张亮，译. 南京：江苏人民出版社，2017.

废墟富含"悲慨"。"悲"的基调特征，易于在昔盛今衰的强烈对比中刺激出复杂情感，激发出对古今时空、人生意义、家国情怀乃至宇宙的感悟。与中国不同，西方古老的建筑材料多为石质，建筑往往采用粗大的石柱，以石块堆砌成墙。因此，西方语境下的"废墟"主要指石质或砖制结构下的建筑遗存。英国、法国、德国、丹麦语言中的单词"废墟"与"落石"这个意念有关。到了近现代，科技进步日新月异，各种新材料、新工艺层出不穷，建造人类活动场所的材料和加工方式更为复杂多样，废墟的含义也变得更加宽泛。一切失去原有功能、荒废的人类构筑场所都可称为"废墟"。现代人造物，从衣食住行日用品到现代科技产品，在逐渐衰败的过程中都会被废弃。因此，废墟可以是自然新陈代谢的结果，也可以是遭到人为破坏的结果。

"废墟"可以是物化实体。生活中，物理实体范畴的"废墟"通常指的是由于自然灾害、时间流逝、人类活动（如战争、城市建设等）导致原本完整的人类生活设施部分或完全毁坏，变得破败不堪，只剩下残垣断壁的景象。物质"废墟"可以是建筑遗存，也可以是其他具有历史感的物件。废墟之"废"，既包括历史存留中的人工之"废"、自然而然之"废"，也包括短时间内天灾之"废"，还包括人为破坏的砖块瓦砾等建筑丢弃物，这些"静态遗产"如古希腊帕特农神庙、古埃及金字塔、柬埔寨吴哥窟、庞贝古城、古罗马斗兽场，以及中国长城、圆明园、隋唐大明宫遗址等历史文化遗迹。物质废墟是重要的历史和考古研究对象，因为它们是过去人类活动的直接证据，通过对废墟的研究，历史学家和考古学家可以推断出建筑的原貌、历史背景、文化特征以及它们在社会和文明中的作用。物质废墟是人居环境新陈代谢的产物，也是集体记忆的载体，具有鲜明的时代特征和历史文化价值，因此成为城市精神价值的延续。

"废墟"可以是虚化的精神实体也可以是一种象征。象征层面上的废墟所蕴含的意义更为丰富。它可以是一种寓言或一种启示。它象征着时间的流逝、历史的变迁，以及人类社会的无常。废墟的存在，让我们感叹生命的脆弱，让我们反思人类的行为，让我们意识到美好的事物总是短暂的。因此，废墟常常被视为艺术史和文化研究中的一种审美对象，用它来激发人们的想象力和情感共鸣。废墟的残缺性和过去性的象征，以及它所传达的时间流逝和变迁的感觉，使它具有较高的美学价值。废墟在文学、哲学和艺术创作中成为一个常见的主题，象征着衰败、遗忘、孤独、悲伤甚至死亡，同时，废墟也可以被视为一种重生和复兴的象征，因为它们往往与重建、修复和再创历史的愿望联系在一起。在艺术领域，废墟也是一种独特的审美对象。废墟美学起源于18世纪的欧洲，它倡导在艺术创作中表现废墟的美丽和哀愁。一些废墟美学研究者认为，废墟所蕴含的历史感和沧桑感，可以激发人们的想象力和创造力。在这种美学观念的指导下，许多艺术家创作出了极具感染力的废墟题材作品，如雕塑、绘画、摄影等。废墟在文化批判方面独具优势。废墟可以借以反映社会的不公和人类的悲剧。它可以表达对过去的反思，也可以表达对现实的批判。在废墟面前，人们不禁要问：是什么导致了这一切？又该如何避免重蹈覆辙？这些问题引导我们深入思考社会的本质，反思人类的发展道路。比如，中国长城，它见证了中国的历史变迁，成为一种文化符号，具有较高的历史和文化价值；巴黎的卢浮宫，曾经是一片废墟，但经过重建后，成为世界著名的艺术殿堂，吸引了无数游客前来欣赏。这些例子说明，废墟不仅是一种物质形态，更是一种文化现象，一种艺术表现。

综上所述，废墟是一个多维度的概念，废墟的定义和内涵是多方面的，它不仅包括物理上的残余部分，还包括与之相关的象征意义、历史和文化解读以及艺术表现。从物质层面来看，它是残破的建筑或城市；从象征的层面来看，它是时间的流逝，历史的变迁，以及人类社会的无常；从艺术领域来看，它是美的表现，是艺术家创作的源泉；从文化批判来看，它是社会的不公和人类悲剧的反映。废墟的内涵丰富而深远，值得我们深入研究。

### 一、物质废墟

在考古学、历史学和建筑学中，物质废墟是研究过去文明、社会结构、工程技术和生活方式的重要物证。物质废墟可以是古代城市的遗址、倒塌的建筑物、被遗弃的工厂或任何因时间的流逝、自然灾害、战争或其他人类活动而变成废墟的物理结构，这些遗迹不仅反映了过去人类活动的规模和复杂性，而且也承载着那个时代的文化和历史信息，从这个层面上说，物质废墟就是文化遗迹。

作为一种概念，"废墟美"通常指的是对废墟景象的美学评价和艺术表现。废墟美的概念在艺术、文学、哲学和历史等多个领域都有所体现。废墟美的几个关键特征包括：第一，废墟是历史变迁的见证，它们通常代表着过去的文明、社会结构和人类活动，废墟美在于它们所携带的历史故事和文化价值。第二，废墟的美在于它们展示的时间的流逝和自然的侵蚀。废墟的形象可以引发人们对过去、现在和未来的思考，以及对永恒和瞬息的哲学探讨。第三，废墟常常唤起人们对于美好时光的回忆或对失去的感伤。废墟美在于它们能够激发的情感共鸣和深刻的心理体验。第四，在艺术创作中，废墟可以作为符号和隐喻，象征着衰败、死亡、孤独、荒凉或是重生、希望等主题。废墟美在于艺术家如何运用这些象征元素来表达深层次的意义。第五，废墟往往是大自然重新占领人类建筑的结果，这种自然与文化的对话展现了自然界对人造结构的改造和再利用。废墟美在于这种对话所呈现的和谐或冲突。第六，废墟作为一种特殊的审美对象，其美在于它们的外观、质感、色彩和形式。艺术家和观众可以从中感受到一种独特的美学体验。因此，在废墟美学实践中，废墟美可以被用来创造视觉效果强烈的作品，也可以作为反思人类社会和自然环境变迁的媒介。废墟美的概念在不同的文化和历史背景下有不同的表现形式和意义，但它始终是一个引人入胜的美学领域，激发着艺术家和观众的想象和创造力。

废墟美学的能指与所指。废墟被看作时间和历史变迁的见证，它们承载着过去的记忆和遗忘的故事，而废墟美学则涉及对废墟和破败景象进行美学评价和欣赏。能指和所指是符号学中的概念，用于解释符号如何传达意义。在废墟美学中，能指是废墟本身的物理存在和视觉形象，包括破败的建筑、遗迹、瓦砾等。所指则是这些物理符号背后所携带的文化、历史和情感意义。例如，一座废弃的工厂可能只是一个物理空间，但它的废墟状态能唤起人们对工业革命、劳动条件和城市变迁的思考。同样，一座古老的废墟可以唤起对古代文明、历史事件和人类生存状态的反思。废墟美学的所指是指废墟背后所蕴含的深层次意义和象征，它超越了废墟的物质形态，触及文化、历史、社会、心理等多个层面。废墟美学所指大致包含六个方面。第一，废墟是历史的直接证据，它承载着过去时代的记忆，反映了人类社会的发展变迁，通过对废墟的观察与研究，人们可以了解过去的生活方式、建筑风格、社会结构等。第二，废墟的存在象征着衰败、衰亡和无常。它提醒人们，即使是最强大的文明和结构也会随着时间的推移而最终衰败。第三，对许多艺术家和设计师来说，废墟提供了无限的创意灵感，废墟的破败、不规则和独特的美学特质可以激发新的艺术创作，如绘画、摄影、雕塑和装置艺术等。第四，废墟常常引起人们的情感共鸣，它们可能唤起怀旧、忧伤、孤独或其他复杂的情感体验，废墟的沉默和孤寂为人们提供了一个反思自我的空间。第五，废墟也可以被视为对社会和文化现象的批评。例如，它们可能揭示了过度消费、环境破坏的问题，引发对社会可持续性发展的思考。第六，废墟同时也代表着重建和再生的可能。它们提醒人们即使是最破败和失落的景象，也有希望被重建和赋予新生命。因此，废墟美学的所指是一个多层次、多维度的概念，它依赖于观众的个人经验、文化背景和心理状态。废墟的意义不是固定不变的，而是随着时间和环境的变化而不断演变的。总之，废墟美学的能指和所指之间的关系是复杂而多维的，因为不同的观众可能会根据自己的文化背景、个人经验和情感状态，赋予废墟以不同的意义。在某种程度上，废墟的美学价值在于它的开放性，它鼓励人们探索和想象。在中国，废墟美学也与现代化、城市化和历史保护等议题相关，引发人们对于快速发展和传统价值之间的平衡和取舍的深思。

废墟的分类可以根据其产生的原因、存在的环境、所属的领域等多种因素来进行。目前的废墟大致包括以下这些种类。

### （一）建筑废墟

建筑废墟是指在新建、拆除、维修或翻新建筑物的过程中产生的废弃物。这些废墟的种类繁多，主要包括以下几类。

①砖石和混凝土。这是建筑废墟中最常见的部分，包括破损的砖块、混凝土块、水泥板等。

②木材和木制品。包括废弃的木材、木板、木梁、木制门窗框架等。

③金属废物。包括钢筋、铁丝、铁板、铝材、铜管等。

④塑料和橡胶。包括塑料管道、橡胶垫等。

⑤玻璃和陶瓷。包括破损的玻璃窗、镜子、瓷砖、瓷器等。

⑥石膏和灰泥。这些材料通常用于墙壁和天花板的装饰和修复。

⑦沥青和屋顶材料。包括废弃的沥青瓦、屋顶防水材料等。

⑧电气废物。包括电线、电缆、开关、插座等。

⑨油漆和涂料。这些物质可能含有有害化学成分，需要特殊处理。

⑩家具和装饰材料。包括废弃的橱柜、地板、地毯、壁纸等。

⑪混合杂物。包括各种无法归入上述类别的废弃物，如土石、沙子、垃圾等。

建筑废墟的处理和回收是建筑行业可持续发展的重要组成部分。通过有效的废墟管理和资源回收，不仅可以减少对新资源的需求，还可以减少对环境的负面影响。

### （二）自然灾害废墟

自然灾害废墟是指在自然灾害发生后产生的各种废弃物和残骸。这些废墟的种类和内容取决于灾害的类型和影响范围，主要包括以下几类。

①建筑残骸。包括破损的建筑物、倒塌的墙壁、屋顶瓦片、破碎的门窗等。在地震、台风、洪水等灾害中，建筑残骸是主要的废墟类型。

②家居和个人物品。包括家具、电器、衣物、书籍、玩具等。这些物品在灾害中可能被损坏或污染。

③基础设施碎片。包括破损的道路、桥梁、铁路、电力线、水管等。这些基础设施的损坏可能导致交通中断和服务中断。

④车辆和机械。包括损坏的汽车、摩托车、工程车辆、农业机械等。

⑤树木和植被。在风暴、洪水、山体滑坡等灾害中，大量的树木和植被可能被破坏。

⑥土壤和岩石。在地震、山体滑坡、火山爆发等灾害中，土壤和岩石可能被移动或破坏。

⑦生物遗体。包括动植物遗体。在严重的自然灾害中，可能发生大规模的生物死亡。

⑧化学和危险物质。包括泄漏的石油、化学品、农药等。这些物质可能对环境和人体健康造成严重威胁。

⑨医疗废物。包括在灾害救援过程中产生的医疗废物，如一次性医疗设备等。

⑩混合杂物。包括各种无法归入上述类别的废弃物，如碎片、垃圾、杂物等。

自然灾害废墟的处理是灾后重建和恢复的重要环节。有效的废墟管理不仅有助于保护环境和公共健康，还有助于加快受灾地区的恢复进程。

### （三）战争废墟

战争废墟是指在战争中产生的各种废弃物和残骸。这些废墟的种类和内容取决于战争的性质、持续时间和作战区域，主要包括以下几类。

①建筑残骸。包括被摧毁的建筑物、倒塌的墙壁、破碎的屋顶等。在战争中，建筑残骸是主要的废墟类型。

②军事装备和设施。包括废弃的坦克、装甲车辆、火炮、军事基地、掩体等。

③未爆炸弹药和地雷。包括未爆炸的炸弹、炮弹、手榴弹、地雷等。这些物品对居民和清理人员构成严重威胁。

④废弃武器。包括枪支、子弹、手榴弹、火箭筒等。

⑤基础设施碎片。包括损坏的道路、桥梁、铁路、电力线、水管等。这些基础设施的损坏可能导致交通中断和服务中断。

⑥车辆和机械。包括损坏的军车、民用车辆、工程车辆等。

⑦生物遗体。包括人类和动物的遗体。在战争中，可能发生大规模的生命损失。

⑧化学和危险物质。包括化学武器、生物武器、放射性物质等。这些物质可能对环境和人体健康造成严重威胁。

⑨医疗废物：包括在战争中产生的医疗废物，如一次性医疗设备、药品、注射器等。

⑩混合杂物：包括各种无法归入上述类别的废弃物，如碎片、垃圾、杂物等。

战争废墟的处理和清理是战后重建和恢复的重要环节。有效的废墟管理不仅有助于保护环境和公共健康，还有助于加快受灾地区的恢复进程。然而，由于战争废墟中可能包含大量的未爆炸弹药和有害物质，清理工作通常复杂且危险。

### （四）生活废墟

生活废墟是指人类日常生产生活中产生的废弃物，其内容和种类非常多样。这些废墟主要可以分为以下几类。

①有机废物。这类废物包括食物残渣、厨余废物等。它们通常可以通过生物降解的方式处理，如堆肥。

②塑料废物。包括各种塑料制品，如塑料袋、塑料瓶、塑料包装等。塑料废物对环境的影响较大，因为它们不易降解。

③纸张和纸板。包括报纸、杂志、包装纸、纸箱等。这些废物可以通过回收再利用来减少对森林资源的消耗。

④玻璃和金属废物。包括玻璃瓶、金属罐、铝箔等。这些材料通常可以回收利用。

⑤电子废物。包括废旧电器、电子产品、电池等。这类废物含有有害物质，需要特殊处理以防止环境污染。

⑥纺织品废物。包括旧衣服、布料等。这些废物可以通过回收、捐赠或再利用来减少浪费。

⑦化学和危险废物。包括油漆、溶剂、药品、化学品等。这些废物需要特殊处理，以免对环境和人体健康造成危害。

⑧建筑废物。包括砖石、混凝土、木材、金属等建筑和拆迁过程中产生的废物。这些废物可以通过回收和再利用来减少对新资源的需求。

⑨医疗废物。包括医疗设备、药品、注射器等。这类废物需要严格处理，以防止疾病传播。

⑩污泥和污水。包括生活污水和工业废水处理过程中产生的污泥。这些废物含有大量的有机物和微生物，需要适当处理。

处理生活废墟是环境保护和资源管理的重要方面。通过分类回收、减少使用一次性产品、采用环保材料等措施，可以有效减少生活废墟的产生和对环境的影响。

### （五）工业废墟

工业废墟是指在工业生产过程中产生的各种废弃物和残留物。这些废墟的种类和内容取决于工业的类型和规模，主要包括以下几类。

①化学废物。包括各种化学制品的残留物、废液、废溶剂、废酸碱等。这些废物可能含有有害化学物质，需要特殊处理。

②金属废物。包括废金属屑、废金属块、废合金、废电线等。这些废物通常可以回收利用。

③塑料废物。包括废塑料瓶、塑料袋、塑料包装材料等。塑料废物对环境的影响较大，因为它们不易降解。

④纸张和纸板。包括工业生产中产生的废纸、纸板、包装材料等。这些废物可以通过回收再利用来减少对森林资源的消耗。

⑤玻璃废物。包括破损的玻璃器皿、玻璃瓶、玻璃碎片等。这些材料通常可以回收利用。

⑥电子废物。包括废旧电器、电子产品、电池等。这类废物含有有害物质，需要特殊处理以防止环境污染。

⑦纺织品废物。包括工业生产中产生的废布料、纱线、衣物等。这些废物可以通过回收、捐赠或再利用来减少浪费。

⑧污泥和污水。包括工业废水处理过程中产生的污泥。这些废物含有大量的有机物和微生物，需要适当处理。

⑨建筑和基础设施废墟。包括废弃的工业建筑物、工厂设备、管道、电缆等。

⑩混合杂物。包括各种无法归入上述类别的废弃物，如碎片、垃圾、杂物等。

工业废墟的处理和回收是工业可持续发展的重要组成部分。通过有效的废墟管理和资源回收，不仅可以减少对新资源的需求，还可以减少对环境的负面影响。

## 二、心理废墟

心理废墟用来描述个人内心深处的创伤、困扰和消极情绪所构成的心理状态。从心理学和心理咨询角度看，一些原因可能导致心理废墟产生。比如，重大的生活事件，如亲人的去世、离婚、失业等；长期的心理压力，如长期的工作压力、人际关系问题、贫困或健康问题等。心理废墟的表现可能包括持续的悲伤、愤怒或绝望感；焦虑、紧张或恐惧；自我价值感低下或自我认同问题；记忆问题、失眠或食欲改变等生理症状；人际关系困难。轻微的心理问题可以通过心理咨询进行调节，严重的心理创伤往往需要药物等治疗方式，帮助个体清理心理废墟，通过心理疏导、情绪表达、认知重塑等方式，逐步恢复内心的平衡，从而使个体能够更好地适应生活和工作。从更广的范围看，心理废墟研究恐怕要扩大到心理学、神经科学、社会学和人类学等领域。在此，我们不过多关注心理健康话题，只将讨论重心放在心理废墟与审美之间关系上来。

要说清楚废墟与审美之间的底层逻辑，还须从心理废墟产生的基础说起。我们知道，废墟既可以是现实世界中物质性的残垣断壁，也可以是停留在脑海中的记忆，甚至是一种心理感知空间。停留在人脑海中的"记忆场所"并非"虚空的空间"，正如吉布森在《生态学的视觉论》中的表述，作为"面的配置"的一种"环境中存续的面"，在这种"存续的面"当中，人们获得了空间的真实。[①]吉布森回答了心理废墟产生的基础，即跟人在原生废墟环境中产生的知觉有关，在"对场所同时发生的各种事象进行感知"的过程中，其实是对环境的存续进行部分的感知。废墟作为环境的体验对象，本质上是个体体验者在获取自身意义与价值，寻找心灵和精神栖息之所。自然界则是心灵和精神栖息的基础。关于个体对于环境的感知体验，很多学者给出了自己的观点。埃德蒙德·胡塞尔认为"体验的基础层是对现实的初级感觉和原初信念"，[②]马丁·海德格尔主张回归到"四方域"的"自然"中，因为自然等同于存在且超越具体知觉与经验的观念。梅洛－庞蒂认为身体是环境的本身，环境的体验即为身体的经验与延伸，物只是身体的空间性延续。物质世界之所以具有意义，是由它们被纳入肉身之后所隐藏着的延续的空间性所决定的。

废墟作为一个具有浓厚历史记忆的场所，既在环境中被感知，同时又借助隐喻显现出了不同层次的环境体验。废墟的环境体验既可以是面对一种自然事实而产生的纯自然体验，也可以是一种从废墟的文化内核中生发延展的超自然的审美体验。当人们进入废墟场所时，在第一时间感知到的是废墟所具有的环境特质，经历时间的沉淀和磨损后，废墟的外表发生了变化，尽管可以通过技术的修复或者人为的改造进行弥补，但已然不再是原先的场所，这种环境特质使得沧桑感和废墟自身的残缺感在人们心中油然而生，进一步来说，是人们对时间流逝的感慨与无奈。当人们开始回忆起关于废墟的一切时，专属于这个场所的文化记忆与经

① GIBSON J J. The Ecological Approach to Visual Perce ption[M]. New York: Psychology Press, 2014.

② MACANN C. Four Phenomenological Philosophers: Hussel, Heidegger, Sartre, Merleau-Ponty[M]. London: Routledge, 1993.

验便嵌入人们对废墟的环境体验当中。此时，废墟场所开始从一个自然的景观转变为一个象征性景观，即废墟被赋予了象征性的意义。人们通过联觉对废墟环境产生记忆的回响，进而产生悲伤的，或是喜悦的情感。而这一瞬间产生的情感，则是人们对废墟的审美反应。就更深层次而言，人们关于废墟的环境体验，实则是对世界与自我的关系的探寻。① 海德格尔在《存在与时间》中将"人"称为"Dasein"，意思是"能够询问自己的存有的个体"。同时，他认为"Dasein"蕴含着"走出自身"的特性，暗示着"Dasein"是以世界为背景来凸显自身的。"Dasein"若从世界中凸显自身，则表明自己早已在世界之中，这种存在方式被称为"在世存有"。② 段义孚根据海德格尔的"在世存有"思想，对"世界"与"环境"进行了区分，他在《环境与世界》中提出，"世界"是"关系的场域"，"环境"对人而言只是一种以冷冰冰的科学姿态呈现的非真实状况；在"世界"的"关系场域"中，我们才得以面对事物、面对自己，并且创造历史。③ 世界是人的世界，而人同时也在世界中，世界与人同处于一个整体。这种整体性体现在人们经历着各种环境，而环境正因人的生活意义获得真实存在的意义。故无论是废墟的环境特质，还是关于废墟产生的瞬时性的审美反应，废墟环境中经验的属性都来自以文化为中介的人的能力。因此，在空间中存续的废墟不仅只是一个实体场所，更是被记忆纠缠的场所，精神与不同层次的环境体验"共轨"的结晶。④

让我们继续讨论废墟的隐喻意义和价值。废墟作为一个隐喻，通常与衰败、损失、时间和记忆等概念相关联。废墟的隐喻意义和价值可以被归为九个方面。一是废墟具有岁月价值，废墟是历史的痕迹，见证了曾经辉煌的文明或个体的过去，它象征着时间的流逝。二是废墟意味着损失和哀悼，废墟常常象征着物质和精神的损失，是对过去美好时光的悼念，反映了人们对于已消逝事物的哀伤。废墟暗示着生命的脆弱，以及人类在面对自然灾害或战争等力量时的无力感。三是废墟暗示着重生和转变，废墟也可以象征着破坏后的新生，表明即使经历了毁灭性的事件，生命和文明仍有复苏和重建的可能。四是废墟如同隐藏的宝藏，废墟有时被视为隐藏着宝贵知识和智慧的场所，如同宝藏一样，等待着人们去探索和发现。五是废墟意味着遗忘和孤立，废墟象征着被遗忘的过去和孤立的状态，反映了个体或社群与世隔绝的孤独感。六是废墟在某些情境下还可以象征着战争、

① 袁仁帅. 废墟的环境体验与隐喻意义 [J]. 湖南科技学院学报，2023，44（2）：59-63.

② HEIDEGGER M. Being and truth[M]. Bloomington: Indiana University Press，2010.

③ Yi-Fu Tuan. Environment and world[J]. The Professional Geographer，1965（5）：6，7，8.

④ 袁仁帅. 废墟的环境体验与隐喻意义 [J]. 湖南科技学院学报，2023，44（2）：59-63.

冲突和暴力，它揭示了人类社会的动荡和不安。七是废墟是美学和创造力的源泉，废墟的美学价值在于其破败和残缺的状态，它激发了艺术家的创造力，成为创作灵感的来源。八是废墟的存在促使人们反思人类存在的意义，以及我们与周围世界的关系。九是废墟可以被视为自然力量战胜人类努力的象征，表明自然界的永恒和不可预测性。

废墟的价值构成大约存在于四个方面：岁月价值、标本研究价值、事件纪念价值和文化象征价值。废墟的岁月价值主要体现在时间流逝中产生变化的痕迹并引发人的情感共鸣。废墟的标本研究价值主要表现在废墟具有能够被识别的建造工艺信息和历史信息。废墟的事件纪念价值主要指废墟在经历某种事件成为废墟后产生的社会影响。文化象征价值主要表现在废墟反映一个地区的风土人情并成为地域性的文化符号。这里让我们以建筑废墟为例，讨论一下废墟的岁月价值。建筑废墟是最普通的存在。从时间维度来看，建筑废墟是"故旧建筑"。这些人类文化场所有的经历长期日晒雨淋，因风化侵蚀、地震等自然灾害、战争或因社会原因被弃而不用。不论原因如何，这种残缺的建筑遗存具有不可复制的美学特征，正如切萨雷·布兰迪所描述的那样："任何艺术作品的残余，只要不通过对其自身的复制或伪造就无法返回其潜在一体性，就都是美学意义上的废墟。"[1] 沃尔夫林将建筑分为线状和绘画状两种，前者具有明确的身份和稳定的状态；后者具有时间流逝的运动性，瓦解过去并在当代得到重构。[2] 经自然雕琢的废墟可归为后者，其硬朗的线条被时间柔化，展现了从建造开始到结束的生命历程，这种生命历程就是岁月价值的意义所在。里格尔的价值论提出岁月价值，并将"无意而为"之物纳入以往只视"历史纪念物"为对象的建筑遗产保护，目的就是唤起人们对时间的关注。[3] 岁月价值展现了大自然对建筑遗产的影响，并且观察者不需要相应的知识储备，亲历其中就能感受。[4] 这种价值所表达的"转瞬即逝的美"将人工产物自然化，意在打破几何形建筑产生的人可以游离于时间之外的主观错觉。告诫人们万物皆受时间掌控，如果要实现真正的居住，就必须留存历史环境的真实尺度。[5] 里格尔之后，随着一系列国际宪章对文化遗产"真实性"的阐释臻于完善，岁月价值成为公认的价值准则。综上所述，废墟的隐喻意义丰富多样，

---

① 布兰迪. 修复理论 [M]. 陆地，译. 上海：同济大学出版社，2016.

② [瑞士] 韩瑞屈·沃尔夫林. 艺术史的原则 [M]. 曾雅云，译. 台北：雄狮出版社，1991.

③ PRICE N S, TALLEY M K, VACCARO A M. Historical and Philosophical Issues in the Conservation of Cultural Heritage[M]. Los Angeles：Getty Conservation Institute，1996.

④ 李红艳. 解读黑格尔的历史建筑价值论 [J]. 建筑师，2009（2）：41-46.

⑤ 哈里斯. 建筑的伦理功能 [M]. 申嘉，陈朝晖，译. 北京：华夏出版社，2001.

不同的文化和个人可能会有不同的解读。艺术家和作家常常利用"废墟"这一隐喻来探索人类经验的深层层面。

在艺术作品中，心理废墟的描绘和探索通常是抽象的、象征性的，这反映了艺术家对人类内心世界深层次的理解和表达。读者可以很容易地在不同门类的艺术作品中发现心理废墟的表达方式。在绘画和雕塑领域，艺术家通过描绘破败的建筑、残缺的人物形象或使用象征性的元素（如断壁残垣、扭曲的金属、孤独的树木等）来表现心理废墟。这些视觉元素传达了个体内心的破碎、失落和孤独感。在摄影方面，摄影师通过捕捉现实世界中的废墟场景，如废弃的工厂、荒废的城市街区或自然灾害后的残迹，来象征心灵的荒芜和破碎。在文学作品中，作家通过叙述故事和塑造角色来探索心理废墟。他们可能描绘角色的内心世界，通过角色的心理活动和对话来表现心理废墟的形成和修复过程。在电影和戏剧中，导演和编剧通过电影或戏剧的形式来展现心理废墟。他们运用视觉影像、音乐、对话和演员的表演来创造一种氛围，传达角色的心理状态和内心冲突。在音乐世界里，音乐家通过旋律、和声和节奏来表达内心的破碎和痛苦。音乐可以作为一种情感的语言，直接触动听众的内心。在舞蹈和表演艺术中，通过舞蹈动作和身体语言来表现心理废墟。舞者通过身体的扭曲、挣扎和流动来传达内心的痛苦和挣扎。综合来看，艺术作品中的心理废墟不仅仅是表现悲伤或失落，它还可以是一种对人性、历史和社会现象的深刻反思。艺术家通过自己的创作帮助观众理解和探索人类内心的复杂性。

在中国传统文化观念中，"废墟"承载了独特的文化意义和审美价值，这与西方对废墟的审美观念有所不同。第一，虽然废墟承载了虚空与缅怀，但中国传统中对废墟的审美并不侧重于物质遗迹的实际留存，而是更多地关注其象征意义上"曾经存在"的虚空状态，这种虚空激发了对过去辉煌的怀念与哀伤。第二，虽然废墟都涉及消逝的美，但与欧洲视觉艺术中废墟作为一种历史见证的直接呈现不同，中国的废墟美学建立在"消逝"这一核心观念上，废墟被视为时间流逝后留下的"空"，这种"空"成为触发人们对过往岁月深沉感慨的媒介。第三，废墟蕴含着悲壮与崇高，废墟不仅是历史的痕迹，也是文化精神的象征，体现了文明发展过程中的起伏与变迁。第四，关于中国是否缺乏废墟文化的讨论，余秋雨等人提出，这可能是一种文化心理的反映，即对废墟的否定态度，但实际上，废墟在中国文化中代表着一种内在的怀旧情绪，是对历史的深刻反思与文化身份的认同。第五，在中国，废墟的存在被视为现代文明的象征，强调在扬弃历史文化的基础上走向现代的重要性，这意味着应当在尊重与理解过去的基础上，积极构建现代社会的文化价值观。第六，中华传统文化中也有很多关于废墟的记录。中华传统文化中的废墟观念超越了物质层面的残骸，更多地关联于时间的流逝、记忆的留存与文化情感的寄托，体现了深厚的历史感与哲学意味。

客观上，废墟暗含着人类的生死观。无论古今中外，废墟都可以深刻地反映人类对生命、死亡和存在的理解。废墟的存在象征着生命的无常和物质世界的短暂性，它提醒人们，无论多么辉煌的文明或个体，最终都会走向衰败和消亡。废墟有时也被视为死亡和毁灭的象征。同时废墟也强调了生命的价值和有限性。面对废墟，人们可能会更加珍惜生命，思考如何有意义地度过每一天。废墟虽然代表着破坏和损失，但它们也暗示着生命和文明的重生，在废墟中，人们可以看到重建和恢复的希望。废墟使人们回顾过去，反思历史。通过废墟，人们可以积累经验，以更好地面对未来的挑战。废墟促使人们思考人类存在的意义。更重要的是，废墟也揭示了精神与物质的关系，在面对废墟时，人们可能会更加关注精神层面的需要和追求。总之，废墟揭示了生命的无常、死亡的存在、生命的价值以及重生的可能。废墟的存在使人们更加关注生命的意义，反思人类的存在和与周围世界的关系。

中国传统观念中的"乐生"观产生的根源与表现。中国传统建筑多为木制结构，而西方国家的建筑大多是"石头写成的史书"，其根源在于中国古人的生死观。中国的哲学源头——《周易》倡导"利用安身"，即用什么方式让自己生活得更好。中国古人的观点很现实，基于"生"太短暂而"死"太恒长，因此十分重视死后的世界，如墓室与棺椁作为死后不朽的栖身之所便受到特别对待。西汉时期，在汉明帝的推崇下，佛教伴随异域文化从印度来到中国，以其独特的建筑样式迎合中国人的丧葬礼仪，诸如，石窟寺、窣堵坡、佛塔等建筑类型被提炼并植入中国的本土文化，催生出石构的丧葬建筑和雕刻艺术，汉明帝之后的两个世纪，古代丧葬艺术进入黄金时代。[①] 这一时期，石材被大量采用。虽然石材的加工与建造难度远大于木材，但其坚硬耐久的物理性质契合了古人对"死后永恒"的心理追求，表现出显著的"价值理性"。为了乐于现世，古人的处世哲学带有显著的"工具理性"，这种采用合理性手段的思想反映出古人虽追求死后超脱，却又留恋现世的复杂心理。虽然这种思想被后世的儒学边缘化，但在"后理学"思潮的推崇下再度彰显，并与价值理性思想融合，共同成为中国哲学道器合一思想的重要组

---

① 巫鸿. 中国古代艺术与建筑中的"纪念碑性"[M]. 李清泉，郑岩，等译. 上海：上海人民出版社，2017.

成部分。① 为了安乐于现世，古人对建筑的营造一直秉承务实的原则。李允鉌在《华夏意匠》第一章写道，中国传统的建筑设计确实是存在着仍然适用于今日的原则。这也说明中国建筑最早就是在合理的、科学的基础上起步的。第一，就材料而言，中国传统建筑以木构为主，并不是木材的资源储备远高于砖石，而是木材最为经济实用。木材的加工十分便利，基于"材""分"的构件标准化可以快速施工作业。除去宗教建筑，中国很少将建筑过度神化，既然人的寿命不过百年，那么建筑的施工周期也要相对缩短，从而保证人有充足的时间享受。西方唯神权至上，城市的发展可看成是神庙和教堂的建筑史。② 砖石材料为神权的存在提供了物质保证，因此，西方建筑动辄百年的施工周期不足为奇。例如，被誉为文艺复兴报春花的佛罗伦萨圣母百花大教堂，其建造时间长达 128 年之久。③ 第二，"乐生"的积极态度使得中国的土木营造一直秉承"朽者新之，废者兴之，残者成之"的做法，即通过修复保持各个构件的健康运转，若建筑衰败到无法修复，便全部废弃而重新建造。这有利于木构建筑保持良好的使用状态。这种务实的观念使中国的修复方式不注重对旧物的保护，而且在替换原有残损构件时也不区分新旧。正如梁思成所说"修葺原物之风，远不及重建之盛；历代增修拆建，素不重原物之保存，唯珍其旧址及其创建年代而已"。木材的广泛运用与重"式"轻"代"的修复方式，使得中国的土木营造无意识地限制了岁月价值在建筑遗产中的留存。木材脆弱的耐久性成为显著的短板，那种历经自然和人相互作用形成的痕迹会被轻易地改变。将历史建筑构件不加区分地整旧如新、整旧如旧极易导致岁月价值被无意识地抹杀。正是这样的"生死观"使中国的土木营造具有两种截然不同的动机，活着讲究及时行乐，死后追求永恒不朽。虽然动机各异，却又殊途同归，都以人性为本。诚然，自汉代兴起的石构丧葬建筑，就材料而言能够较好地留存岁月价值，但这类建筑长埋于地下，难以融入人的日常生活。而建于地面之上的石塔、碑碣等虽具有与人接触的客观条件，但其数量有限，且往往位于远离生活喧嚣的远僻之处，受众度难以与木构建筑匹敌。因此，在当代建筑遗产保护中，虽然某些一般历史建筑废墟具有留存岁月价值的材料媒介（如钢铁、石材等），但受"生死观"影响，它们并没有像木材那样，在古代就成为公认的、能够承载人对美好生活向往的主流建筑材料，导致对岁月价值的缺失性认知也难以得到转变。"④

① 张再林. 中国文化中的"工具理性" [J]. 人文杂志, 2017（12）：7-17.

② 李允鉌. 华夏意匠：中国古典建筑设计原理分析 [M]. 天津：天津大学出版社, 2014.

③ 罗小未. 蔡琬英. 外国建筑历史图说 [M]. 上海：同济大学出版社, 1986.

④ 何汶, 陈烨. 废墟岁月价值缺失性认知隐含的文化观念研究 [J]. 住宅科技, 2020（9）：52-56.

中西废墟观的演变及实践。中国传统观念是"乐生文化"，乐生悲死，对废墟持消极态度。中国古代战乱频发，战争致使家园变为"蛮荒之地"。春秋战国时期的屈原在《楚辞·哀郢》中写下"曾不知夏之为丘兮，孰两东门之可芜"的词句。这是中国第一首废墟诗。随后的魏晋南北朝社会更加动荡，人口锐减，生活的痛苦使人们希冀来生可以得到弥补，精神麻醉的需要引起佛教盛行。再到后来禅宗文化的万物皆空思想，进一步为废墟注入压抑萧瑟的文化基调。[①] 至此，中华传统文化对废墟的刻板印象大致定型并持续至现代。西方废墟观的演变经历了从否定到肯定的过程。15世纪以前的西方传统文化同中国传统上对待废墟的态度一样也是厌恶的，直到18世纪，工业革命导致的环境问题和人性道德问题增多后，浪漫主义思想代表者让-雅克·卢梭、沃波尔提出了归回自然的理念。[②] 浪漫主义者肯定废墟且寄情于废墟，在他们看来，废墟是其建筑原生体在岁月的洗礼中褪去了华丽的装束，诚实展现其内在的结构，回归本真的状态，这正与浪漫主义者追求"本真"的时代精神高度契合。浪漫主义将"真、善、美"归于废墟，可视为西方废墟美学之发端，废墟从此进入西方主流文化。中国古人长期持乐生文化观，倡导"趋吉辟凶"，主张人们追求美好生活前景而非直面苦难现实，更愿意怀念往昔美好而厌弃现世苦楚，因此不愿直面废墟。这一观念深远影响到中国传统绘画和园林建造。在20世纪以前，中国本土的绘画作品大多不直接描绘废墟，即使描绘的建筑本体在现实中已经破败，绘画时也要将其还原为初建的模样。若作者要表达空寂悲凉之感，则常用建筑以外的自然物渲染意境。例如，《读碑窠石图》的"意境废墟"与英国风景画家威廉·透纳的《丁登修道院》所体现的废墟精神就是东西对比的例子。在园林营造领域，中国古典园林被认为是传统绘画的再现，园林但凡有人经营管理，都会避免建筑废墟的产生，所有的亭台楼阁尽可能保持良好的使用状态来彰显活力。基于这样的前提，在园林一角点缀残石、枯木等自然物，来塑造环境的静谧空灵。西方与之相反，产生于18世纪的英国如画式园林则热衷于再现废墟景观，这些废墟不仅包括古代遗存，有些甚至为人工建造。例如，肯特在斯陀园建造了仿废墟的新道德庙，约翰·拉斯金认为这种做法的目的在于彰显高贵与荣耀。[③] 岁月价值作为一种历时性价值，基本前提是要有价值形成所需的时间累积，才能产生那种被时间雕琢出的柔和创口，这

---

① 程勇真. 废墟美学研究 [J]. 河南社会科学，2014，22（9）：70-73.

② ZUCKER P. Ruins：An aesthetic hybrid[J]. The Journal of aesthetics and art criticism，1961，20（2）：119-130.

③ RUSKIN J. The Seven Lamps of Architecture[M]. New York：Dover Publication，1989.

与外界作用导致的瞬间损伤不同，后者的创口崭新而锐利。受中国传统废墟观影响，为了趋吉避凶，人们不再直面废墟图像，而将对象的"原初状态"作为自我保护的屏障。这就否定了岁月价值的历时性，就像《读碑窠石图》里的那尊崭新墓碑，它是脱离生命周期的永恒存在。这种刻意回避废墟图像的做法，导致人们无法识别岁月价值呈现的"时间年轮"，也就不可能保护以岁月价值为主的一般历史建筑废墟。到了 20 世纪 90 年代，人们对废墟的关注从铭记外国入侵的历史，转移到剖析社会发展得与失的层面，彼时的中国开始了浩大的城市化进程，前所未有的大规模拆迁成为中国城市的新常态。对岁月价值的缺失性认知，使中国城市的底蕴随着那些被拆除的历史建筑消磨殆尽。在这一历史进程中，只有少数文保单位和优秀历史建筑得到保护。诚然，当代中国的城市已经难以寻觅历经自然洗礼的废墟，但只要社会发展处于时间的洪流中，废墟就是每一座建筑无法回避的最终结局。正因如此，须转变长久以来传统文化观念对岁月价值的缺失性认知，结合城市有机更新的内在要求，对适宜的一般历史建筑废墟进行相应的活化，构建既能体现地域特征和历史文化，同时又服务于当代生活的新建筑，城市的历史自会跃然呈现。①

生活中的废墟尤指城市废墟。一方面，城市废墟承载了城市的历史与集体性的记忆；另一方面，城市废墟和博物馆以及历史书不同，它是为那些不能言说的历史进行证言。它宛如返回到根本的、野生的、法外的存在场所，那里潜藏着"场所灵"，在沉默中吸引着人们，让人们去做、去说。② 城市废墟的属性之一决定了在"废墟之前"集体性记忆的生成，以及成为废墟之后集体性记忆的剥离与游荡。另一属性则时刻告诉人们，废墟并不限于几百年前的遗址和残垣，在面向一元的未来时间里，废墟意味着被埋葬的空白，而在废墟中的行为与体验更像是会产生一个被事件记忆包围的冲动。废墟的意义在此却不再是趋同，而是与可以言说的历史进行着抵抗，是一种直面和理解他者相关性的伦理。就城市废墟的第一种属性而言，城市废墟与人们的生活息息相关。废墟在产生之前为人们所栖息的场所，即容纳着巨大的生活影像。自从城市出现开始，人们对城市的定义便众说纷纭。一方面，城市是文明的子宫，区别于荒野之地，城市孕育了文明；另一方面，城市使人们失去了与大地的联系，成了"无根之人"，进而导致了城市中出现的一系列动荡与疏离之事。但作为一种社会现象，城市不可能一元地向上或向下。因此，用以描绘城市的语言必然是矛盾的，各种隐喻代替了它的不同面孔。

① 何汶，陈烨. 废墟岁月价值缺失性认知隐含的文化观念研究 [J]. 住宅科技，2020（9）：52-56.
② 西村清和. 场所的记忆与废墟 [J]. 梁青，译. 外国美学，2016（1）：24-38.

正如柏林特所言，所有这些隐喻都是真实的，因为它们都传达了城市生活的某些方面，传达了城市所提供的多重情况和体验，并且每个隐喻既抓住了城市的一些特性，又创造了对于城市的更加深入的了解。但不管城市的隐喻是文明与自由，还是邪恶与动荡，作为一种延续的空间，在这样一个聚集了大量人群的场所中，人们总是利用活动形成不同层次的环境体验。同时，隐喻的不同意义也是在不同层次的环境体验中被赋予。继而，当城市遭受前所未有的动荡、破坏，或是迁徙时，人们在固定的场所中建构起来的稳定环境体验则一并被打破。就城市废墟的另一种属性而言，城市废墟指向着不可言说的伦理。在历史遗留下来的景观当中，有一部分场所并非纯粹的个人的东西。在这一部分场所内形成的历史记忆早已成了集体性记忆的象征，如一些文化遗产，或者是被主流媒体所述说和宣传的纪念与庆典。这些文化遗产传播着社会的伦理，正如麦克卢汉所言，建筑物和人类在进化过程中与其他发明创造一样，是一种能影响并重塑人类群体生活模式的交际媒介。[①] 历史遗留的文化遗产具体形态总是直观地表达隐藏在内的政治、自然与信仰的关系，体现着社会的模式与等级社会秩序的规范。废墟就像一个"法外的"幽灵之地，拥有着一种与历史的记忆和主流的言说相抗争的特权。废墟作为遗留下的场所，在环境中为不能言说的历史进行证言。在历史的记忆当中，废墟总是以不同的姿态显现，于个体自身而言，废墟更多的是指向一种时间与空间的过去。在此意义上，我们更多的只是与废墟中的集体性记忆发生共鸣，而每个人都有自己关于废墟的理解。但爱德森认为，在废墟中讲述过去"实际上是不可能的"。废墟之所以会唤起"废墟的快乐"感觉，是因为废墟环境带来的是一种与都市环境完全陌生的体验，对废墟环境的体验会形成一种阻碍都市秩序的屏障，但通过这种阻碍的屏障，人们关于都市的身体性记忆又会得以反复重演。因此，爱德森又说，废墟同时给我们带来完全陌生的东西和极为熟悉的东西，这种反复的身体体验可以说是与我们自身潜藏的原生的他者性相遇。

艺术世界中的废墟。生活环境的体验是多层次的，这就造就了关于废墟的隐喻是多维度的。废墟作为一种可以言说的社会文化现象，隐喻的性质随着社会文化语境的变迁发生变化。譬如，西方对废墟的认知，经历了从否定到直面，再到建立起关于废墟的审美观念三个阶段。在西方的文化传统中，人们往往把废墟等同于灾害、恐怖与死亡，作为一种否定的存在，废墟是没有审美价值的。但到了文艺复兴与启蒙运动时期，西方开始对废墟的价值进行重新审视，启蒙运动带动

---

① MCLUHAN E, ZINGRONE F. Essential McLuhan[M]. New York：Basic books，1995.

了废墟考古的热潮，人们对废墟的观点也有所转变。李鸥的《西欧建筑风格史话》对这一观念进行了进一步阐释。废墟尽管早已残缺，但依旧能体现出"高贵的单纯和宁静的伟大"。到了 18、19 世纪，随着浪漫主义的兴起，人们对历史的感伤逐步转变成对废墟的吟唱。浪漫主义的艺术观念深受黑格尔哲学的影响。对于黑格尔而言，古典艺术恰好是一种体现理念的存在。在浪漫主义时期，废墟景观首先是一种特定的风格，与当时的田园牧歌式的风景美学有着直接的关联，但废墟的美感并不源于人的理念的形式，而是源于自然时间对形式的毁坏。因而，废墟的意义不在于继承废墟之前的建筑寓意，而是形式在自然时间中毁坏后形成的心灵的"历史感"。这种心灵的"历史感"带来了置身于世界之外的安宁。这一时期的诗歌所追寻的也是一种田园牧歌式的理想生活，二者都有对现实的忧虑与对历史的怀念，但田园牧歌指向的是对田园美好生活的刻意描绘，而废墟则是对过去自然中的粗糙的怀念，亦可以说对废墟景观的体验与对自然环境的体验在心灵上的慰藉是相似但却有所不同的。与由心灵带来的短暂"复古情怀"不同，浪漫主义对古代残垣的留恋体现在它的诗学传统中。古典浪漫主义时期，作为浪漫派理论的体裁，断片更多地被视为浪漫派的化身。这种体裁具有三个特征：不完整性、对象的混杂性和多样性以及整体的同一性。19 世纪中后期，随着资本主义进一步发展，城市文明发生了剧烈变化，城市中负面的、消极的社会现象也日益频发。波德莱尔、本雅明等人借助蒙太奇的艺术手法，不断地从废墟的多维价值中窥视人们在现代性中的生存状态。对波德莱尔而言，关于废墟的美学阐释并非建立在具体的建筑之上，而是建立在对于城市废墟的发现之中。波德莱尔在他的作品《恶之花》中描绘了城市的颓败，这不仅仅源于他对底层人们的同情，更多的是对美的认知。他提出美感的获得不但包含着快乐的因素，还有与忧愁及不幸的千丝万缕的联系。就此，废墟获得了悲剧性的意义，在波德莱尔的艺术书写当中，城市废墟不光被赋予了新的美学意义，还成了一个神圣的隐喻。到了大地艺术兴起的时候，废墟不仅完成了自身的艺术化与经济化，更具备了自身的生态化。废墟在后工业社会当中更多指的是工业社会遗留下来的工业废墟与被污染的环境。20 世纪 70 年代著名的大地艺术家史密斯曾提出，大地艺术最好的场所是那些被工业和盲目的城市化所破坏的，或者是被自然自身所破坏的场所，艺术可以成为调和生态学和工业学的一种资源。① 人们开始有意识地面对这些问题，并且也注

---

① 王向荣，任京燕. 从工业废地到绿色公园：景观设计与工业废弃地的更新 [J]. 中国园林，2003（3）：11–18.

意到了废墟自身的改造。同时，通过废墟进行艺术的和生态的改造，废墟完全可以变成一件诱人的艺术品，而将废墟进行艺术化和生态化的改造这一举措是十分具有启示意义的。

## 第二节　废墟美学

讨论完"废墟"，我们再来讨论一下"废墟美学"。废墟美学，顾名思义就是对废墟场所或废弃物进行鉴赏的美学。从深层意义来解释，废墟美学不仅仅是对物质废墟的鉴赏，还有对非物质废墟内涵的审美思考。从深层审美来看，废墟象征着时间流淌的过程，是逝去过往的物像呈现，其最突出的审美意趣在于从破碎中拼凑整体，从荒凉中领悟本真。"废墟美学"一词，我国目前还没有标准化的概念界定，不论是中国的木构废墟还是西方的石构建筑废墟，普通人面对荒芜的废墟，一方面可能会勾起对历史的记忆，另一方面可能会产生时光不再、天命无常的悲怆与惶恐感。这在中国古代怀古诗、山水画及园林创作和建构中可以找到更多证据。

本雅明说"事物的真理内容只有在它消失殆尽的时候才会得以释放"。废墟就是一种时间的产物。它通常表现为被外力破坏的建筑物风景残骸以及被人类抛弃后又饱受自然摧残的景物。这些遗留下来的废墟碎片承载着历史和人们的回忆。废墟美学作为一种特殊的与现代秩序性相对立的形式，它有着自己独特的边缘游离魅力，能够带给人无法比拟的快乐。不同于规范且理性的主流意识，它不被博物馆和官方历史记载，是一种无法被公示的证明。一开始人们对废墟的审美仅存在于情感之中。巫鸿认为，这一种废墟情怀是一种"虚"的感受，它更多地体现在遗址和故地上，是一个可以让观者感知的现场。钱伯斯在《东方造园论》中曾写道，中式园林建筑中存在着衰败、退化以及人性的分离，这一景观使人们陷入沉思与忧虑之中。[①] 在1947年，由汉斯·里希特创办的文学团体"四七社"为了让人们对历史伤痛有所纪念与反思，创作了一系列废墟文学作品，如君特·格拉斯的《铁皮鼓》，英格博格·巴赫曼的《被缓期的日子》，以及保罗·策兰的《死亡赋格曲》等。废墟美学在美术史中的存在比较特别，它并不是为了达到某种特定的目的而存在，而是以巧妙的形式将自然的痕迹与废弃的人工环境进行结合。它是人类与自然历史搏斗所留下的一道伤痕。不论今古，废墟艺术都要满足现代

---

① 钱伯斯. 东方造园论 [M]. 邱博舜，译. 台北：联经出版事业股份有限公司，2012.

大众的审美和兼顾历史的沉重性。所以，废墟美学主要创建在对环境、大众文化以及对历史的反省与尊重之上。

## 一、废墟美学的总体发展

废墟美学的探讨可以追溯到 15 世纪。西方人从对于古希腊、古罗马壁画以及雕塑等艺术品中深刻认识到废墟具有艺术价值与文化内涵，并从中挖掘废墟元素进行艺术创作。文艺复兴后，越来越多古希腊、古罗马时期艺术品如雕塑、壁画被发现。它的艺术风格与中世纪时期的艺术形成鲜明对比，促使当时形成了复兴艺术，人们开始重视前人所遗留的历史证物，创作出很多关于废墟的艺术作品。例如，16 世纪弗兰德画家勃利尔的《罗马遗迹》和《风景与废墟》。17 世纪中法国艺术家尼古拉斯·普桑的作品《花神帝国》，将优美的主体景色和残破的废墟景观融为一体。废墟美学主要是在 18 世纪和 19 世纪随着浪漫主义运动的兴起而得到进一步的发展。当时，艺术家和诗人开始对废墟产生浓厚兴趣，将其视为一种独特的审美对象，19 世纪初，"断臂维纳斯"的出现让人们坚信残缺美的巨大魅力，同时也证明了废墟作为残缺美的典型代表，应该进入美学研究的范畴。19 世纪末至 20 世纪初，废墟美学逐渐产生较大的影响。伴随浪漫主义运动的悄然兴起，人们开始批判工业化的浮躁与刻板，"废墟"更进一步契合了人们的审美理想。进入 20 世纪，本雅明延续波德莱尔的研究，得出生活就是构筑在由以往废墟碎片堆砌的基础之上的结论。伴随西方工业化发展，工业废墟也开始逐渐代替历史废墟，成为废墟审美的主流形式。20 世纪快速的城市化进程使得废墟美学的影响更为深入和广泛，特别是工业废墟与城市废墟成了当代废墟美学的主要审美对象。绘画、诗歌、音乐、艺术设计、影像、实验艺术……各种废墟景观成了当代艺术的元素，从现实生活的边缘存在到文艺作品中的废墟形象，那些残垣断壁、土堆瓦砾废墟的背后，是否暗指藏在人们内心深处的同样不堪与猥琐。这种从物质废墟到心理废墟的灵魂探寻，使废墟研究具有深刻的价值。

## 二、古希腊和古罗马时期的废墟美学

古希腊和古罗马时期的废墟各自具有独特的特点，同时也展现出这两个文明之间的相互影响和传承。古希腊废墟中建筑风格以对称、比例和和谐著称，最著名的例子是柱式系统，包括多立克、爱奥尼亚和科林斯三种柱式。这些柱式不仅用于支撑结构，也是美学表达的重要元素。古希腊废墟中最常见的建筑类型是神庙，如雅典卫城的帕特农神庙。它们通常建在高地上，体现出对宗教的重视和对完美形式的追求。古希腊废墟中的公共空间一般为古希腊剧场，如埃皮达鲁斯剧场，展现了卓越的声学设计和对公众集会空间的重视，反映了古希腊社会对艺术、戏剧和公民参与的重视。古希腊废墟中城市规划如米利都，采用网格状布局，体现了对城市规划的理性思考。古罗马废墟体现了其工程技艺特点，彰显出罗马人显著的工程学成就，如水道桥、浴场和圆形剧场，展现了他们在混凝土使用、拱券技术和大规模建设上的高超技艺。古罗马废墟体现了实用主义与奢华。罗马建筑不仅注重实用性，也追求奢华。例如，罗马浴场内部装饰丰富，使用马赛克、雕塑等艺术装饰，反映出罗马人对生活品质的追求。罗马废墟中常见大型公共设施，如论坛（市场和政治集会场所）、浴场和竞技场，这些是罗马社会生活的核心，体现了罗马对公民福利和社会秩序的重视。古罗马废墟显示罗马的道路网络四通八达，如"条条大路通罗马"的说法，表明了其在交通基础设施上的先进性。古希腊和古罗马时期的废墟被视为历史和文化的遗存，是因为它们承载着丰富的历史信息和文化价值，对研究古代社会、历史、建筑、艺术等方面具有重要意义。在历史研究方面，古希腊和古罗马的废墟为历史学家提供了一手的历史资料。例如，古希腊的雅典卫城废墟揭示了古希腊的宗教、政治和军事生活，通过研究卫城的建筑布局和雕塑艺术，历史学家可以了解古希腊的宗教信仰、神话传说以及政治制度。在建筑艺术研究方面，古希腊和古罗马的废墟是建筑艺术的重要遗产，古希腊的帕特农神庙是古希腊建筑的代表作，其精致的柱式对后世建筑产生了深远影响。罗马的斗兽场则是古罗马建筑的杰作，其独特的结构和庞大的规模展示了古罗马人的建筑技艺。在文化传承方面，古希腊和古罗马的废墟成了文化传承的象征。例如，古希腊的悲剧家埃斯库罗斯、索福克勒斯和欧里庇得斯的剧作，通过描绘古希腊神话故事和英雄传说，传达了民主、自由、人权等价值观；古罗马的废墟如罗马广场和万神殿，则见证了古罗马的政治、宗教和文化生活。在旅游与教育方面，古希腊和古罗马的废墟吸引了大量的游客，成为旅游胜地。游客在参观过程中可以领略到古代文明的博大精深，增长知识，同时，废墟也为教育提供了丰富的实地教学资源，让学生在参观中感受历史的厚重，培养对文化遗产的保护意识。古希腊和古罗马的废墟让人们反思过去、审视现在、展望未来。例如，古希腊的民主制度曾被誉为政治制度的典范，但随着时间的推移，民主制度在古希腊衰落，这使得人们思考如何在学习古希腊民主制度的基础上，不断完善现代民主政治。总之，古希腊和古罗马时期的废墟被视为历史和文化的遗存，因为它们为我们提供了了解古代社会、历史、建筑、艺术等方面的珍贵资料，对研究人类文明的发展具有重要意义。

### 三、中世纪晚期的废墟美学

中世纪晚期，随着文艺复兴的到来，废墟被重新发现，被视为古典文化的象征，引起了艺术家和思想家的关注。文艺复兴的到来带来了对古典文化的重新发现和评价。在这一时期，废墟作为一种重要的文化遗存，被艺术家和思想家视为古典文化的象征，并引起了他们的广泛关注。文艺复兴时期艺术家和思想家对古希腊和古罗马的文学、艺术、哲学和科学产生了浓厚的兴趣，他们认为古典文化是人类智慧的结晶，是超越中世纪封建主义和宗教教条的解放力量。在这种背景下，废墟作为古典时代建筑和艺术的残余，成为古典文化的物质体现，对于那些渴望恢复古典智慧的人来说，具有极高的价值和意义。文艺复兴时期的艺术家开始重新审视废墟的美学价值。他们注意到废墟所特有的残缺美，以及废墟中所蕴含的历史感和时间深度，这种对废墟美学价值的认识，与当时对古典文化的追求和对自然美的欣赏紧密相连。艺术家从废墟中汲取灵感，将废墟的元素融入他们的艺术创作中，创造出具有历史感的艺术作品。文艺复兴时期的思想家倡导人文主义，强调人的价值和尊严，以及对人类自身能力和创造力的肯定，而废墟作为古典文化的遗迹，成了人文主义者探讨人类文明和历史进程的重要对象，通过对废墟的研究和欣赏，人文主义者试图理解古人的智慧和生活方式，以此来反思和丰富当代社会。文艺复兴时期的探险家和学者开始对废墟进行系统的考古研究。他们挖掘和考察废墟，试图恢复废墟原有的形态和功能，以此来重建古代社会的历史和文化，这种对废墟的考古学探索，为后来的考古学和历史学研究奠定了基础。文艺复兴时期的艺术家已经有意无意地将废墟作为艺术创作的题材，通过绘画、雕塑和建筑等艺术形式，表达对废墟的审美情感。例如，意大利艺术家拉斐尔·桑西的画作《雅典学院》中的背景就描绘了一片古希腊废墟，象征着古典文化的辉煌和智慧的光辉。综上所述，中世纪晚期，随着文艺复兴的到来，废墟被重新发现，并被视为古典文化的象征。艺术家和思想家对废墟的关注，不仅体现在对废墟美学价值的认识上，也体现在对废墟所蕴含的历史和文化意义的探索上。废墟在这一时期成了连接古典文化和现代社会的桥梁，对于推动文艺复兴时期文化的发展和变革起到了重要作用。

## 四、18、19世纪的废墟美学

18世纪浪漫主义的兴起，使废墟的美学价值再一次得到提升。工业化进程所带来的弊端逐步出现，加之启蒙运动所提出的"回归自然"观点，在浪漫主义运动中引起极大反响，使当时的欧洲民众逐渐厌倦了工业化城市的喧闹，开始缅怀田园生活。艺术家开始在远古的艺术品中吸取营养，喜欢描绘废墟景象。这一时期欧洲的古堡遗址就非常符合艺术家的审美标准。众多艺术家将废弃的古堡作为创作对象。例如，德国浪漫主义画家卡斯帕·大卫·弗里德里希就创作了《埃尔登那废墟夜景》《残堡》等艺术作品。1982年，在米洛斯岛发现的女性雕塑——《米洛斯的维纳斯》是残缺美走向美学领域强有力的凭证。雕塑缺少的双臂历经无数次的修复，最后都以失败收尾，但双臂的缺失丝毫没有影响它的艺术价值，反而使其成为历史上残缺美的典型作品。20世纪达达主义的艺术家马塞尔·杜尚亦是废墟美学的追随者。他打破了艺术的边界，直接将生活中的物品和贴上标签的废弃物作为艺术作品，《泉》就是经典代表。浪漫主义运动中，废墟成了怀旧、哀悼和对过去的渴望的象征。德国诗人诺瓦利斯和英国诗人华兹华斯等都曾赞美过废墟的美。诺瓦利斯（1772～1801）是德国浪漫主义文学的先驱之一，他的作品《海因里希·冯·奥夫特丁》中包含了对废墟的深刻赞美。诺瓦利斯通过对废墟的描绘，表达了对过去的怀念和对历史深度的感悟。诺瓦利斯认为，废墟是历史的见证，是过去和现在的交汇点，通过对废墟的沉思，人们可以触及历史的深层意义。华兹华斯（1770～1850）是英国浪漫主义诗歌的代表人物之一，他的作品《抒情歌谣集》中包含了对废墟的描写和赞美。华兹华斯在《抒情歌谣集》中的《废墟》一诗中，通过对一座古老城堡废墟的描绘，表达了对历史的尊重和对过去的怀念。他写道："这些古老的石墙／曾经是城堡的骄傲／现在却只能任由／野草和常春藤缠绕。"华兹华斯通过这样的描写，赞美了废墟所蕴含的历史感和时间深度，同时也表达了对逝去文明的深思。诺瓦利斯和华兹华斯都对废墟之美进行了赞美。他们认为，废墟是历史的见证，是时间流逝的痕迹，通过对废墟的欣赏和描写，可以触及历史的深层意义和人类文明的遗迹。他们的创作不仅体现了浪漫主义运动对个性和情感的强调，也反映了他们对历史和自然的热爱。废墟被他们赋予了诗意的象征意义，成了浪漫主义文学中的一个重要主题。建筑学家和艺术理论家开始系统地研究废墟的美学价值。约翰·沃尔夫冈·冯·歌德是德国文学界的巨匠，也是浪漫主义运动的重要影响者。尽管他以文学成就最为著名，但歌德在建筑和艺术理论方面也有着深刻的见解。在他的生活和工作中，歌德对废墟的美学价值表现出浓厚的兴趣，并对其进行了系统的观察和描述。随着对古典文化的重新发现和浪漫主义思潮的兴起，人们开始重新审视废墟的意义。歌德在他的日记和书信中多次提到了对废墟的观察和感受。他认为废墟是人类历史和文化的见证，是时间流逝和自然力量作用下的艺术品。歌德在 1786 年访问罗马时，对斗兽场的废墟产生了浓厚的兴趣。他在《意大利游记》中详细描述了斗兽场的景象。歌德认为斗兽场的废墟不仅展现了古代建筑的宏伟，也体现了时间的侵蚀。他赞美废墟所蕴含的历史感和自然美，认为这是现代建筑所缺乏的。在艺术理论方面，歌德强调了建筑与自然环境的和谐统一。他认为建筑应该与周围的自然环境相协调，而不是与之对立。这种观点与浪漫主义对自然的崇拜和对废墟的审美理念相吻合。歌德的这些思想和作品，对后来的浪漫主义建筑师和艺术家产生了深远的影响，使他们更加关注废墟的美学价值和在建筑设计中的运用。总的来说，歌德通过他的观察、描述和理论，对废墟的美学价值进行了系统的探讨，并将其融入他的文学和艺术创作中。他的工作不仅丰富了浪漫主义运动的文化内涵，也为后来的艺术理论和建筑设计提供了宝贵的视角。

## 五、现代主义时期的废墟美学

现代主义时期，19 世纪末至 20 世纪中叶是一个艺术和文化剧烈变革的时代，废墟美学在此期间经历了重要的发展。现代主义艺术家对工业化、城市化，以及两次世界大战带来的社会剧变做出反应，废墟成为他们表达对现代社会批判、怀旧情绪，以及对人类命运深刻思考的载体。现代主义者常常通过对古代废墟的描绘，表达对逝去文明的追忆和对现代社会的批判。废墟成为连接过去与现在、理想与现实的桥梁。艺术家在表现废墟时，打破了传统的透视法则和表现手法，采用抽象、象征和超现实主义等技法，强调形式的创新与情感的直接表达。这一时期废墟不仅是物质世界的遗迹，更是内心世界状态的象征，艺术家通过废墟探索人的孤独、恐惧、绝望以及对未知的渴望。第一次世界大战后的欧洲满目疮痍，废墟成为战争破坏的直接见证，艺术家以此为题材，反思战争的残酷和人类的自我毁灭。现代主义时期的立体主义艺术家乔治·布拉克的作品中最著名的是静物画，他的某些作品如《埃斯塔克的房子》，通过对房屋结构的几何化分解，预示了废墟主题在现代主义中的变形和解构。意大利画家贾科莫·巴拉被认为是超现实主义的先驱，他的《意大利广场》等作品，展现了空旷、幽深的都市空间，充满了孤独的雕像和无尽的阴影，营造出一种超现实的废墟氛围。罗马尼亚雕塑家康斯坦丁·布朗库西的作品《无尽之柱》虽然是纪念性雕塑，但其简约的形式和重复的模块，隐含了对历史废墟的现代诠释，以及对永恒与再生的哲学思考。瑞士画家保罗·克利的许多作品虽然不直接描绘废墟，但通过抽象的语言探讨了形式与空间的关系，如《新天使》被瓦尔特·本雅明解读为面对历史废墟的天使形象，象征着对过去无法挽回的凝视。德国超现实主义艺术家马克斯·恩斯特的拼贴作品如《欧洲之后，天使降临》，通过怪诞的风景和废墟般的构造，表达了对"二战"造成的破坏和心理创伤的深刻反思。这些艺术家及其作品不仅体现了现代主义废墟美学的多样性，也揭示了这一时期艺术对社会变迁、历史记忆和个人存在状态的深刻关切。

　　后现代主义时期的废墟美学倾向于打破传统界限，质疑权威和避免单一叙事的方式，通过解构和拼贴的方式，展现出对历史、记忆和文化身份的复杂性和多样性认识。后现代主义废墟美学不追求单一的解释或历史的真实性，而是通过不同的视角和碎片化的信息，构建多层次的叙事结构，让观众自己去解读和重构意义。艺术家常用讽刺和戏谑的手法来处理废墟主题，以此来批判现代性带来的破坏、消费主义以及对历史的遗忘。作品经常混合不同时间、地点和风格的元素，通过重组和再创造，形成新的视觉语言，挑战传统美学标准和历史连续性。后现代废墟艺术不仅聚焦于宏大的历史废墟，也关注日常生活中被遗弃的角落和边缘群体的记忆，强调个人经验和社会边缘状态的价值。利用摄影、数字艺术、装置艺术等多种媒介，以及新媒体技术，创造出虚拟与现实交错、时间与空间错位的体验。后现代主义时期代表性艺术家包括安塞姆·基弗、蔡国强等人。德国艺术家安塞姆·基弗的作品常以厚重的材质和庞大的规模探讨历史、文化和记忆，其通过废墟和自然景观的结合，探讨了德国的历史重负和复苏。美国概念艺术家珍妮·霍尔泽的作品《保护你自己》系列，虽然不是直接描绘废墟，但通过在公共场所投放文字投影或 LED 装置，触及权力、控制和历史记忆的议题，间接反映了废墟美学中的批判精神。中国艺术家蔡国强的火药爆破艺术，如《天梯》等作品，虽然不是直接的废墟艺术，但通过瞬间的破坏与创造，探讨了时间和空间的瞬息万变，进行了对历史和传统的重新诠释。英国艺术家达米恩·赫斯特的装置艺术作品如《生者对死者无动于衷》，通过保存鲨鱼等生物的尸体，探讨了生命、死亡和对自然的征服，这种对死亡的直接呈现也是后现代废墟美学的一种体现。这些艺术家和作品展示了后现代主义废墟美学的多样性和深度，通过不同方式探讨了废墟作为历史、记忆和文化符号的多重意义。

　　后现代主义时期的废墟美学，被用作批判和反思现代社会和消费文化的工具。废墟的存在揭示了现代社会对物质的过度依赖和消费文化的短命特性。艺术家们通过对废墟美学的创作和探索，呼吁人们关注环境保护、历史传承和可持续发展等问题。例如，美国艺术家爱德华·柯蒂兹·布朗的装置作品《城市废墟》批判了城市化和消费文化对环境的影响。布朗通过创作一系列模拟城市景观的装置，揭示了城市扩张、消费主义和资源过度开采带来的环境问题。首先，布朗的作品《城市废墟》通过再现城市中的废弃和破败景象，批判了无节制的城市化进程。城市化带来了大规模的房地产开发、基础设施建设，加速了工业化进程，这些都在很大程度上破坏了原有的自然景观和生态系统。布朗通过展示城市废墟的景象，让观众感受到城市化进程中环境遭受的破坏，引发人们对可持续发展问题的思考。其次，布朗的作品批判了消费文化对环境的负面影响。在现代社会中，消费文化导致人们过度追求物质财富和消费，这不仅造成了资源的过度开采，还导致大量废弃物的产生。在《城市废墟》中，布朗用废弃物和垃圾构建起城市的景象，暗示了消费文化对环境的破坏。这种批判促使观众反思自己的消费行为，以及这些行为对环境产生的影响。再次，布朗的作品关注了城市化进程中人类与自然的关系。随着城市化的推进，人类对自然资源的依赖和剥削越来越严重，导致生态平衡遭到破坏。在《城市废墟》中，布朗通过展示被破坏的自然景观和废弃的建筑物，让观众感受到人类与自然之间的矛盾和冲突。这种批判促使人们重新审视人类与自然的关系，寻求人类和自然和谐共生的发展方式。最后，布朗的作品《城市废墟》表达了对未来环境的担忧。如果人类继续沿着当前的道路发展，过度城市化和不断深化的消费文化将对环境造成更大的破坏。布朗通过创作这些作品，希望唤起人们对环境问题的关注，从而让人们采取行动保护地球。总之，布朗的装置作品《城市废墟》批判了城市化和消费文化对环境的影响。通过揭示这些问题，布朗提醒人们关注环境问题，反思自己的行为，并寻求更加可持续的发展方式。综上所述，后现代主义兴起后，废墟美学被用来探讨现代社会变迁和消费文化下的遗迹。这一时期的废墟美学关注废墟背后的社会、文化和历史意义，通过多样化的艺术表达形式，批判和反思现代社会和消费文化的问题。废墟美学成了艺术家们表达观念、探索创作手法的载体，同时也引发了公众对环境保护、历史传承和可持续发展等问题的思考。

21世纪以来，随着经济全球化进程的加快以及对环境保护和历史记忆的重视，废墟美学作为一种独特的艺术和文化现象，在全球范围内获得了广泛的关注和发展。这一美学理念不仅仅是对物理废墟的审美探索，更是对时间痕迹、历史记忆、自然与人类关系，以及再生与衰败哲学的深刻反思。在快速城市化进程中，许多城市开始重视废弃空间的再利用，废墟美学成为连接过去与未来、自然与人工的桥梁，艺术家和设计师通过创意介入，将废弃工厂、仓库、住宅等转变为艺术空间、公共公园或文化中心，赋予其新的生命和意义。环保议题的兴起促使废墟美学与生态艺术相结合，强调自然与废墟共生，如利用植被覆盖废弃建筑物，探讨自然如何重新占领和改变人造环境，体现了对可持续发展和生态恢复的关注。同时，废墟美学跨越了传统艺术界限，与建筑学、景观设计、摄影、装置艺术等多个领域结合，产生了多样化的表达形式。艺术家通过多媒体、数字艺术等手段记录和重构废墟，创造出富有深意的互动体验。例如，关直美的作品《一棵在雕塑里的树》，展现了树木穿透雕塑生长的场景，象征生命力超越人为界限，体现了在废墟中生长的主题；法国艺术家兼钢琴师蒂埃里通过作品《钢琴安魂曲》，将废弃钢琴放置于欧洲废弃建筑中进行演奏和拍摄，音乐与废墟的结合触动人心，展现了废墟中的诗意与哀愁；基弗的作品以触目惊心的废墟和荒芜而著称，基弗的作品深刻反映了历史、文化和身份的复杂性，如《奥利西斯和伊西斯》等，不仅在视觉上令人震撼，而且蕴含深刻的历史与哲学思考。因此，21世纪的废墟美学发展呈现出多元化和深度化的趋势，它不仅是对物质形态衰败之美的捕捉，更是一种文化批判、社会反思和生态意识觉醒，艺术家通过各自独特的视角和手法，探索人类与环境的互动，以及时间流逝中文化的存续与变迁，为观众提供了丰富的视觉与心灵体验。

　　废墟美学实践的核心在于理解废墟如何成为审美对象以及它们所承载的文化、历史和社会价值，因此废墟美学的实践汇集了哲学、美学、社会学、历史学等多个学科的一些关键概念和理论，这些概念和理论共同构成了废墟美学实践理论基础。一是存在主义和现象学对于废墟美学的实践有着重要的影响。存在主义者如让－保尔·萨特和阿尔贝·加缪探讨了人类存在的荒谬性和自由意志，而现象学家如马丁·海德格尔则思考了存在和技术的关系。这些思想让人们对人类存在、时间和空间进行深刻理解；二是批判理论，特别是马克思主义批判理论，关注社会结构和历史变迁对个体的影响，废墟美学通过批判理论的视角，揭示了社会变迁中的权力关系和经济结构，以及它们如何塑造和反映人类活动的痕迹；三是解构主义哲学，尤其是雅克·德里达的解构理论，解构主义强调文本和意义的开放性，以及它们不断地被重新解释的能力，对废墟美学的实践也产生了影响，废墟美学同样认为废墟的意义不是固定不变的，而是随着时间和观众的变迁而不断演化的；四是环境美学，环境美学研究人与自然和建筑环境的关系，废墟美学实践在这种背景下关注废弃物和空间的环境意义，艺术家通过对废墟的再利用和改造，探索人与环境之间的互动和依存关系；五是历史和考古学，历史和考古学提供了对废墟作为历史遗迹的理解，废墟美学实践者通常会研究废墟背后的历史故事和文化背景，将这些知识融入艺术创作中，以此来表达对历史的思考和尊重；六是现代性和后现代性，现代性和后现代性的理论讨论了时间、空间和文化的动态变化，废墟美学实践者通过描绘废墟的破败和时间的流逝，反映了现代性和后现代性的某些特征，如不确定性、流动性和解构；七是艺术理论，包括形式主义、表现主义、概念艺术等理论，为废墟美学的实践提供了艺术创作和审美评价的基础，艺术家可以根据这些理论来探索废墟的美学潜能，并将其转化为艺术作品；八是源于18世纪的崇高美学理论，特别是埃德蒙·伯克和伊曼努尔·康德的理论，崇高美学关注那些能够引起恐惧和敬畏感的对象，同时激发审美享受，废墟因其规模、破坏力较大和时间的不可逆性，常被视为崇高的象征，引发人们对自然力量、历史命运和人类存在的深刻思考；九是废墟美学的实践还涉及心理分析理论，弗洛伊德的无意识理论和拉康的镜像阶段理论，可以帮助解释废墟为何能触动个人深层次的情感和记忆。废墟作为一种心理投射，可以揭示集体和个人潜意识中的欲望、失落和重生。此外，从文化研究的角度，废墟美学关注的是废墟文化如何被生产、消费和解读，以及这些过程如何反映社会结构、权力关系和身份认同。

综上所述，废墟美学的实践建立在一系列复杂的理论之上，是一个跨学科的领域，这些理论共同构成了理解废墟之美的多维度视角，涵盖了从个体经验到社会历史，从物质存在到文化象征的广泛领域，在不断吸收和融合中进一步发展。

## 第三节　废墟美学的研究

### 一、研究废墟美学的国外学者

国外有许多研究废墟美学的理论家，如沃尔特·本雅明、罗兰·巴特、苏珊·桑塔格等，这些学者具有不同的学科背景，包括艺术史、文化研究、建筑学等，他们的研究为我们理解废墟美学提供了丰富的视角和理论资源。例如，德国哲学家和文化批评家本雅明认为，西方资本主义繁荣的背后留下的是一片破碎支离的废墟文化，而要从中拯救自我、解决问题，就必须救赎，其著作《柏林童年回忆录之一：废墟探险》中探讨了废墟作为记忆载体的意义；法国文学批评家、哲学家、社会学家和符号学家罗兰·巴特在《罗兰·巴特论摄影》中分析了摄影中的废墟图像；美国作家、艺术评论家苏珊·桑塔格在《论摄影》中讨论了摄影艺术中的废墟主题。除此之外，还有卢梭、波德莱尔、杜尚、安迪·沃霍尔等，这些学者从不同的角度和学科背景出发，对废墟美学进行了深入的研究和探讨，他们的研究不仅深化了我们对废墟美学的理解，也为这一领域的发展提供了重要的理论支持。

**（一）本雅明**

本雅明是一位德国犹太裔哲学家、文化批评家及文学理论家，他的著作涉及历史、文学、语言、艺术和翻译等多个领域。他的家庭属于中产阶级，父亲是一位成功的作家和出版商。本雅明在柏林和弗莱堡接受了教育，后来在弗莱堡大学学习哲学，并在 1912 年完成了学业。在第一次世界大战期间，本雅明服了兵役，但因为健康问题，不久便退出了战场。在这一时期，他开始对马克思主义产生兴趣，并开始写作。本雅明在 20 世纪 20 年代成了著名的文学批评家和哲学家。他的写作风格独特，写作内容常常结合了哲学思考、文化批评和文学分析。他的一些著作（如《机械复制时代的艺术作品》）对后来的文化理论产生了深远的影响。随着纳粹在德国的崛起，本雅明因为他的犹太背景和左翼思想而被迫流亡。1933 年，他离开了德国，并在流亡中度过了余生。他一生中的大部分时间在巴黎度过，同时也在其他地方，包括西班牙和美国的加利福尼亚州，短暂居住。在 1940 年，随着纳粹对法国的侵略，本雅明试图逃往美国。但他到达西班牙边境时，发现前往美国的路线已被封锁。面对被遣回德国并可能遭遇死亡的现实，本雅明选择了自杀，以避免被纳粹俘虏。本雅明的作品在他去世后才逐渐被人们广泛认可，并对 20 世纪的哲学、文学理论和文化批评产生了深远的影响。本雅明的毕生工作是"从作为其对象的艺术起步，再经哲学洞察的中介，批评将与被救赎的生活领域建立起最终的连接"。[①]

他的思想和著作涉及多个领域，本雅明的工作影响了后来的文化批判理论、文学理论和文化研究。在废墟美学领域，本雅明的贡献主要体现在他对废墟美学的哲学思考和对历史唯物主义美学的批判性发展。本雅明的重要著作《机械复制时代的艺术作品》和《柏林童年回忆录之一：废墟探险》《德国悲剧的起源》中均大量涉及废墟美学理论。

本雅明在其著作《机械复制时代的艺术作品》中提出了"废墟美学"的概念，用以描述机械复制技术对艺术作品的影响。在本雅明看来，机械复制技术扼杀了艺术原创性，摄影、电影等机械复制技术的出现和发展，对艺术作品的独一无二性和神秘性造成了破坏，导致艺术作品成了废墟般的存在。这种废墟美学体现了

---

① 沃林. 瓦尔特·本雅明：救赎美学 [M]. 吴勇立，张亮，译. 南京：江苏人民出版社，2017.

艺术作品的物质性和历史性，同时也揭示了现代社会中艺术作品的困境。本雅明的思考路径可以从以下三个方面来理解。

在历史唯物主义的美学批判方面，本雅明继承了马克思的历史唯物主义思想，但他对历史唯物主义的美学进行了批判和扩展。他认为，艺术作品不仅仅是经济基础的反映，更重要的是它承载着历史和文化的记忆。在机械复制时代，艺术作品变成了废墟，这种废墟美学是对传统美学的一种颠覆和重构。

在机械技术复制与艺术的关系方面，本雅明探讨了机械复制技术对艺术作品的影响，他认为机械复制技术使得艺术作品从独一无二的神圣物品变成了可以广泛传播的日常物品。这种转变导致艺术作品的物质性和历史性被剥离，艺术作品变成了废墟般的存在。

在废墟美学的内涵方面，本雅明认为，废墟美学体现了艺术作品的历史性和物质性。废墟美学不是对美的追求，而是对艺术作品所承载的历史和文化记忆的探索。这种美学强调艺术作品与历史的联系，以及对历史和文化的反思。

在《机械复制时代的艺术作品》中，本雅明对废墟美学的理论贡献主要体现在三方面：一是废墟美学的提出。本雅明首次提出了"废墟美学"的概念，这为研究机械复制时代艺术作品的特性提供了一种新的视角。二是艺术作品的历史性和物质性。本雅明强调艺术作品的历史性和物质性，他认为艺术作品不仅仅是审美的对象，更是历史的见证。三是对传统美学的批判。本雅明对传统美学进行了批判，他认为传统美学过于强调艺术作品的形式和审美价值，而忽视了艺术作品的历史和文化内涵。总的来说，本雅明从哲学和历史的角度对废墟美学进行了深入的思考。

本雅明的另一著作《柏林童年回忆录之一：废墟探险》也论及废墟作为记忆载体的内容。这本书包括七个方面的内容：一是废墟的定义和概念。本雅明首先对"废墟"的定义进行了探讨，他认为废墟是一种特殊的物质形态，它既展示了过去存在的痕迹，也象征着时间的流逝和历史的变迁。废墟的存在和形态反映了特定历史时期的社会、文化和政治背景。二是废墟的审美特征。本雅明分析了废墟的审美特征，如墙壁的残破、建筑物的荒废、雕塑的断裂等。他认为这些特征使废墟具有独特的审美价值，能够引发观者对历史和现实的思考。三是废墟与时间的关系。本雅明探讨了废墟与时间的关系。他认为废墟是时间的见证，它们的存在和形态反映了时间的流逝和历史的变迁。废墟的审美价值在于它使人们能够感受到时间的深度和历史的厚重。四是废墟作为记忆的载体。本雅明强调废墟是集体记忆和历史反思的重要载体。废墟的存在和形态使人们能够重新连接过去与现在，唤起人们对历史事件的记忆和反思。通过对废墟的研究和艺术呈现，人们能够更好地理解自己的身份和与历史的关系。五是废墟与历史的关系。本雅明探讨并强调了废墟与历史之间的紧密联系。他认为废墟是历史的痕迹，也是历史的见证，它的存在和形态反映了特定历史时期的社会、文化和政治背景。废墟的审美价值在于它使人们能够感受到历史的存在和意义，使人们可以更好地理解历史的发展和变迁。六是废墟与现实的关系。本雅明认为废墟不仅是历史的见证，也是现实的一部分。他分析了废墟如何成为艺术家表达对现实反思和批判的载体的原因。废墟的存在和形态揭示了现实中的矛盾、冲突和变迁，使观者对现实有更深刻的认识。七是废墟的审美价值。本雅明还探讨了废墟的审美价值。他认为废墟不仅是一种物质遗迹，更是一种文化符号，具有独特的审美意义。废墟的残破、衰败、荒凉等特征使它成为艺术创作的重要源泉，激发了艺术家对美和历史的思考。本雅明的《柏林童年回忆录之一：废墟探险》为我们理解废墟作为记忆载体的意义提供了深刻的理论资源。他的研究不仅关注废墟的物质形态，更强调废墟的文化意义和价值。通过对废墟的深入分析，本雅明揭示了废墟在文化批评和艺术创作中的重要地位和作用。然而，虽然本雅明在此著作中对废墟作为记忆载体的意义进行了深入探讨，但在将理论应用于具体实践的分析中，对其深化和拓展不足。此外，本雅明的研究主要集中在西方艺术和文化中的废墟美学上，可能缺少对其他文化背景下废墟美学的比较分析。总体来说，本雅明的《柏林童年回忆录之一：废墟探险》是一部关于废墟的重要著作，为这一领域的研究提供了丰富的理论支持和深刻的见解。

本雅明主要在其怀旧理论、时间观念和寓言理论中，呈现对废墟美学的思考。

在他的理论中，怀旧是一个重要的概念，这在他的著作《机械复制时代的艺术作品》中体现明显。本雅明的怀旧理论并不是传统意义上对过去的美好回忆或对失去的东西的渴望。相反，他的怀旧理论是一种深刻的哲学思考，它涉及对历史和记忆的批判性考察。在本雅明看来，怀旧是一种对过去的感知，这种感知不是基于个人经验，而是基于文化和社会的集体记忆。在早些时候，本雅明就认为其博士论文《论德国浪漫主义的艺术批评概念》就是出于对诗歌写作和艺术形式中哲学内容的兴趣。其后在《机械复制时代的艺术作品》中，本雅明探讨了技术进步如何改变人类对艺术和历史的感知的问题。他提出机械复制技术（如摄影和电影）剥夺了艺术作品的"灵光"，即艺术作品独一无二的存在感和历史见证性。这种剥夺产生了一种新的怀旧形式，这种怀旧不是对过去的直接回忆，而是对失去的"灵光"的渴望。本雅明的怀旧理论还涉及对现代性的批判。他认为现代社会的发展导致了历史的断裂和文化的碎片化。怀旧在这种情况下变成了一种试图恢复整体性和连续性的方式。然而，由于现代性的本质是变化和进步，怀旧因此变成了一种无法实现的愿望，一种对已经消失的"完美时刻"的幻想。本雅明的怀旧理论对后来的文化研究和哲学讨论产生了深远的影响。他的思想被用来分析现代社会中的文化记忆、身份认同和艺术实践。他的怀旧理论提醒我们，怀旧不仅仅是个人情感的表达，也是文化和社会构造的一部分，它反映了我们对历史和现实的态度和感知。

本雅明的时间观念是他哲学思想中的一个核心概念，尤其在他的著作《历史哲学论纲》中有深刻的阐述。本雅明的时间观念与传统的历史观念不同，它强调了历史的非线性、矛盾性和神话色彩。一是非线性时间。本雅明认为，历史不应该被看作一个线性发展的过程，而是一个充满了断裂和回归的非线性空间。在这个空间中，过去、现在和未来并不是依次发生的，而是相互交织和影响的。二是神话化时间。本雅明提出，历史事件和现象往往包含着神话色彩，即它们不仅仅是客观事实，也是为文化和语言所构建和解释的主观认识。因此，历史是一个不断被重新神话化的过程。三是革命的时间。在本雅明看来，历史的发展不是自然而然的，而是需要通过革命来推动的。革命是历史的转折点，是打破旧秩序、创造新秩序的时刻。因此本雅明的时间观念与革命行动紧密相连。四是永恒与瞬间。本雅明区分了"永恒"和"永恒化"。永恒是指时间的无限延续，而永恒化是指某个特定时刻或事件被赋予了永恒的价值。在本雅明的时间观念中，历史的进步是通过永恒化的瞬间来实现的。五是历史的负担。本雅明认为，历史给人类带来了沉重的负担，因为历史中的暴力、苦难和不公需要被记住和清算。历史的任务不仅是记录成就，更是要面对和解决遗留问题。本雅明的时间观念对后来的思想家和文化批评家产生了影响，他的思想被用来分析现代社会的时间感知、历史记忆和文化政治。本雅明的时间观念提醒我们，时间是复杂的、多维度的，我们对历史的理解和解释受到文化、政治和社会因素的影响。

本雅明的寓言理论是他文学和哲学思想的重要组成部分，尤其在他的著作《德国悲剧的起源》《寓言式批判》和《历史哲学论纲》中得到了阐述。本雅明的寓言理论涉及文学、艺术、历史和社会批判等多个方面。在寓言的定义方面，在本雅明看来，寓言是一种特定的文学和艺术形式，它通过对比和象征的手法，揭示事物的深层意义。寓言不仅仅是表面的故事，更是通过故事来揭示隐藏在社会现象、事物和概念背后的真相。在寓言的批判功能方面，本雅明认为，寓言具有批判现实的功能，它通过揭示事物的矛盾和伪善，对社会现状进行揭露和批判。

寓言因此成为一种对抗权威和维护自由的工具。在寓言与历史的关系方面，在本雅明的历史哲学中，寓言是一种理解历史的方式。他认为历史不仅仅是事实的堆砌，而是充满了寓言式的叙述和解释。历史事件和现象可以通过寓言的方式被重新理解和解释。在寓言与革命的关系方面，本雅明认为寓言与革命有着紧密的联系。革命是通过寓言式的行动和思维来实现的，它打破旧有的秩序和符号系统，创造新的意义和价值。本雅明坚持认为，在现代性的废墟之下藏匿着"生活各方面留下痕迹的各种各样的乌托邦，从坚固耐用的建筑到昙花一现的时尚"。[①] 在寓言与语言的关系方面，本雅明强调语言是寓言创作的基础。语言不仅仅是交流信息的工具，更是充满象征和寓意的体系。通过对语言的选择和组合，艺术家和作家可以创造出具有深刻寓意的作品。在其作品《德国悲剧的起源》中，本雅明对德国 17 世纪巴洛克悲哀剧进行了详细论述。他之所以会将目光对准 17 世纪的德国，源于他所生活的时代处于两次世界大战的动荡间，与第一次欧洲大战所处时代相似：战争给德国普通民众带来了巨大灾难，特别是给人们的心灵带来了巨大的冲击，幻灭与残破成为世界的映象，深深地印在人们心里。剧作家从废墟遍布的世界中看不到规范、和谐与价值意义，在艺术表达上，只能通过舞台上呈现的废墟、死亡、尸体等灾难性、破碎性的艺术形象，来表现自身对现实世界的悲惨、破碎和无意义的理解。这一表达方式与巴洛克悲哀剧的表达方式如出一辙。无论是从外在的表现对象上，还是内在的情感基调上，巴洛克悲剧均具有一种废墟特征。本雅明很敏锐地捕捉到了时代特征的相似之处，为了解决当时的历史文化危机，特别是思想界、文艺界普遍存在的绝望情绪，他开始重点研究悲哀剧，进而深入地阐述了悲哀剧的表现形式——寓言。寓言便成为这种废墟美学的表现形式。"寓言"首先是一个文体学或风格学概念，它与另一个风格学概念"象征"的含义迥然不同。"象征"的艺术指的是传统的古典型艺术，其中包含着 个完整的、自足的世界，作品中的世界是物质与精神的契合，内容与形式的有机统一，世界呈现为一种终极的理想状态。在"象征"文学中，含义完全被包含在艺术作品之内。而"寓言"则对应着一种衰败的、破碎的历史，表现的是一个破碎衰颓的世界，作品的形式与内容相分离，内容只能以形式的面目出现，世界处在一种忧郁氛围之中，作品的主旨涉及某种完全独立于作品之外的对象，从而产生出多重的涵义。本雅明对德国 17 世纪悲哀剧的寓言式考察，实际上是对 20 世纪资本主义造成的战争灾难、废墟世界、零散破碎和衰微死亡的细微感受与深刻批判，对现代资本主义异化现实地感受和揭露。本雅明对 19 世纪下半叶至 20 世纪初出现的

---

① 沃林. 瓦尔特·本雅明：救赎美学 [M]. 吴勇立，张亮，译. 南京：江苏人民出版社，2017.

具有鲜明废墟形式和寓言表达的现代主义艺术十分欣赏，并给予其高度重视和评价。布莱希特的戏剧、波德莱尔的诗以及弗兰兹·卡夫卡的小说等，都被他看作用寓言的表达方式营造出的一种具有废墟美感的作品，时刻提醒人们异化的社会现实。本雅明在《德国悲剧的起源》中说过这本书是为了给寓言正名，寓言表达方式不同于古典主义美学追求艺术的完整统一，而是与当时社会的不完满性、残破性紧密联系。寓言表达方式使整体性变成支离破碎的、无法确定意义的现象片段，所以以寓言表达方式进行表达的作品往往具有碎片化、多义性和忧郁性的特点。碎片化是寓言表达方式首要的美学特征。在本雅明的寓言理论中，这些破碎、多义的废墟式的意象并不是表面上的死亡与破碎，它使一直潜藏的危机在裂缝中暴露了出来，从而使人在混乱的世界里产生出一种救赎愿望，这便是隐藏在废墟与寓言之下的救赎。本雅明的寓言理论对后来的文学批评和哲学思考产生了重要影响。他的思想被用来分析文学作品中的象征和寓意，探讨文学与社会、历史的关系，以及洞悉文学的批判功能。本雅明的寓言理论提醒我们，文学和艺术不仅仅是审美的对象，它们也是理解和批判现实的重要手段。

综上所述，本雅明对废墟的讨论虽然不是他著作中的主要议题，但他的某些思想可以被解读为废墟美学。本雅明的废墟美学观主要体现在他对历史、文化、记忆、美学和未来的思考中。比如，废墟作为历史的见证，本雅明认为废墟是历史的物质遗存，它们见证了过去的辉煌和毁灭。废墟不是纯粹的自然现象，而是历史文化的产物，它们承载着历史的记忆。又如，在废墟与记忆方面，本雅明强调废墟是我们与过去对话的界面。它们激发我们的记忆，让我们反思历史的发展和人类的命运。废墟美学观因此与对历史的记忆和反思紧密相连。再如，在废墟与文化的冲突方面，本雅明认为废墟的出现往往与文化的冲突和变革有关。它们是文化断裂和冲突的产物，反映了社会变迁中的矛盾和冲突。再如，在废墟的美学价值方面，本雅明提出，废墟具有独特的美学价值。它们以破碎和残缺的形式存在，这种破碎和残缺本身就是一种美学表达。废墟的美学价值在于它们所蕴含的历史和文化意义。又如，在废墟与未来方面，本雅明认为，废墟不仅是对过去的回忆，也是对未来的启示。对废墟的反思和重构可以为我们未来发展提供新的思考和启示。总的来说，本雅明的废墟美学观并不是一个独立的理论体系，而是他的哲学和文化批评思想中的一个重要方面。他的废墟美学观强调废墟的历史意义、历史记忆文化价值、美学价值和对未来的启示，这对于理解废墟美学具有重要启示意义。

### （二）罗兰·巴特

罗兰·巴特是一位法国文学理论家、批评家、符号学家和哲学家。他的著作对 20 世纪的思想界产生了深远的影响，尤其是在文学理论、批评理论和文化研究方面。罗兰·巴特出生于法国巴黎，他在巴黎长大，并在那里接受了教育。巴特在巴黎索邦大学学习哲学和心理学，并在 1939 年获得了哲学学位。"二战"期间，他服了兵役，并在战争结束后继续他的学术生涯。他先是在索邦大学任教，后来成了埃塞克高等商学院的教授。罗兰·巴特的文学理论工作始于对结构主义的批评和反思。他不满足于结构主义的普遍性和抽象性，转而关注文本的具体细节和阅读过程。他的著作《写作的零度》探讨了文学写作的责任和零度写作的概念。罗兰·巴特是符号学的先驱之一，他将符号学的方法应用于对文学和文化的分析。他的著作《神话学》通过分析日常生活中的符号，揭示了它们背后的话语和权力结构。罗兰·巴特对文化现象的兴趣使他成了文化研究的重要人物。他的著作涉及摄影、时尚、食物、广告等多个领域，展示了文化是如何通过各种符号和实践被构建和消费的。1980 年，罗兰·巴特在东京的一次学术会议上遭遇意外，不幸去世。他的离世对学术界和文化界产生了巨大影响。罗兰·巴特的主要学术作品包括《写作的零度》《神话学》《批语学》和《文本的愉悦》等。他的作品以其深刻的洞察力、创新的理论和清晰的风格而闻名，对后来的批评理论、文化研究和后结构主义产生了深远的影响。

在废墟美学领域，罗兰·巴特以其对废墟的符号学分析而著称，其分析主要体现在以下几个方面。

在符号学视角方面，巴特运用符号学的方法来分析废墟，他将废墟视为一种符号系统，通过废墟中的符号来探讨其背后的文化意义和历史语境。巴特认为，废墟不仅仅是物理空间的残余，更是一种文化符号的体现，它承载着特定的历史和文化。

在解构主义思想方面，巴特的思想受到解构主义的影响，他倾向于对传统的美学概念和二元对立论进行批判和解构。在废墟美学中，巴特挑战了传统的美学观念，将废墟从审美对象的范畴中解放出来，强调废墟的非美学的、文化和历史的价值，延展了废墟的内涵。

在废墟的美学价值方面，巴特认为，废墟具有一种特殊的美学价值，这种价值不在于废墟本身的审美特征，而在于它所蕴含的文化和历史意义。废墟的美学价值在于它的残缺性、不确定性和开放性。他对废墟美学的研究推动了学术界将废墟作为一种美学形态的探讨，促进了废墟美学的发展和普及，激发了人们对历史和文化的新思考。

总的来说，罗兰·巴特运用符号学和解构主义的方法对废墟美学进行了深刻的探讨，他的理论为我们理解废墟的美学价值和文化意义提供了新的视角和思考路径。

罗兰·巴特在其著作《罗兰·巴特论摄影》中，对摄影中的废墟图像进行了深刻分析，揭示了废墟图像在现代社会中的意义和影响。《罗兰·巴特论摄影》中涉及废墟图像内容主要有以下几个方面。

在废墟图像的定义方面，巴特首先对"废墟图像"进行了定义，他认为废墟图像是一种特殊的视觉形态，它不仅展示了物质遗迹的残破、衰败和荒凉，还展现了丰富的历史和文化意义。

在废墟图像的视觉特征方面，巴特分析了废墟图像的视觉特征，如墙壁的破败、建筑物的荒废、雕塑的断裂等。这些特征使废墟图像具有强烈的视觉冲击力，能够引发观者对历史和现实的思考。

在废墟图像与记忆的关系方面，巴特探讨了废墟图像与记忆之间的关系。他认为，废墟图像往往承载着特定历史时期的社会、文化和个人记忆。通过对废墟图像的观看和解读，人们能够重新连接过去与现在，唤起对历史事件的记忆和对历史的反思。

在废墟图像与现实的关系方面，巴特认为，废墟图像是对现实的反映和批判。他分析了艺术家如何通过废墟主题表达对历史、社会和文化的反思和批判。废墟图像揭示了现实中的矛盾、冲突和变迁，使观者对现实有更深刻的认识。

在废墟图像的消费和商品化方面，巴特还讨论了废墟图像在消费社会中的地位和作用。他认为，废墟图像成为一种文化符号，被商品化和消费。这种现象反映了当代社会对历史和文化的消费态度，也揭示了废墟图像在当代文化中的复杂地位。

在废墟图像与后现代性的关系方面，巴特探讨了废墟图像与后现代性之间的关系。他认为，废墟图像的多元、混杂、碎片化等特征与后现代文化的特征相呼应。废墟图像在后现代语境中成为一种重要的文化现象和审美趋势。

《罗兰·巴特论摄影》为我们理解摄影艺术中的废墟图像提供了理论支持。罗兰·巴特的研究不仅关注废墟图像的视觉特征，更强调废墟图像的文化意义和象征价值。通过对废墟图像的深入分析，罗兰·巴特揭示了其在现代社会中的重要地位和作用。然而，虽然这部作品对废墟图像进行了深入的探讨，但罗兰·巴特的研究主要集中在西方艺术和文化中的废墟美学，可能缺少对其他文化背景下废墟美学的比较分析。总体来说，巴特的《罗兰·巴特论摄影》是一部关于摄影艺术的重要著作，为这一领域的研究提供了丰富的理论支持和深刻的见解。

### （三）苏珊·桑塔格

苏珊·桑塔格是美国著名作家、文化批评家、哲学家、小说家和导演。她在多个领域都有卓越的贡献，包括文学批评、电影理论、哲学美学等，被认为是20世纪后半叶最重要的公共知识分子之一。她出生于纽约，成长于一个犹太家庭，自幼展现出对阅读和写作的浓厚兴趣。桑塔格分别在加州大学伯克利分校、芝加哥大学以及哈佛大学接受过教育，广泛涉猎哲学、文学、艺术学等多个领域。她的早期作品，如《反对阐释》和《论摄影》，对现代文化和艺术批评产生了深远影响。她对如何观看和理解艺术作品的新颖见解，以及对摄影作为艺术媒介的深入剖析，也对后来学者的研究具有深刻影响。她是一位多产的作者，不仅在文学评论和文化理论方面有所建树，还创作了小说和剧本，如小说《火山情人》和《在美国》，后者让她赢得了国家图书奖。桑塔格也是一位社会活动家，积极参与公共事务，特别是在艾滋病盛行期间，她勇于发声，提高了公众对这一疾病的认识。桑塔格以其敏锐的洞察力、广博的知识和批判精神而闻名，她的作品跨越了文学、哲学、电影、摄影等多个领域，对后现代主义和文化研究有着不可忽视的贡献。她曾获得多个奖项（如麦克阿瑟奖）和多项荣誉（如多项荣誉博士学位）。2004年，苏珊·桑塔格因白血病并发症在纽约逝世，但她的思想和著作继续影响着全球的学者、艺术家和广大读者。

桑塔格以她对"废墟情境"的深刻洞察而闻名。桑塔格的作品涵盖了小说、论文、评论和电影剧本等多种类型，她的思想和作品对当代文化产生了深远的影响。桑塔格的学术生涯始于文学批评，她的第一部著作《反对解释：文学批评的一种探索》于1966年出版，书中她批判了当时的文学批评方法，主张文学应被体验而非仅仅被解释。这本书使她获得了人们的广泛关注，并成为60年代文化批评的代表作之一。在70年代，桑塔格深入探讨了摄影的本质和影响力，并在1977年出版了《论摄影》。桑塔格在80年代和90年代继续她的写作事业，并开始涉及疾病、死亡和生存的主题，如《疾病的隐喻》和《出自死亡的智力》。桑塔格除了写文学批评和理论著作，还写小说，包括《场景》和《火山下》。在个人生活方面，苏珊·桑塔格以其独特的人格魅力和公众形象著称。她不仅因其思想与文学成就受到尊敬，还因其大胆的生活选择和公开的政治立场而闻名。桑塔格在文化、政治和性别问题上的见解经常引起争议，她始终是媒体关注的焦点，并被认为是 20 世纪最具影响力的文化批评家之一。

苏珊·桑塔格的著作《论摄影》是一部深入探讨摄影艺术的重要作品。在这本书中，桑塔格对摄影中的废墟主题进行了详细的分析，揭示了废墟图像在现代社会中的意义和影响。在《论摄影》中，涉及废墟主题内容主要表现在以下几个方面。

一是废墟图像的视觉特征。桑塔格分析了摄影中废墟图像的视觉特征，如残破、衰败、荒凉等。她认为，这些特征使废墟图像具有强烈的视觉冲击力，能够引发观者对历史和现实的思考。二是废墟图像与记忆的关系。桑塔格探讨了废墟图像与记忆之间的关系。她指出，废墟图像往往承载着特定历史时期的社会、文化和个人记忆。通过对废墟图像的观看和解读，人们能够重新连接过去与现在，唤起对历史事件的记忆和反思。三是废墟图像与现实的关系。桑塔格认为，废墟图像是对现实的反映和批判。她分析了艺术家如何通过废墟主题表达对历史、社会和文化的反思和批判。废墟图像揭示了现实中的矛盾、冲突和变迁，使观者对现实有更深刻的认识。四是废墟图像的消费和商品化。桑塔格还讨论了废墟图像在消费社会中的地位和作用。她指出，废墟图像成为一种文化符号，被商品化和消费。这种现象反映了当代社会对历史和文化的消费态度，也揭示了废墟图像在当代文化中的复杂地位。五是废墟图像与后现代性的关系。桑塔格探讨了废墟图像与后现代性之间的关系。她认为，废墟图像的多元、混杂、碎片化等特征与后现代文化的特征相呼应。废墟图像在后现代语境中成为一种重要的文化现象和审美趋势。

在《论摄影》中，她探讨了摄影作品中的废墟和遗迹，认为这些图像以其独特的视觉语言传达了历史的沉重。桑塔格认为，废墟是记忆的载体，它唤起了人们对历史的回忆和对过去的思考。在《疾病的隐喻》中，她探讨了废墟与疾病、死亡等主题的联系，强调了废墟在唤起关于人类经历和历史记忆方面的作用。桑塔格对废墟的探讨也涉及存在的哲学层面。她认为，废墟情境使我们思考存在的脆弱性和无常性，产生对生命、死亡和人类经验的深刻思考。桑塔格的思想对于我们研究废墟美学提供了几个方面的思考。首先，废墟情景是一种视觉体验，它以其独特的形象和符号传达了历史的沉重、时间的流逝和存在的脆弱性。其次，废墟也是记忆的载体，它唤起了对历史的回忆和对过去的思考。废墟情景使我们面对历史的残缺，引发我们对历史意义的深刻思考。再次，废墟情景揭示了存在的脆弱性和无常性，激发我们了对生命、死亡和人类经验的深刻思考。废墟作为一种特殊的审美情境，使我们思考存在的本质和人生的有限性。最后，废墟情景具有独特的美学价值，这种价值不在于废墟本身的美学特征，而在于它所引发的思考和感受。废墟情景提供了对美的新的理解和体验，拓展了我们对美的认知范畴。苏珊·桑塔格的著作中涉及的对废墟、遗迹和废墟美学的深入探讨，为我们研究废墟美学理论提供了重要启示。桑塔格的研究不仅关注废墟图像的视觉特征，更强调废墟图像的文化意义和象征价值。通过对废墟图像的深入分析，桑塔格揭示了其在现代社会中的重要地位和作用。

苏珊·桑塔格对废墟美学的思考，主要体现在废墟的哲学美学、废墟与历史的关系、废墟的美学价值等方面。在废墟的哲学美学方面，桑塔格对废墟的探讨超越了物理空间，她关注的是废墟所蕴含的哲学美学意义，她认为，废墟情境是一种特殊的审美体验，它揭示了存在的脆弱性和时间的流逝；在废墟与历史的关系方面，桑塔格强调废墟与历史的关系，她认为废墟是历史的见证，是对过去的一种反思和纪念，废墟情境使人们面对历史的残缺，引发对历史意义的深刻思考；在废墟的美学价值方面，桑塔格认为，废墟具有一种独特的美学价值，这种价值不在于废墟本身的审美特征，而在于它所引发的思考和感受，废墟情境激发了我们对存在的反思、对时间的感知以及对美的追求。苏珊·桑塔格对废墟美学的研究推动了学术界对废墟作为一种美学形态的探讨，其研究成果丰富了废墟美学的理论内涵。她强调废墟与历史的紧密关联，使我们能够更深入地理解废墟作为历史见证的角色，以及加深对废墟在历史记忆和意义方面的反思。总的来说，苏珊·桑塔格从哲学美学的角度对废墟美学进行了深入探讨，她的理论为我们理解废墟的美学价值和历史意义提供了新的视角和思考路径。通过她的研究，我们能够更加深刻地认识到废墟作为一种特殊的审美情境，所蕴含的存在主义哲学和美学的丰富内涵。

### （四）夏尔·皮埃尔·波德莱尔

夏尔·皮埃尔·波德莱尔是法国 19 世纪一位杰出的现代派诗人及文艺评论家，被誉为"象征派诗歌的先驱"。本雅明认为波德莱尔诗歌的意义在于包含不计其数的城市腐朽没落意象，也可以看到资本主义时代工业化背景下自我异化的人类困境。

波德莱尔出生于巴黎一个知识分子家庭，他的父亲是一位高级军官，母亲来自法国瓜德罗普的克里奥尔贵族。不幸的是，他的父亲在他十岁的时候去世，而他的母亲在五年后改嫁，这一系列的家庭变故对波德莱尔的个性和创作产生了深刻影响。波德莱尔曾就读于路易大帝中学，但他对传统教育兴趣不大，更倾向于对文学和艺术的探索。成年后，他继承了一笔遗产，但这笔金钱很快因其放纵的生活方式和对艺术的执着追求而被消耗殆尽。他的生活充满了矛盾：一方面，他追求艺术的完美；另一方面他陷入债务和放纵之中。这种生活方式也反映在他的作品中，尤其是其最著名的诗集《恶之花》中。《恶之花》首次出版于1857年，这部作品因其对美与丑、天堂与地狱、爱与恨等对立面的独特处理，以及对现代都市生活的深刻剖析，震动了当时的文坛。然而，这部作品也因为触及了当时社会的敏感话题，如性、死亡和颓废，而遭受了审查，波德莱尔甚至因此在轻罪法庭上受到了处罚。除了《恶之花》，波德莱尔还有《巴黎的忧郁》《美学珍玩》等作品，这些作品展现了他对现代性、城市景观以及人类精神状态的深刻洞察。尽管生前他的作品并未得到广泛认可，但随着时间的推移，波德莱尔对后世文学，特别是象征主义和现代主义文学，产生了不可估量的影响。他的生活和创作成了文学史上研究现代性、颓废主义和审美反叛的重要资料。波德莱尔逝世时年仅46岁，但他的文学遗产使得他成为法国乃至世界文学史上不可或缺的人物。

　　虽然波德莱尔没有直接留下专门针对"废墟"这一主题的系统性研究文献，但他的诗歌和散文中确实蕴含了对现代城市、时间流逝与美之衰亡的深刻反思，这些都可以视为他对"废墟"概念的一种诗意探索。在《恶之花》及其他诗歌中，废墟经常以暗喻或象征的形式出现，这反映了诗人对于现代生活的矛盾态度和对过往美好事物的哀叹。例如，在《太阳城遗迹》这首诗中，波德莱尔通过描绘古城遗迹周围的景象，传达出一种时间流逝与文明衰败的美感。在这类作品中，废墟不仅是物理空间的残迹，也是精神状态和社会变迁的象征，体现了诗人对现代性的复杂感受——既批判又迷恋，既看到其中的颓废与空虚，又感知到一种奇异的美。此外，波德莱尔的散文集《巴黎的忧郁》中的一些篇章，如《窗外》等，虽然不是直接描写废墟，但同样展现了都市风景中的孤独、疏离与瞬间之美，这些情绪和场景与废墟所承载的失落感和时间感相呼应。波德莱尔赋予了自然回视人的能力，倡导人与自然的和谐共生。灵氛的经验就建立在一种对客观的或自然的对象与人之间关系的反应的转换上。这种反应在人类的种种关系上是常见的。我们正在看的某人，会同样地看着我们。感觉我们所看的对象意味着赋予它回过头来看我们的能力。① 因此，尽管波德莱尔没有直接关于废墟的学术研究，但他

---

① 本雅明. 发达资本主义时代的抒情诗人 [M]. 张旭东，魏文生，译. 北京：生活·读书·新知三联书店，1989.

的文学作品中充满了对废墟意象的哲学思考，展现了其独特的审美现代性思想。

### （五）让－雅克·卢梭

让－雅克·卢梭是法国 18 世纪的一位重要启蒙思想家、哲学家、教育家、文学家，同时亦是民主政论家和浪漫主义文学流派的开创者之一。他是法国大革命重要的思想先驱，启蒙时代的杰出代表人物。卢梭出生于日内瓦，父亲依萨克·卢梭是一名新教教徒兼钟表匠，母亲苏珊·卢梭在他出生后不久便去世。卢梭由其姑母抚养长大。他没有接受过正规的学校教育，主要是通过自学获得了广泛的知识。成年后，卢梭经历了多样的职业生涯，包括抄写员、教师、音乐家等，同时开始了他的文学创作生涯。他的早期著作，如《论科学与艺术》，使他在知识界崭露头角，并赢得了第戎学院的征文比赛。随后的《论人类不平等的起源和基础》进一步发展了他的社会契约理论和自然状态学说，对后来的政治哲学产生了深远影响。卢梭的教育理念体现在他的著作《爱弥儿》中，书中他提倡自然教育，强调对儿童应根据其自然成长规律进行教育，重视情感和道德培养，这使他成为个人本位教育目的理论的代表人物。在政治哲学方面，卢梭的《社会契约论》提出了著名的观点："人是生而自由的，但却无处不在枷锁之中。"他主张国家的权力应该基于全体人民的共同意志，即"公意"，这一理论对后世的民主思想产生了重大影响。晚年，卢梭遭受了诸多非议和迫害，包括被指控不道德和存有异端思想，这迫使他流亡在外多年。他最终在巴黎附近的埃蒙农维尔去世，享年六十六岁。卢梭的思想和著作对后世的哲学、政治、教育、文学等领域产生了深远的影响，卢梭是现代西方思想史上的关键人物之一。

卢梭的思想对后世影响深远，尤其是在启蒙运动和法国大革命期间，但他在直接探讨"废墟美学"这一特定领域的文献是有限的。卢梭更倾向于对自然状态的赞美和对文明社会腐化的批判，而非专注于将废墟作为一种审美元素的讨论。他的著作中更多地涉及自然景观的美学价值，及其对人心灵的净化作用，而非人造废墟的美学意义。卢梭倡导回归自然，认为自然是美德与真理的源泉，而人类社会的进步往往伴随着道德的退步。尽管如此，在卢梭的作品中偶尔也能找到对过往时代的反思，这在某种程度上可以视废墟为一种历史见证和文化记忆的符号。例如，他在作品中表达的历史观和对古代社会的某种思想，可能间接地关联到废墟作为过往辉煌与衰退象征的讨论。但是，直接将卢梭与废墟美学作为一个明确的研究领域联系起来，则超出了他的主要研究范畴和时代背景。废墟美学作为一个概念和研究领域，主要是在 18 至 19 世纪的浪漫主义时期逐渐兴起，并在后来的艺术、文学和哲学中得到更深入的发展，这发生在卢梭之后的时代。因此，谈及卢梭对废墟美学的直接贡献并不准确，但可以探究他的思想如何间接影响了后来对废墟美学感兴趣的学者和艺术家。

### （六）马丁·海德格尔

马丁·海德格尔是 20 世纪德国最重要的哲学家之一，以其深邃且富有挑战性的存在主义思想而闻名。海德格尔出生于德国西南部的梅斯基尔希，早年在弗莱堡大学学习神学和哲学，后成为埃德蒙德·胡塞尔的学生，专注于现象学的研究。他的主要著作《存在与时间》探讨了"存在"的问题，特别是人的存在，即"此在"的意义。海德格尔思考了存在和技术的关系，他对技术、现代性和历史终结的反思，以及他对存在的深层含义的探究，为人们对废墟美学的研究提供了时间和空间上的深刻见解。在第一次世界大战后的著作中，特别是在《存在与时间》《林中路》以及《其他始源》等中，海德格尔开始关注技术的本质以及它如何塑造我们理解和体验世界的方式。海德格尔提到"废墟"时，往往将其作为一种隐喻，用来描述现代技术时代人与存在本质之间断裂的状态。在他看来，现代技术不仅仅是工具或方法的集合，它是一种展现世界的方式，一种揭示本质的过程，这种过程可能导致自然和文化"去神秘化"，使得事物仅仅作为资源而存在，从而失去了它原本的深度和意义。在这个过程中，人类自身也可能变成废墟，丧失了对存在根本性的理解与体验。海德格尔提出，面对这样的废墟化，哲学的任务是引导人们重新思考存在的意义，找回被遗忘的源头，即存在的本源。通过对古希腊哲学、艺术、诗歌的深入分析，他试图寻找那些能够让我们超越技术理性、重获存在之真谛的途径。在海德格尔的视野中，废墟不仅是破坏和失落的标志，也是新生和转变的起点，它要求我们反思并重新评估我们与世界的关系，以及重塑我们自身存在的根基。

### （七）雅克·德里达

雅克·德里达是一位法国当代著名的哲学家、符号学家、文艺理论家和美学家，解构主义思潮的创始人。他出生于法属阿尔及利亚的一个犹太人家庭，成长在一个多元文化的环境中。青年时期，德里达在学术上展现出卓越才能。他于 1949 年赴法国巴黎求学，进入享有"思想家摇篮"美誉的巴黎高等师范学校（简称"巴黎高师"），并在那里完成了他的高等教育。在巴黎高师期间，他受到诸如梅洛-庞蒂、路易·阿尔都塞和米歇尔·福柯等哲学巨擘的影响。1956 年，德里达从巴黎高师毕业，之后他在索邦大学担任米歇尔·福柯的助教，并在 1964 年应让 – 保罗·萨特和路易·阿尔都塞的邀请，在巴黎的高等社会科学研究院开展工作，这也标志着他作为独立学者的生涯正式开始。德里达的学术贡献在于他创立的解构主义这一哲学方法，这种方法挑战了西方哲学中传统的二元对立论，如言语与书写、内在与外在、主体与客体等。他通过一系列著作，如《论文字学》《声音与现象》《书写与差异》等，对解构主义进行了批判，并发展出了自己的哲学体系，强调文本的无限延异、意义的不确定性以及阅读的开放性。德里达的理论对 20 世纪末和 21 世纪初的哲学、文学、法律、建筑、艺术等多个领域产生了深远的影响，同时也让他成为最具争议性的思想家之一。尽管他的思想在全球范围内引发了激烈的讨论和批判，但不可否认的是，解构主义已成为后现代思潮中不可或缺的一部分。2004 年，德里达在巴黎去世，享年 74 岁，留下了丰富的学术遗产，这些遗产激发着世界各地学者的思考和讨论。

德里达的解构主义理论与废墟美学研究之间的联系可以从多个层面展开探讨。德里达的解构主义不仅仅是一种批判方法，它更是一种哲学态度，挑战了传统二元对立论和固定结构的稳定性，强调文本、意义和知识的开放性与不确定性。废墟美学则关注对破碎、不完整和过去遗存之美的感知与评价，两者在以下几点上有深刻的联系：①解构与不确定性。德里达的解构主义拒绝任何形式的中心主义和终极意义，认为意义总是在差异、延异和不断的解构过程中产生。废墟作为过去的残迹，其美感往往源于不完整性与碎片性，这种不完整和碎片化的特性正好对应了德里达对于稳定意义结构的解构。废墟美学欣赏的正是这种意义的流动性和不确定性，与解构主义拒绝固定解释和寻找单一真理的理念相契合。②记忆与历史。德里达的理论中，记忆和遗忘是核心概念之一，他通过"踪迹"的概念来探讨过去如何在现在留下痕迹，即使这些痕迹是不完整的和难以捉摸的。废墟作为历史的物质证据，它保留了时间的痕迹，同时又因解构而不断产生新的解读，反映了记忆与遗忘的动态平衡。在废墟美学中，这种对过去的解构和再诠释同样体现了德里达关于过去在当下的持续回响。③美学的开放性。解构主义美学拒绝任何封闭或预定的美学标准，主张美学经验是多元、流动和情境化的。废墟美学研究中的"废墟"不仅仅是衰败和损失的象征，更是创造力和再生的源泉。它鼓励我们从不同角度审视破碎与重建，这种美学观念与解构主义对文本、艺术和文化现象的开放性解读相一致。④语言与物质性。德里达的解构主义特别关注语言的物质性和符号的物质性，废墟作为实体的存在，其物质属性同样承载着文化和历史的信息。在废墟美学中，物质性与符号意义之间的关系得到了强化，这一点与德里达对能指与所指之间任意性和差异性的讨论相呼应。综上所述，德里达的解构主义理论为废墟美学提供了一个哲学框架，使我们超越了简单的审美趣味，进入对历史、记忆、时间和物质性更深层次的思考。废墟不仅被视为美学对象，更成为解构主义探讨意义、时间性和存在本质的有力例证。

### （八）让－保罗·萨特

让－保罗·萨特是 20 世纪法国最重要的哲学家之一，同时也是文学家、戏剧家、政治评论家和社会活动家，其作品对法国乃至世界的文化与思想产生了深远的影响。他是无神论存在主义的主要代表人物，并且是西方社会主义的积极倡导者。萨特出生于巴黎的一个中产阶级家庭，父亲是海军军官，但在他幼年时便去世，他由母亲和外祖父母抚养长大，自小受到良好的教育，展现了对文学和哲学的浓厚兴趣。1924 年，萨特进入巴黎高等师范学院学习哲学，其间结识了雷蒙·阿隆、保罗·尼赞等日后在思想界有重要影响力的人物。毕业后，他曾短暂从事教学工作，并在德国柏林和法国继续深造，深受埃德蒙德·胡塞尔的现象学和海德格尔的存在主义影响。1938 年，萨特发表了第一部长篇小说《恶心》，这部作品体现了存在主义的基本主题，确立了他在文学界的名声。1943 年，他的哲学巨著《存在与虚无》出版，系统阐述了他的存在主义，强调个体自由、选择的重要性以及存在先于本质的观点，此书使他成为存在主义的领军人物。第二次世界大战期间，萨特曾被德军俘虏，后成功逃脱。战后，他不仅在哲学领域继续耕耘，还积极参与政治和社会运动，成为一名活跃的左翼知识分子，支持社会主义和反殖民主义，同时笔耕不辍，创作了大量戏剧、小说和政治评论，如《苍蝇》《禁闭》等。1964 年萨特拒绝接受诺贝尔文学奖，理由是不愿接受官方荣誉，要保持个人的独立性和思想自由。他一生未婚，与女作家西蒙娜·德·波伏娃保持着长期的伴侣关系，两人在思想和生活上相互影响，共同推动了存在主义和女性主义的发展。1980 年，萨特去世，但他的思想和作品至今仍被广泛研究和讨论，对哲学、文学、政治等多个领域持续产生影响。萨特的存在主义探讨了人类存在的荒谬性和自由意志，他的思想为我们理解废墟美学提供了对人类存在与时空的深刻见解。可以从四个方面分析：一是存在先于本质的观点。萨特提出"存在先于本质"的核心观点意味着人的存在是没有预设目的的，人必须通过自己的行动来定义自己。废墟作为过去的遗留，它们的存在本身是无目的的、去功能化的，但人们在观察和解读废墟时，可以投射自身的存在意义，通过对废墟的解读，重构自我认知和历史理解，这与存在主义强调的个体在不断选择和行动中创造自身本质的理念相吻合。二是自由与责任的研究。萨特强调自由是人类存在的本质特征，但自由同时也伴随着完全的责任。面对废墟，人们可以自由地赋予其各种意义，这种解读行为体现了个体的自由意志，同时也要求人们承担起对历史、文化和社会现实的反思责任。废墟成了一种促使人们思考过去、当下与未来之间联系的媒介。三是情境剧方面。萨特的戏剧作品，如《密室》，展示了个体在特定情境下的冲突与选择，这些情境往往揭示了人性的复杂和道德困境。废墟作为历史情境的物质残留，可以被视为一种"情境剧"的舞台，观众（或观察者）在其中体验到时间的折叠、历史的重压以及人类的境遇，进而引发对存在意义的深刻思考。四是荒谬感与真实。萨特的作品常常探讨人在面对世界的荒谬和无意义时的感受。废墟以其残破之美，呈现了文明的脆弱与时间的无情，激发人们感受到存在本身的荒诞性，促使人们正视现实，勇敢地面对并创造属于自己的真实。综上所述，尽管萨特并未直接论述废墟美学，但其存在主义为理解废墟美学提供了哲学基础，尤其是在探讨个体自由、历史责任、情境体验以及面对荒诞时的选择等方面。废墟美学通过萨特的作品，成为一种反思人类存在状态和文化记忆的方式。

### （九）埃德蒙·伯克

18 世纪英国哲学家、政治家埃德蒙·伯克的著作《论崇高与美丽概念起源的哲学探究》初版于 1757 年发行，是美学领域的经典之作。伯克在撰写此书时仅19 岁，但该书直到他二十七岁时才得以正式出版。这部作品对后来的浪漫主义运动、美学理论以及文学批判产生了深远的影响。《论崇高与美丽概念起源的哲学探究》探讨了人类对"崇高"和"美"这两种审美体验的起源及其本质。伯克区分了崇高与美丽的不同特质。伯克将"美"定义为柔和、和谐、比例适当，且令人愉悦的特质，它激发的是爱与亲近的情感。他认为美的对象通常较小、精致，能够给人带来一种平静和满足的感觉；相比之下，"崇高"是指那些巨大、强力，甚至可能带有威胁性的自然现象或艺术表现，它超越了日常经验，引发恐惧、敬畏和惊奇等强烈情绪。崇高之美在于其力量和无限性，能够激发人类对自身渺小的认识，同时又激发出人类一种超越的渴望。伯克的分析不仅仅局限于视觉艺术，他还涉及诗歌、音乐等其他艺术形式，以及自然现象和人类情感。他提出，对崇高的体验是一种复杂的心理过程，它既包含着恐惧又伴随着安全的距离感，从而转化为一种正面的审美享受。他在书中提出了对废墟的审美感受的理论，认为废墟激起了人们对于美好事物的毁灭和无法挽回的损失的感觉。这部著作在美学史上占据重要地位，因为它标志着对审美情感的系统性理论探讨的开始，尤其在区分和定义崇高与美丽的概念上做出了开创性贡献。伯克的观点对后世的许多哲学家和艺术家，都有着深远的影响。

### （十）约翰·拉斯金

19世纪英国艺术史学家和批评家约翰·拉斯金的《建筑的七盏明灯》是一部探讨建筑艺术及其美学价值的重要著作，首次出版于1849年。拉斯金是19世纪英国最重要的艺术评论家之一，同时也是社会思想家，他的这部作品对哥特式建筑给予了极高的评价，并提出了影响深远的建筑理念。在这本书中，拉斯金阐述了他认为构成优秀建筑艺术的七个基本原则，即所谓的"七盏明灯"：①牺牲，这指的是建筑师和建造者对作品的无私奉献和对完美的追求；②真理，其强调建筑材料的真实使用和结构的诚实表达，反对虚饰和假装；③权力，权力指建筑应展示出力量和稳固的特性，体现其持久性和对自然环境的掌控性；④美，美强调建筑的美学价值，认为美是建筑的内在要求；⑤生命，这提倡在建筑中融入自然元素和生动的装饰，反映生活的活力；⑥记忆，其强调建筑应该承载和传达历史与文化记忆，成为时间的见证；⑦服从，服从指建筑应遵循一定的规则和传统，同时尊重自然法则和满足社会需求。拉斯金通过这些原则批判了当时流行的折衷主义风格，以及他对机械化生产破坏工艺美学的担忧。他的著作也间接涉及废墟问题，认为废墟是人类文明和自然的融合。他的思想对后世的工艺美术运动、新艺术运动乃至现代建筑理论都产生了重要影响，特别是启发了威廉·莫里斯等人的工艺美术运动。《建筑的七盏明灯》不仅是对建筑美学的探讨，也是拉斯金对社会伦理和文化价值观的深刻反思，体现了他对理想社会秩序的追求。

### （十一）沃尔特·佩特

19世纪英国文学批评家和哲学家沃尔特·佩特的著作《文艺复兴》最初出版于1873年，是佩特最为人所知的作品之一，也是英国唯美主义运动中的代表作。这本书由一系列论文组成，探讨了文艺复兴时期及其对后世艺术与文化的影响，特别是通过分析几位关键艺术家和思想家的作品来体现这一时期的精神。佩特在书中不仅分析了艺术作品的形式与美学价值，还深入讨论了艺术家的个性与其创作之间的关系，强调了"为艺术而艺术"的理念。他研究的对象包括桑德罗·波提切利、列奥纳多·达·芬奇等人，通过对这些人物及其作品的细致分析，展现了一种新的批评方法，即关注艺术作品给人的感官体验和人们对艺术作品的情感反应，他的研究可以为讨论废墟美学提供一定参考。《文艺复兴》因其优美的文风和对艺术感受的深刻洞察而受到赞誉，同时也因提倡审美主义观念，在当时引发了广泛的讨论和争议。佩特的这种强调直觉、情感和个人主义的批评方式，对后来的象征主义、现代主义以及其他文化运动产生了深远影响。

### （十二）阿洛伊斯·里特尔

奥地利艺术史学家阿洛伊斯·里特尔被视为维也纳学派的先驱之一，对艺术史和艺术理论的发展做出了重要贡献。里特尔出生于奥地利的莱布尼茨，早年在维也纳大学学习法律，随后转向学习艺术史，他于1881年完成了关于罗马雕塑的博士论文。他在学术上的导师是知名的奥地利艺术史家莫里茨·塞利格曼，塞利格曼对他的学术发展产生了重要影响。里特尔从1886年开始在奥地利皇家艺术博物馆工作，负责中世纪和文艺复兴时期的藏品。在此期间，他不仅从事研究，还参与了博物馆的教育和展览工作，推动了艺术史作为一门科学学科的发展。他的学术著作涵盖了广泛的主题，包括罗马雕塑、晚期罗马艺术、早期基督教艺术。他最著名的理论贡献是关于艺术史的方法论、风格史和纪念物崇拜的理论。其中，他对废墟的研究主要体现在其著作《对文物的现代崇拜：其特点与起源》中。里特尔在书中提出，废墟不仅仅是过去建筑的残留，它还承载着一种独特的美学和文化价值。他区分了"历史价值"和"纪念物价值"，并进一步阐述了"废墟价值"，这是一种随着时间流逝而逐渐累积的美学价值。在他看来，废墟之所以吸引人，是因为它们体现了时间的印记，展现了自然侵蚀与人为创造之间的一种动态平衡，激发人们对过去、变化和消逝的思考。里特尔认为，废墟不仅仅是衰败的象征，它也是一种独立的艺术形态，具有自己独特的美感。这种美感来源于废墟的不完整性，以及观者在想象中重建原貌的过程中产生的联想。因此，废墟成了连接过去与现在、自然与文化、艺术与历史的桥梁，促进了人们对文化遗产的理解和欣赏。里特尔的这些理论对后来的废墟美学、文物保护，以及对历史遗迹的现代解读均产生了重要影响，也为后来的艺术史学者、考古学家和文化理论家提供了宽阔的思考视角。他的工作奠定了废墟作为一种文化现象被严肃研究的基础，强调了废墟在构建民族身份、历史记忆和美学体验中的作用。里特尔还是形式主义艺术史方法的批判者，他倡导了一种更为综合的方法，考虑艺术品的艺术意志，即艺术创作背后的内在动力和时代精神。这一概念强调了艺术形式和风格背后的社会文化因素。不幸的是，里特尔的生命相对短暂，他在57岁时因病去世。尽管如此，他的理论工作，特别是在艺术史方法论、风格理论和文化遗产保护领域的贡献，至今仍被广泛研究，对20世纪及之后的艺术史学界产生了持续的影响。

### （十三）国外其他相关研究

此外，国外一些哲学家在探讨美学、存在主义、批判理论等方面的问题时，间接地涉及了对废墟美学的思考。例如，亚里士多德在《诗学》中讨论了悲剧的美学价值，其中可能包含了废墟美学的某些元素，如对毁灭和悲壮的欣赏；德国浪漫主义哲学家弗里德里希·席勒和亚瑟·叔本华在探讨艺术和审美经验时，为理解废墟美学提供了一些理论基础；后现代理论家让－弗朗索瓦·利奥塔在探讨现代性和后现代性时，提到了对遗迹和废墟的审美兴趣，这可以与废墟美学联系起来；现象学哲学家梅洛－庞蒂的著作中涉及了身体、感知和世界的关系，这些思想可以用来理解人们如何通过感知废墟来体验其美学价值。当然这些哲学家的思想可能并没有直接涉及废墟美学，但他们的研究成果可以为我们理解废墟美学中的某些概念和现象提供参考。废墟美学的研究通常是在更广泛的文化、艺术和建筑背景下进行的，而不是在纯粹哲学的术语中。

## 二、研究废墟美学的国内学者

近年来，中国学者在废墟美学研究方面也取得了一定的进展，一些有影响力的学者如叶廷芳、巫鸿、程勇真等人的研究，不仅在学术界产生了广泛影响，也为国际上的废墟美学研究提供了独特的视角。

### （一）叶廷芳

叶廷芳是一位杰出的中国当代诗人、作家、编辑家、教师，同时也是一位德语翻译家和卡夫卡研究专家。他出生于浙江省衢县，7 岁时不幸失去左臂，但并未因此放弃对生活的热爱和追求。叶廷芳在 1961 年毕业于北京大学西语系德语专业，随后在学术界和文学界取得了显著成就。他曾任北京大学教师、中国社会科学院外文所《世界文学》杂志编辑、中国社会科学院外文所中北欧文学室主任。此外，他还曾担任全国第九、十届政协委员，中国德语文学研究会会长，并享受国务院特殊津贴。叶廷芳的著作丰富，包括《现代艺术的探险者》《卡夫卡，现代文学之父》《现代审美意识的觉醒》《美学操练》《废墟之美》等。他的翻译作品也颇受欢迎，如《迪伦马特喜剧选》《老妇还乡》《卡夫卡文学书简》《卡夫卡信日记选》《卡夫卡随笔集》等。叶廷芳的一生充满了对命运的挑战和对生活的热爱。他的故事和作品激励着无数人，他是一个不屈不挠、积极面对生活的典范。

叶廷芳是一位专注于研究废墟文化和废墟美学的学者，他关于废墟的文献和作品在学术界和公众中都有广泛的影响。他的著作和文章主要集中在废墟的文化意义、美学价值及其在现代社会中的地位。叶廷芳的随笔集《废墟之美》收录了他近 30 年关于建筑美学的探索和写作的成果，分为三辑，涵盖了建筑美学、圆明园遗址的保护等话题，书中不仅讨论了圆明园遗址的保护，还从古希腊、古罗马及战后德国对待废墟遗址的态度中获得启发，倡导废墟之美，并在一定程度上遏制了蔓延全国的对具有较高文物价值的旧城镇及村落遗址的破坏浪潮。叶廷芳在《废墟文化与废墟美学》中讨论了废墟的历史文化价值和美学意义，指出废墟不仅是遭受破坏的遗址，更是承载着丰富历史信息的建筑遗存。叶廷芳还发表过多篇关于废墟的文章，如《废墟也是一种美》《再谈废墟之美》《保护废墟，欣赏废墟之美》。《再谈废墟之美》这篇文章在《保护废墟，欣赏废墟之美》的基础上，梳理了西方废墟审美意识的形成过程，归纳了废墟的美学价值，并呼吁国人培养对废墟的审美意识。这些作品被广泛引用和讨论，甚至被选入北京高考语文试卷阅读试题。叶廷芳的作品和观点对废墟文化和美学的研究产生了深远的影响，他不仅关注废墟的历史和文化价值，还强调废墟在现代社会中的审美意义和重要性。

　　叶廷芳对于现代城市中的废墟问题持有深刻的见解。他认为，废墟不仅是遭受破坏的遗址，更是承载着丰富历史信息的建筑遗存。在其散文《保护废墟，欣赏废墟之美》中，叶廷芳首先论述了"废墟取得残缺美品格的演进过程"，其次探讨了"废墟取得残缺美的综合因素"，最后分析了"我国拥有巨大的废墟美的资源"，并总结了"培养废墟美的意识是遗址保护的前提"[1]。叶廷芳指出，废墟是活的化石或活的历史教科书，能够令人"发思古之幽情"，甚至"怆然而涕下"。他强调，废墟的文物价值在于其残破过程的历史真实性，这种真实性具有震撼人心的力量。在欧洲，废墟文化在 15 世纪前后的文艺复兴时期获得一个发展契机，经历上千年禁欲主义压抑的欧洲人，从新发掘的古希腊罗马时期建筑、雕塑、壁画、马赛克图案等艺术品的废墟中感受到了人性美的光辉和人体美的魅力，从而对废墟产生欣赏和爱惜之情。相比之下，中国的宫殿或庙宇毁掉了，人们往往会在原址修复或重建，这导致废墟文化缺乏，也使人们缺乏对废墟美的认知和欣赏能力。叶廷芳还提到，中国虽然缺乏废墟文化，但并不代表没有废墟资源。例如，长城、古代城池的城墙等都是石构建筑，有 500 到 3000 年的历史，大部分已沦为废墟。他呼吁珍惜这些废墟资源，并提出了文物保护的重要性和复杂性。总的来说，叶廷芳对于现代城市中的废墟问题持有一种文化保护的见解，强调废墟的历史文化价值和美学意义，呼吁人们重视并保护这些宝贵的文化遗产。

---

[1] 叶廷芳. 废墟之美 [M]. 深圳：海天出版，2017.

### （二）巫鸿

巫鸿，1945 年出生，杰出的中国艺术史家，美国艺术与科学院院士。他曾任教于北京大学人文社会科学研究院，目前担任芝加哥大学艺术史系及东亚语言文明系的教授。巫鸿的主要研究领域包括中国古代美术和视觉文化史，以及当代艺术。巫鸿的学术生涯丰富多彩，他于 1963 年至 1968 年在中央美术学院美术史系学习美术史，1972 年至 1978 年在故宫博物院书画组和金石组工作。1978 年至1980 年，他在中央美术学院攻读硕士学位，随后于 1980 年至 1987 年在哈佛大学学习美术史与人类学，并获得双博士学位。1987 年至 1990 年，巫鸿在哈佛大学艺术系担任助理教授，1990 年至 1994 年担任哈佛大学人文副教授，自 1994 年起任芝加哥大学艺术史系东亚语言及文明系"斯德本特殊贡献教授"。此外，他还于 2002 年起任芝加哥大学斯马特美术馆顾问策展人及东亚艺术中心主任。他的研究特点在于利用考古和美术史材料，从视觉和物质的角度思考中国古代的宗教和礼仪。巫鸿的著作跨越了多个领域，包括《武梁祠：中国古代画像艺术的思想性》《中国古代美术和建筑中的纪念碑性》《重屏：中国绘画的媒介和表现》《礼仪中的美术：巫鸿中国美术史文编》《美术史十议》《时空中的美术：巫鸿中国美术史文编二集》《黄泉下的美术：宏观中国古代墓葬》以及《废墟的故事：中国美术和视觉文化中的"在场"与"缺席"》等。这些文献不仅在中国古代美术史研究方面具有重要影响，也对国际学术界产生了深远的影响。

巫鸿的学术研究成果很多，在其文献《废墟美学与当代艺术》《废墟与记忆：中国现代艺术中的废墟主题》《废墟的故事：中国美术和视觉文化中的"废墟"概念》中，对废墟美学进行了较深入的探讨。在《废墟的故事：中国美术和视觉文化中的"废墟"概念》中，巫鸿探讨了废墟作为文化记忆和历史反思的载体，以及废墟在中国美术和视觉文化中的概念和表现，以及它们如何反映中国社会和文化的变迁。他认为，废墟在中国美术和视觉文化中不仅是物质遗迹，更是文化记忆和历史反思的载体，他通过分析不同历史时期的艺术作品，展示了废墟如何成为表达历史变迁和文化反思的重要手段，在《废墟美学与当代艺术》中，巫鸿分析了当代艺术家如何通过废墟主题表达对历史、社会和文化的反思，以及废墟美学在当代艺术创作中的重要地位，讨论了废墟美学在当代艺术中的表现和影响。巫鸿强调废墟美学在当代艺术中的重要地位，他认为，废墟美学不仅是一种审美现象，更是一种深刻的文化批判。在《废墟与记忆：中国现代艺术中的废墟主题》中，巫鸿探讨了中国现代艺术中的废墟主题。他认为，废墟在中国现代艺术中不仅是艺术表现的题材，更是艺术家对历史和现实的反思和批判。巫鸿通过分析具体的艺术作品，揭示了废墟在中国现代艺术中的重要意义。巫鸿的研究不仅关注废墟在中国艺术中的表现，还深入探讨了废墟美学在当代艺术和文化中的重要地位和作用。巫鸿对废墟的理解与欧洲传统的理解不同，他的研究基于"消逝"这一观念，并认为在中国传统审美中，木质结构所留下的"虚空"是引发对往昔哀伤的根源。巫鸿还探讨了中国古代文学艺术中对于废墟的认识，以及废墟在中国美术和视觉文化中的"在场"与"缺席"。巫鸿将废墟分为四种不同的类型，并分析了每种类型的特点和意义。一是历史废墟。巫鸿认为，这类废墟指的是历史上留下来的遗迹，如古代建筑、遗址等，这类废墟承载着丰富的历史信息，是文化传承和记忆的重要载体，艺术家和观众通过这些废墟可以感受到历史的厚重和文化的连续性。二是战争废墟。巫鸿强调，战争废墟是指因战争而造成的破坏性遗迹，这类废墟不仅是战争残酷性的见证，也是历史悲剧的象征，战争废墟在艺术中的表现往往带有强烈的情感色彩和政治含义。三是工业废墟。巫鸿认为，在工业化和城市化的进程中，许多工业设施和建筑设备被废弃，形成了工业废墟，这类废墟反映了社会和经济的变迁，是现代性和后现代性的重要标志，艺术家通过工业废墟表达了对于现代化的反思和批判。四是自然废墟。巫鸿指出，自然废墟是指因自然作用而形成的遗迹，如风化的岩石、古树等，这类废墟展现了自然界的力量和时间的流逝，是艺术家表现自然美和宇宙观念的重要对象。巫鸿对废墟的分类不仅关注废墟的物质形态，更强调废墟的文化意义和象征价值。他认为，不同类型的废墟在艺术中的表现和意义各有特点，是艺术家表达思想、情感和社会批判的重要载体。通过这种分类，巫鸿为我们理解废墟美学提供了更宽广的视角和丰富的理论资源。总的来说，巫鸿的研究不仅关注废墟的历史和文化价值，还强调了废墟在现代社会中的审美意义和重要性。

**（三）程勇真**

程勇真，女，目前在郑州大学哲学学院任教。她毕业于南开大学并获得博士学位。程勇真的主要研究领域集中在中国美学与女性美学方面，展现了她在人文方面的深厚学术背景和专业贡献。作为一名活跃在高等教育领域的学者，她不仅参与教学工作，指导研究生，同时也在自己的研究领域持续获得成果，推动学术讨论与发展。程勇真关于废墟主题的文献有四篇。

程勇真在2014年9月发表于《河南社会科学》第22卷第9期的《废墟美学研究》中，将废墟作为一种审美对象，分析了中、西方对于废墟文化的美学态度，以及中、西方在历史中对于废墟的审美认知，探讨艺术作品中废墟的艺术化表现和对废墟进行美学研究的必要性①。她认为，中、西对待废墟的美学态度是不一样的，中国传统文化对历史废墟及自然废墟怀有一种深沉的审美情感，西方传统文化对待废墟的美学态度则是否定的。18 世纪末，在卢梭等对历史废墟的感伤发现后，西方才开始建立起废墟美学的观念。19 世纪中后期以来，波德莱尔和本雅明基于对城市废墟的发现而对之进行了有力的表现，以马塞尔·杜尚为代表的超现实主义、装置艺术等艺术家，则干脆直接将日常生活中的废弃物作为艺术品的主要构件。近年，对废墟特别是工业废墟进行生态学和艺术学的改造，成为大地艺术等主要艺术的选择，而战争废墟亦成为除工业废墟外当代中国一种具有文化记忆的审美对象。废墟是一种历史，是一种记忆，更是一种艺术，一种关于未来的想象。

2015 年 3 月发表于《河南机电高等专科学校学报》第 23 卷第 2 期的《废墟美学研究及现实意义》一文中，特别提到"当前的废墟主体形式已发生改变，在工业化进程的加剧下，工业废墟逐渐替代历史废墟，成为当前的新废墟"。②程勇真在文章中认为中、西废墟美学各走过了不同的历史进程，它们的历史渊源、审美特征也是不同的。废墟在西方成为人们的审美对象始于人们在 15 世纪对古希腊、古罗马雕塑、壁画等艺术的发现。18 世纪末，对废墟多愁善感的缅怀才终于渗透进各个文化领域。20 世纪初，本雅明作为一个时代的文化拾荒者，收集着现时代的各种残渣与废料，以揭示被现代生活遮蔽的某些真实图景，挖掘现代性的一些神秘经验。中国废墟美学精神自商周以来，主要体现在怀古诗、山水画及园林建筑等艺术中。当代，随着工业化进程的加剧，工业废墟代替历史废墟成为废墟的主体形式。对废墟进行美学研究是必要的，也是有意义的。

程勇真的另一篇文章《废墟的空间美学思想分析》也主张，"作为一种被时间摧毁的历史存在，废墟不仅与时间相关，更与空间保持着密不可分的关系。也可以说，空间就是废墟的基本美学形式。废墟一般分为古代废墟和现代废墟两种。古代废墟是一个承载着人类丰盛情感的特殊历史记忆空间；现代废墟则是一种对抗的政治诗学空间。废墟可以最大限度地开启一个全新的意义境域，力量直指未来。审视废墟，能让我们从有限的个体中解放出来，进而进入无限的境域"。③并在文末指出，尽管关于废墟的言说是悲伤的，充满了黑色的阴郁色彩，但安塞姆·

① 程勇真. 废墟美学研究 [J]. 河南社会科学，2014，22（9）：70-73.
② 程勇真. 废墟美学研究及现实意义 [J]. 河南机电高等专科学校学报，2015，23（2）：63-66.
③ 程勇真. 废墟的空间美学思想分析 [J]. 名作欣赏，2018（12）：23-25.

基弗依然说废墟与自然一样富饶充盈。废墟本身就是真正的奢华。因为在基弗看来，废墟不仅仅意味着毁灭，更意味着新生和希望。他并不认为这些废墟有什么不好。这是一种转换、骤变、变化的状态。废墟是一个新的建造的开始。他甚至直言，废墟本身就是未来。因为在废墟中，在残留之物中，在这燃烧之后的灰烬中，总有某种新颖的东西在不断萌芽，不断成长。正是在这个意义上，我们才说废墟不是一种陈旧的时间结构和空间形式，不是意味着绝望和死亡，而是在它的内部孕育着某种已经存在和某种尚未存在的东西，已经存在的东西诱惑着我们进入几乎难以辨认的历史，而尚未存在的东西又诱惑着我们毫不犹豫地走向未来。由此，废墟可以最大限度地开启一个全新的意义境域，力量直指未来。①

程勇真在《山东农业工程学院学报》2017 年第 34 卷第 11 期发表的文章《资本·审美·艺术·垃圾：当代社会中"垃圾"的审美解读》中，论及"垃圾是当代社会的一个重要文化意象，亦是了解当代社会秘密的一个重要通道"。② 在当代，垃圾问题不仅与生态问题密切相关，而且与艺术紧密关联。当代艺术，亦可说后现代主义艺术的一个最大特点，就是通过拼贴、戏仿等艺术手法实现了垃圾的艺术化。垃圾艺术表现了艺术对物性事物及日常生活的极大尊重，也表现了对庸常、卑贱，甚至无意义的尊重与救赎。垃圾艺术是一种对抗消费文化的反叙事，且暗含了对自由的隐秘渴求。垃圾是一切事物的必然命运和终极形式，也是现代社会的重要文化象征。对我们来说，提倡一种极简主义的生活方式也许是明智的。精神垃圾如过量的信息、专制思想等，也应该和物质垃圾一样，引起我们足够的重视和警惕。虽然垃圾对我们的生活造成一定程度的困扰，但我们依然不期冀建造一个纯粹完美、绝对整洁的世界。

## 二、国内其他研究

### （一）文学类研究

河南省社会科学院文学研究所席格于 2022 年 3 月发表于《郑州大学学报》（哲学社会科学版）第 55 卷第 2 期的文章《丘墟作为审美类型的文学阐释》，从丘墟、环境审美、气氛、审美事象、意象等方面讨论丘墟作为审美类型的文学阐释，并认为丘墟相较于废墟在审美维度上更契合于中国历史与文化本身。丘墟审

---

① 程勇真. 废墟的空间美学思想分析 [J]. 名作欣赏，2018（12）：23-25.
② 程勇真. 资本·审美·艺术·垃圾：当代社会中"垃圾"的审美解读 [J]. 山东农业工程学院学报，2017，34（11）：140-144.

美虽没有直接形成系统的理论建构，但通过梳理丘墟审美文学作品足以见其生成、展开和书写的内在脉络。作为美好事物被毁甚至消逝后的空间样态，丘墟因原生空间所承载的生存理想和多元价值的毁灭，得以激发富有悲慨特征的审美活动。作为一种环境审美，无论是亲历者之于现场丘墟还是后来者之于迹类丘墟，都是在以"悲"为主基调的丘墟气氛作用下，诉诸流动性观赏为主的审美方式展开的。在丘墟审美过程中，审美者通过身体感知丘墟空间，同时发挥审美想象建构丘墟原生空间，从而在强烈对比中融入复杂情感，展现出对人生、家国、历史乃至宇宙的感悟。丘墟审美所促发的文学具有鲜明的叙事性，即基于丘墟审美物象营构出丘墟审美事象，进而创构出丘墟审美意象甚至丘墟原生空间意象。

西北民族大学陈淼霞发表于《青年文学家》的论文《废墟文化中的审美精神》，论及文化不过是残存下来的废墟的内容。因为废墟代表着一种"过去"，代表着一种"丧失"和"缺乏"。完整的活生生的文化从来没有真正地存在过，存在下来的是一片文化的废墟。废墟就是文明的绝佳档案，而历史不过是后来人对曾经有过的辉煌文明所发出的感慨，由此造就一种对于古代的怀旧感，但这恰恰"是忘记历史而不是记忆历史，忘记的是历史可能性的种种条件，也不提后续的经过"①。但废墟本身却代表着一种联系，有了废墟，过去和现在才能够联系在一起，在这个意义上，不论是从现实的还是从表征的意义上而言，废墟就是文化。

西北民族大学比较文学与世界文学专业 2019 届毕业生张曦萍硕士毕业论文《废墟：毁坏与再生间的言说》以文学的笔法，讨论了五个方面的问题：废墟如何产生、我们如何观看废墟、我们如何书写废墟、我们如何重建废墟以及废墟的虚无主义内涵。

### （二）艺术理论类研究

岛子、郝青松发表于《艺术广角》的访谈文章《现代性废墟与废墟艺术》中，论及"废墟艺术"与"艺术废墟"的概念，艺术废墟的概念不仅仅是物理范畴的建筑废墟，更是深入到社会历史和精神范畴的历史废墟和精神废墟，在这个意义上，我们依然处在现代性废墟之中。②作为废墟的具体内核，废墟性就包括了"创伤—直面废墟""反思—批判废墟""希望—走出废墟"三个递进的环节，从而构成一个完整概念。直面废墟是承认废墟的悲剧存在，是废墟性的最基本态度，是废墟激活的出发点。批判废墟是一种具有批判性的独立立场。走出废墟是对废

---

① 陈淼霞. 废墟文化中的审美精神 [J]. 青年文学家, 2010（14）：180.
② 岛子, 郝青松. 现代性废墟与废墟艺术 [J]. 艺术广角, 2013（6）：34-39.

墟中蕴含的纪念性和崇高性的肯定和希望。① 面对现代性废墟，需要区分"艺术废墟"和"废墟艺术"这两个概念。艺术废墟最大的问题在于，它不具有废墟性的苦难、反思和希望的属性，它有的是对废墟时代的认同，艺术废墟的希望从不会在现实中呈现，只是虚妄不着边际的乌托邦臆想，艺术废墟中看不到苦难的存在，实质上是一种形而上学再现观。与艺术废墟价值相对的艺术，称为"废墟艺术"。废墟艺术最大的特征在于具有废墟性，它能直面现实生活的苦难，能对废墟时代和自我进行批评与反思，并且对未来抱有终极的美好希望，废墟艺术首先要将废墟转化为苦难，不回避废墟的存在，直面苦难的社会根源，以此对人性幽暗意识、历史决定论做出深刻反省。因此，对废墟的审美必然包含了伦理维度，废墟之美除直观的形式因素外，更在于它经受的创伤、承载的记忆、激起的反思等这些经历者或观看者能够感同身受的情感体验。建筑废墟，多因战火而致，物理废墟的被毁只是大的历史废墟的副产品，所以废墟性指向的是伦理领域。废墟审美不能止于观看的愉悦，而是进入人类历史深处，直面废墟的伤痛和记忆②。文章最后认为，今天更为迫切的精神危机就是消费社会的废墟，消费社会固然推动了中国当代艺术的市场化、社会化和独立化，但更造成当代艺术的精神废墟，面对这样具体的现代性废墟和艺术废墟现实，中国当代艺术的精神转向尤为必要。③

东南大学艺术学理论专业学生童彤的硕士毕业论文《中国当代艺术中废墟主题研究》认为，当代艺术是对当下正在发生事物的反映与呈现，在当前中国城市化发展背景下，越来越多的废墟出现在我们生活中，成为当代艺术的历史载体之一。艺术家为废墟创造废墟主题艺术作品，这些作品具有保留记忆的功能并和当代生活相连接。废墟主题艺术是对社会发展的记录，与传统艺术完全不同，由此中国当代艺术家的废墟主题创作，应体现其个人经历、情感和所处的社会环境，并与当代本体紧密相关，需要从本体文化出发，同时以全球化的视角去理解和创造废墟主题艺术作品，提升当代艺术水准。目前对于当代艺术中废墟主题的研究范围不够宽广，也没有明确提出废墟主题是非线性的观点，它肯定过去与传统，具有文化积淀。因此通过对物质层面的废墟分析转向对精神层面的废墟分析，结合废墟主题艺术与本体文化之间的关系，用较为完整且具有代表性的中国当代艺术废墟主题作品为例，从废墟主题艺术与群体的情感、集体的身份认同、宏大叙事等的关系方面具体分析，探讨废墟艺术作品的内涵与对当代社会的记录作用。

① 岛子，郝青松. 现代性废墟与废墟艺术 [J]. 艺术广角，2013（6）：34-39.
② 同上.
③ 同上.

同时，分析比较中国当代艺术和西方当代艺术中废墟主题艺术的异同，得出中国废墟主题艺术具有符号性与双重性的特征，中国废墟主题艺术成为中国当代艺术的典型代表。

暨南大学文艺学专业何剑锋的硕士毕业论文《中国当代艺术的废墟形象研究》认为，废墟是历史的更替，是被废弃的遗存，有着不同寻常的意义，虽废弃破败，但产生的废墟形象作为重要的想象体，诞生了许多文艺作品。作为形象表征，废墟的意义不仅是昭示历史，更重要的是诠释主体性。在当代艺术如火如荼的实践中，废墟形象和符号常常被用来进行艺术创作，这和当代艺术中怪诞、颠覆、拼贴、复制的特征契合，中国当代艺术的兴起与废墟有关。该论文通过后现代表征理论分析历史文化形态下的废墟形象表征。城市化进程致使的拆迁废墟表征；工业化进程留下的废弃厂房废墟表征。关注这些废墟的生产过程和影响，对于了解中国当代艺术、理解废墟美学有着重要意义。

东北石油大学 2023 届毕业生赵名子的硕士毕业论文《中国特色废墟主题艺术的审美形态研究》，讨论了中国废墟艺术的审美形态历史传承问题。作者认为中国有着深厚的历史底蕴，人们曾在不同的时期留存了与人类自身活动、社会发展历程相关的众多废墟，并且这些废墟在这片中华民族的文化沃土之上繁衍出了别具一格的废墟主题艺术。自废墟的形成到废墟艺术的产生，均有人类活动和自然环境的影响，从废墟主题艺术创作的过程中，可以探知人们对于历史人文、社会集体记忆的观念态度。该主题艺术的形式丰富，内涵深刻。在其审美表现领域也展示出特定的形态之美与意趣，具有较高的研究价值。而中国特色废墟主题艺术含有中国式精神与民族传统思想，使人们感受到美学的熏陶，有助于人们逐步完善自我，提升文化素养。

谢梦云、云翃的论文《废墟景观的当代美学价值》从遗产保护与文化自信的角度讨论了废墟景观的美学价值，作者认为，建设文化自信的美丽中国，呼唤中国特色的伦理价值体系和审美方式，富有历史价值的废墟是重要媒介。论文结合遗产研究与文史研究，在厘清废墟景观价值的基础上，对废墟景观进行审美分析，为废墟复魅。作者认为废墟的美学意义源于三方面：距离感、实用性、崇高感。废墟所包含的文化价值从古至今始终围绕着人文关怀的内容，体现出浓厚的家国情怀，废墟因历史的崇高而美。在当今"文化自信"的号召下，废墟更起到唤起人们家国情怀的重要作用。

广西师范大学文学院袁仁帅 2023 年 4 月发表于《湖南科技学院学报》第 44 卷第 2 期的论文《废墟的环境体验与隐喻意义》，探讨了废墟的环境体验与隐喻意义，作者认为，作为具有特殊意义的场所，废墟以"物态"的形式存续于环境当中。当人们进入这一场所时，关于废墟的感受便会伴随着特定的历史与文化自然流露。感受的产生来源于个体与环境的联系，并以隐喻的形式进行意义的延伸。在时空与个体性介入经验的流变中，废墟从自然的事实逐渐成了一种审视的艺术对象。用以描绘废墟的语言是丰富的，这些语言构成了众多的隐喻模式：一方面，在废墟场所的环境体验中显现的隐喻，是身体通过介入环境来认知他的历史与文化的经验化；另一方面，关于废墟的众多隐喻也在环境的体验中不断生成。因此，废墟作为一种环境，在人们关于废墟的隐喻当中获得了意识与生命，废墟的隐喻并非落脚于具体的言辞与术语，而在于人与环境运动着的、有生命的关系。

此外，山西师范大学付文君的学位论文《"工业废墟"中审美元素的发现与研究：以油画〈岁月遗痕〉为例》，从"工业废墟"中的审美元素和象征意义出发，结合当代艺术作品进行论证和分析，阐述工业废墟中的审美情感与自身创作之间的联系。苏州大学韩郁婷的学位论文《"废墟"背后的探寻》中，强调了废墟作为创作主体的多面性，作者认为废墟代表了时间的消逝与毁灭，是对往昔的怀念、是对未来的憧憬，也是历史与新生的融合。首都师范大学历史学院葛承雍的《唤醒大遗址废墟中的审美记忆》从历史的角度切入，论证了废墟作为美学的思想载体与审美的文明领地，需要被国家和民族重视①。深圳市委宣传部讲师团卢忠仁的《说"荒残"——兼谈废墟之美》，从"荒残"这一景象入手，带入了对废墟的讨论。作者论述了废墟作为荒残景象的一部分，表现出了事物的岁月与命运，能够使人们产生一种深深的历史忧思，并引发哲学时空意识。②

### （三）考古类研究

陈思，女，汉族，福建福州人，北京师范大学博士，清华大学博士后，发表于《西部学刊》2021年3月上半月刊（总第134期）的文章《从审美视角论石门废墟的独特价值》，探讨了陕西汉中石门废墟的审美与独特性价值。文章认为汉中石门废墟是中国首个人工修筑的穿山隧道，历经两千余年时光磨蚀，有着媲美西方废墟的物质真实性审美品格，而荟萃其中的大量历代摩崖石刻，又使其具有独特的文化价值。石刻文字呈现着字体演变，汉隶与魏楷书法艺术价值颇高；摩崖档案对汉魏至宋清许多史实的本真记载，有丰富的历史文化价值。古人"火焚

---

① 葛承雍. 唤醒大遗迹废墟中的审美记忆 [J]. 西北民族大学学报（哲学科会科学版），2015（2）：88–92.
② 卢忠仁. 说"荒残"——兼谈废墟之美 [J]. 美与时代（下），2017（9）：5–10.

水激"开通的幽深隧道与亲手刻录的文字痕迹真实可触，且随着时间的积累愈发丰厚，极具震撼性与凭吊价值。然而，价值独特的石门废墟却在 20 世纪 70 年代以建坝为由被毁坏，使我国失去了传承 2000 年而不绝的文化记忆场所，由此引发"应对废墟特定文化美学价值多加认识、关注与保护"的历史警示。①文章最后认为，石门废墟以自然山崖为底色，以人工修筑的穿山隧道为空间形态，历经两千余年时光磨蚀所形成苍茫的表征，极具西方废墟的物质真实性审美品格，又有以摩崖档案、石刻艺术反客为主的特质，可谓将自然与建筑、艺术、历史有机兼容的"活化石"。石门废墟具有无可比拟的历史价值、艺术价值和审美价值。一是历史价值，石门废墟是历史记忆的场所，记录了两千年间石门隧道时空流逝的进程，存储着汉魏至宋清从交通要塞—石刻景观—文化景观流变的全程；二是艺术价值，历代文人于石门摩崖刊刻文字，带着各时代鲜活思潮、审美取向，字体由古隶走向成熟汉隶，再衍生出楷书、行书诸体，文字内容也由工程纪念转为游览抒情、金石研究，为石门废墟历史记忆加入确切的脚注；三是审美价值，古人"火焚水激"所开通的幽深隧道与亲手刻录的文字痕迹，时间久远却真实可触，可令观者心灵激荡，引起观者对往昔的留念与感怀，极具震撼性与凭吊价值。作者最后呼吁，石门废墟是中国乃至世界弥足珍贵的文化遗产，今人应对废墟特定文化美学价值多加认识、关注与保护，以免重蹈覆辙。②

张红卫、刘捷、荀燕双、张孟增的论文《圆明园遗址公园的纪念性价值分析》中论及圆明园经历了兴建、鼎盛、被烧掠、荒废、被保护的历史，最终成为一个有着巨大影响力的遗址公园。文章从文化的视角分析了圆明园遗址公园的文化价值转变，认为纪念性价值是圆明园遗址公园的核心文化价值，对其纪念性价值的认识可从"真""善""美"三个方面进行分析。其中科学的定位、保护和展示工作，在圆明园遗址公园纪念性价值的实现中起着至关重要的作用。兰州大学管理学院王峥嵘、沙勇忠的《美日灾害废墟管理政策及启示》中，谈到了如何利用美国、日本的灾后废墟管理经验来促进我国废墟管理战略的开发和实施。中国人民大学北方民族考古研究所魏坚的《元上都——拥抱着巨大文明的废墟》，以考古的眼光挖掘了金莲川草原上的元上都遗址背后的文明。扬州大学艺术学院贺万里的《景观意义上的文化遗产（废墟）保护》中，讨论的是将遗址作为一种景观规划来加以保护，将历史带入现代生活中，并让废墟重新焕发当代价值。

---

① 陈思. 从审美视角论石门废墟的独特价值 [J]. 西部学刊，2021（5）：5-8.
② 同上。

### （四）实验艺术类研究

　　赖志强在《城市变迁与废墟艺术——中国当代艺术的作品及其表现》一文中，讨论了中国实验艺术领域中的问题，旨在对 20 世纪 80 年代中期至 90 年代最初数年的当代艺术的一种类型作综合的描述与考察，这种类型就是描绘、表现城市废墟的视觉艺术。首先，他在文中探讨了 80 年代中期开始流行并延续至 90 年代（甚至今天）的以城市废墟为题材的"风景画"；其次，分析了城市拆迁过程中带来的社会与文化的变异、艺术家的作品及其表现形式，以及到现今为止所知的几乎所有的艺术媒介；最后，论述了艺术家对城市建设的反应。他认为反映变迁的城市是中国实验艺术日益走向成熟的一个重要标识，是艺术家告别模仿，试图反映当代中国社会变迁的一个生动例证。

　　梁毅发表于《艺术市场》2020 年第 8 期的访谈文章《郝青松 × 杨重光：废墟与重生》中，探讨了废墟现场的"行动绘画"、身体装置以及废墟主题综合材料创作问题。两位访谈者与受访者展开有趣的对话："……后来在 90 年代去德国走访了德累斯顿、魏玛、莱比锡这些地方，对早期的表现主义绘画有了直观和比较深刻的理解。后来又见到了巴塞利兹、基弗、吕贝尔兹等人的作品……就发现德国表现主义在精神层面上应该是极其写实的。艺术家赖以生存和创造的媒介即是现实生活。无论是写实主义还是抽象主义，离开了现实我们将一无所有，什么也不是了。"[1] 同时，在对话中又谈到，"在中国，拆迁和建造的同时发生让我有这样一个机会走出工作室，在废墟里，自然屏蔽和废除了人类所有的知识、文化传统、地位、经验和习惯，只剩得人性，赤裸的没有任何遮掩和回避的人性，也没有任何的退路，在城市、乡村的废墟里，仿佛又让我们的生命回到了起点、回到了家。废墟让我知晓人与自然以及与物质世界的关系、生命的意义，并和世界保持一定的距离……在废弃、毁弃的这样一个过程中生命得以重生。从艺术层面上来说，它让我重新学习了不只可以在艺术学院和工作室里完成创作，也能在废墟里的废物之间找到与自然材料（线条、结构）对话的可能。重新构建颜色、线条、材料于废墟这样一个特殊的、易逝的场域中关系的架构。在残存的对废墟的记忆中，产生和创造一种新的艺术形式。消失和废灭、毁弃会成为精神里的一个永恒……"[2] 其后，在文章末尾，杨重光表达了对当代艺术创作的隐忧："人一旦离开了生命的喧嚣，离开了死亡与苦难，或者哪怕是一种悖谬的荒诞，也根本无从谈起艺术的

---

① 梁毅. 郝青松 × 杨重光：废墟与重生 [J]. 艺术市场，2020（8）：50-53.
② 同上。

创造了。进入废墟，艺术创作的场域不再是在艺术工作室，而是进入了让自己的个体生命直接介入和体验的荒场或工地，就如同一位战士在战场上、一位工人在工地上……"①无疑，郝青松和杨重光的对话从艺术实践的角度，把废墟美学、废墟美学实践、废墟审美心理以及现实映照联系起来，对于废墟美学研究具有很强的现实意义。

华中师范大学美术学院 2019 届毕业生龚傲的硕士毕业论文《张大力涂鸦符号创作研究》，主要从废墟涂鸦符号创作角度分析张大力作品。作者解读了艺术家张大力的废墟涂鸦实践，并认为从张大力艺术创作的整个历程看，相对于在 1992 年之前的水墨画创作而言，他的涂鸦创作可谓一个转折点，其形式和思想呈现出一个明显的转变，开始从对生命、宇宙等宏大问题的思考转向对社会现场中的一种微观研究和批判，即便是在涂鸦创作之后的作品，其社会指向始终如一，可以说涂鸦是他当代艺术真正的开始。文章所讨论的张大力涂鸦创作是指张大力在 20 世纪 90 年代城市空间中的墙壁上所创作的匿名大头人像及一系列涂鸦图像。但是，张大力并不能被称为涂鸦艺术家。与西方具有美学风格的涂鸦大师不同的是，张大力只是借助涂鸦的手段完成其符号的传播，所以涂鸦只能算作他的创作工具，他的这项创作中关键点是符号而不是涂鸦。所以文章重点探究的是其在 1992—2006 年之间的涂鸦符号创作。即便如此，我们依旧可以在涂鸦的范畴中去了解张大力的艺术，找到其共性与渊源，张大力持续复制的涂鸦图像在长期发展中成了他的代表性符号。②

### （五）绘画创作类研究

北京大学艺术学院博士冯晗 2013 年 5 月发表于《新视觉艺术》的论文《风景·如画——论"如画"观在透纳风景画中的体现》中讨论了透纳的废墟主题绘画。作者认为，"如画"是 19 世纪流行于英国的美学思想，它的影响范围涉及建筑、园林以及风景画等诸多领域。透纳作为英国 19 世纪重要的风景画家之一，他的绘画实践无疑受到"如画"思想的影响。将废墟作为自己绘画的主题，对光线与大气细致入微的把握，对色彩的敏锐感受，这些种种因素都让透纳的作品产生了"生动"的画面效果。冯晗的另一篇发表于《西北美术》的文章《毁灭与重构——解析废墟艺术的文化含义》中讨论了废墟的悲剧性和文化含义，作者采用"废墟艺术"的称谓来表达艺术史中独特的审美趣味和表现方式，旨在从文化

---

① 梁毅. 郝青松 × 杨重光：废墟与重生 [J]. 艺术市场，2020（8）：50-53.
② 龚傲. 张大力涂鸦符号创作研究 [D]. 武汉：华中师范大学，2019.

含义出发，结合社会学与历史语境，对废墟文化的含义进行阐释，揭示出废墟艺术所蕴含道德沦丧的标志、对时间的指涉性、悲剧性和民族之殇四个方面的文化含义。

苏州大学 2017 届硕士毕业生韩郁婷在其硕士毕业论文《"废墟"背后的探寻》中主张，废墟作为创作主体本身是具有多面性的。作者从三个方面论证废墟的意义：其一，废墟代表时间与精神双重意义的消逝与毁灭，这种消逝中又有自然结果和人为结果之分，包含着对历史和现代社会现象的反思与关注；其二，废墟是铭记与新生的融合，是对过去的缅怀以及对未来的期冀；其三，在绘画艺术领域，不同创作者将废墟作为表现对象，他们所传达的观点与态度千差万别，将废墟的蕴意不断丰富与拓展，并从构图、色彩、笔触肌理三方面解读自己绘画创作过程。[①]

南京艺术学院 2022 届硕士毕业生丁则智在其硕士学位论文《废墟题材在现代中国画中的表现——以水墨人物画为主分析》中，讨论了废墟题材的水墨画创作实践，他认为"废墟"是一个跨越时间的严肃主题，也是艺术家经久不衰的创作题材。作为以木质结构为基本形态诞生的文明，中国传统绘画中废墟题材的作品鲜有直观的物像表达，其通常通过隐晦的场景追忆往昔，或通过笔墨意趣表达文人的自我追求。文章罗列了 20 世纪以前及 20 世纪上半叶的现代废墟艺术不同形态的表现，并认为在 20 世纪上半叶，西方的绘画艺术强势拥抱传统的绘画体系，年轻的先驱者渴望通过借鉴和融合打破传统文人画重笔墨意趣和八股山水而远离现实的沉闷环境。废墟题材无论是作为广义的真实写照，还是形而上的精神载体，都与这一时期中国画家的渴求不谋而合。通过列举岭南画派的代表人物及与废墟有关的详细作品，证明废墟主题为这一时期不可或缺的重要题材。然后以德国画家安塞姆·基弗的废墟题材作品为例，分析了在相同题材及类似背景下的东西方创作差异化表现，以及中国古今废墟题材的创作差异表现。最后以作者自身对于废墟创作题材的收集和实践感悟以及创作展现来结尾。其文章通过分析废墟题材在现代中国画中的表现，探寻现代中国画尤其是水墨人物画传承的脉络，这对于理解中国画演变的过程，理解废墟题材的价值有一定意义。

陈蕾在 2021 年第 6 期《歌海》上发表的文章《废墟上的精神呼唤：安塞姆·基弗艺术研究》，从现象学角度对安塞姆·基弗绘画材料语言和精神内涵进行分析，并认为，作为成长在废墟上的画坛诗人，安塞姆·基弗以多样化的镶嵌、焊接等艺术手法勾勒了非凡的绘画空间。他在艺术创作上将材质性和精神性相结合，把德国历史、北欧神话、英雄史诗、诗歌、建筑等原型注入画面中，使得绘画呈

---

① 韩郁婷. 废墟背后的探寻 [D]. 苏州：苏州大学，2017.

现出文化隐喻特征。正是这些文化隐喻特征使绘画本质更加直观化，进而引发观赏者的深度思考。

西南大学硕士研究生胡兴春的文章《废墟题材在当代油画中的视觉表现研究——以许江作品为例》，主要通过把废墟油画和其他油画的视觉表现进行比较，从作品点线面的编排和处置、空间上的美学设计、色彩的运用节奏、光与影的协调、画笔的运用和画面肌理的美学设计这几个重要的点，分析废墟题材在当代油画中的视觉选择性特征，探讨美学设计的节奏是如何提升艺术作品的视觉效果的。作者认为，废墟题材油画通过种种视觉元素向我们传递了艺术家的创作意图，一种对历史缅怀和未来的展望。通常我们从对画面的直接感知就可以判断出油画的线条运用，及其对人们内在的情感刺激。艺术家的创作风格从画面上就可以一览无遗。艺术家进行油画创作时，最初的题材选择和表现方法就各有不同，这也是艺术家的创作起点差异，再通过画作的点线面及光影安排就可以完全体现出其创作时的情感和想要传达的美学理念。文章通过这些观点说明了废墟题材油画和其他油画之间和而不同的地方。

北京师范大学哲学国际中心的王欣发表于《美术观察》2022年第5期的论文《论普桑绘画中的废墟形象》中讨论了尼古拉·普桑绘画中的废墟图像。作者认为，普桑绘画中废墟形象的特殊意义在于它展示了17世纪艺术史与图像史中的一种有待仔细甄别的绘画类型，而这关系到对于普桑绘画风格的全面认知。作者在文中选取了多幅废墟绘画，其中可以看出普桑始终在调制一种变化。通过对关键理论与制图策略的引入，普桑运用了写实和秩序等多重准则，使得废墟形象与画面结构成为一种相对稳固的意指模式，该模式所构成的绘画表现空间指向并反映了普桑绘画中废墟形象的多重潜能。

广州美术学院陈科的论文《论当代绘画中工业废墟的形态特征》以当代的绘画作品为例，分析了绘画创作与工业废墟的形态特征之间的内在联系，对当代的工业废墟题材作品进行归纳梳理，在工业废墟的视觉特征上进行了系统的分析，以架上绘画为出发点，从画面中的造型规律着手，探索艺术中的本体性。

**（六）数字类研究**

梁珈绮、黄怡宁发表于《青年记者》2023年1月的文章《被遗忘的"废墟"：数字垃圾的生产及社会化影响》论及数字垃圾、数字污染问题，并认为随着数字时代的到来，庞大的数字垃圾景观应运而生。文章基于数字物质主义，探讨了数字垃圾的生产逻辑、媒介属性及潜在社会化影响。作者认为，作为媒介物，数字垃圾具有永恒性、后台性和象征性三重特征，其看似洁净的表象背后暗藏危机，包括数字污染、数字监视及社会失序。

武汉理工大学艺术与设计学院的李炯汶、何欣蕊于 2024 年 1 月在《艺术市场》发表的文章《废墟美学在游戏美术中的功能刍议——以〈尼尔：机械纪元〉为例》，探讨了废墟美学与游戏美术设计问题，作者认为一幅优秀的游戏画面不能仅追求华丽，而应通过视觉、形态、含意等不同的美学原则让游戏成为一个美学集中体，也要注重融合现代艺术情感、古典美学与现代美学，将古典艺术完全融合到游戏的意象当中，以满足人们对游戏现代化审美的需求。作者尝试以废墟美学在游戏美术设计中的功能作为研究切入点，审视如今受到废墟美学影响的写实以及科幻类游戏作品，希望将更多优秀的传统美学或造物思想融入我国的游戏美术设计中。

### （七）电影及影像类研究

中国美术学院跨媒体艺术专业 2021 届毕业生徐林的硕士论文《科幻空间中的废墟美学》，探讨了赛博朋克风格中的东方废墟美学及其未来。作者认为随着关于科幻主题的关注度提升，赛博朋克作为最具有代表性的科幻风格之一，除了大量被作为背景来探讨关于人工智能、人机关系、权利二元对立、后人类等，其中的视觉美学也备受关注。作者持续关注赛博朋克美学的发展和现状，并且着眼于当下中国的文化发展和城市建设，尝试把科幻创作中废墟存在的角度作为研究的切入点，来审视当下受到赛博朋克中"东方主义"影响的科幻美学。废墟空间在赛博朋克中的存在，一方面推进叙事，另一方面是作为视觉中的重要组成，是科幻创作的直接表达，同时在废墟之下存有打破形式、重构创新的机遇。本书从个人对于本土科幻视觉的创作尝试出发，与当下废墟在科幻作品中的表现相结合，关注废墟空间与反乌托邦科幻的共生，"空间诗学"与废墟空间的意向与表达，以及中国本土化废墟艺术创作的演化，来思考当下科幻创作中的元素存在的方式和形态。

中国美术学院戏剧与影视学专业 2022 届毕业生朱霖在其硕士毕业论文《中国城市电影中的废墟意象研究（2000—2019）》中讨论了中国城市电影的废墟意象与审美价值。作者认为，进入 21 世纪后，城市化建设进入高速发展阶段，中国电影创作者的目光也纷纷转向城市空间的变化，废墟作为常见的城市化产物，顺势成为中国城市电影中常见的空间意象。[①] 文章梳理了中国城市电影中废墟承担的造型、叙事和表意功能，并在此基础之上，进一步阐述了中国城市电影使用废墟意象的原因，试图探寻对中国城市电影创作的有益启示。

---

① 朱霖. 中国城市电影中的废墟意象研究（2000—2019）[D]. 杭州：中国美术学院，2022.

山西师范大学戏剧与影视学专业2021届毕业生贺静娜的硕士毕业论文《废墟与漫游者——第六代导演电影研究》探讨了废墟与影像中的隐喻问题。作者认为第六代导演的作品都极具个人色彩，虽无意达成某种一致但最终却呈现出一种相同点，即以边缘人物或小人物的生活为题材，采取较为纪实的拍摄手法，展现社会变迁与时代潮流中人作为其中被裹挟的一员面临的遭遇与经历。这种较为一致的选材，使得第六代导演的电影中的主客体也都有了相似点。主体大多为生活在社会底层的小人物或不被主流接纳的边缘人物，因此他们时常处于一种漫游的状态，心灵或者肉身总有一个毫无着落。他们漫游于故乡、城市之中，总在徘徊或者挣扎。这种人物状态与其所处的社会环境也有着某种呼应，因此第六代导演的电影所展现的客体也有着一种相似性，客体多以"废墟"这一形象出现，无论是建造到一半的烂尾楼房还是已经肮脏污浊的河流，废墟改变了以往被电影镜头抛弃的命运，成为第六代导演的电影中最主要的被表现客体。它被用来凸显时代发展之变幻以及主体所处环境之破败，因此往往体现着一种难以言喻的伤感和悲凉情绪。"漫游者"与"废墟"之间形成了一种互为表里、相互隐喻的关系，而这两种意象早在19世纪在西方学者本雅明的寓言研究与空间建构理论中就已经被提出，甚至本雅明还提出了对后世研究产生深刻影响的"废墟美学"理论①。这两种意象在第六代导演的电影中呈现出来的"异质同构"关系，恰恰与本雅明的解读不谋而合。本雅明认为废墟所构建出的城市景观表现着现代文明之下的荒凉真相，无论是历史的覆灭还是人类心灵的荒凉皆可以在废墟中得到诠释。废墟与漫游者在历史发展进程中所代表的绝不仅仅是被时代淘汰的对象，更是一种文化现象，而且二者之间存在的内在关联值得我们深入研究。

陕西师范大学2021届毕业生胡丹硕士论文《第六代导演电影中废墟意象的文化解读》论述了中国第六代导演的电影中的废墟与意象问题。20世纪90年代初，中国影坛涌现出了以贾樟柯、王小帅、张元、娄烨等为代表的极具颠覆性的第六代导演。受个人成长经历以及中西方多元文化的影响，他们的电影影像语言致力于以底层视角对边缘群体进行记录性和写实性的创作，关注时代变革过程中的部分不被人关注的社会现实。正值改革开放时期，在城市化进程和社会变迁中，人们经历了集体生产精神的陨落和旧有群体文化的更替，随着时间消逝的客观现实引起了人们内心的激荡，从身体体验到记忆追溯，从集体到个人，第六代导演想要将处在这样废墟空间中人们的情感体验和生活轨迹真实地呈现出来，所以他们在电影中呈现了很多承载记忆与生命痕迹的废墟意象。无论是国企工厂里的生

---

① 贺静娜. 废墟与漫游者[D]. 太原：山西师范大学，2021.

产车间还是小人物的成长家园，无论是集体理想或是个体梦想，在遍地拆迁中都逐渐逝去。第六代导演影视作品中出现的大量废旧房屋、瓦砾烟尘、断壁残垣等废墟符号，使得第六代导演的影片带有了美学意义上的残破感和怀旧感，废墟符号不仅构成了这类电影独特的造型图谱，也具有深刻的社会文化内涵和指向性。第六代导演对这种"特殊空间"的自觉把握，展现出了丰富多彩的审美样态，至今在电影生产中不断延续、不断发展，其审美特征和文化内涵是研究当代电影非常值得探讨的话题。他们打破了传统电影的构建模式，以纪实美学的手法为主流文化中失语的边缘人和废弃空间发声，为中国被遮蔽的社会现实留下记录影像，这些无不彰显出第六代导演个性化的艺术追求、强烈的社会责任感和细腻的人文关怀。文章中中国传统美学的意象切入，重点对第六代导演的电影中的"废墟意象"进行探讨，阐释"废墟意象"呈现出的多层社会文化内涵，由此进一步探索废墟美学在电影中的诗性表达，这既是对第六代导演的电影影像语言和美学追求的深度挖掘，也为中国电影民族化道路的发展提供了一种思考方向。

李奇在《当代电影》2022年第2期发表的文章《从"废墟"与"影像"的"相遇"——"二战"后欧洲电影中破败景象的思考》中论及了电影中的废墟表达。他认为，21世纪以来，影像美学研究渐入佳境，此类理论脱胎于20世纪90年代复兴的相关学说。瓦尔堡的思想、利奥塔的"话语—图形"学说，以及奥尔巴赫的"形象"论重新进入了影像学者的研究视野中。他们以不同的思考方式使影像表达冲破了影像内容的束缚，与看似无关的元素连接起来，如记忆、创伤、梦境、征候、历史心理等。"二战"后的西方影片中，"废墟"成了一种挥之不去的情念，传承了某些艺术影像，又自成体系，与复兴的影像理论似乎能够产生某种契合、某种嫁接，甚至互相诠释。"废墟"仿佛化身为理论的形式，理论赋予了"废墟"某种思辨的灵魂。

华东师范大学钟璇宇发表于《老区建设》2018年第10期的论文《废墟影像中的上海城市更新》，探索了废墟与城市更新的个体体验。作者认为，一方面，废墟是城市变迁的表征和见证；另一方面，废墟作为一种意象和符号在美学领域有着不可忽视的地位。城市的废墟图像往往也作为一种象征符号，展现着城市本身的肌理和历史的变迁，以及记录者对城市的自我体验。回顾1945年以来上海城市废墟图像，并以此阐释废墟图像背后上海城市更新的进程及其给都市居民带来的不同体验。

### （八）城乡建设类研究

中国美术学院2015届硕士毕业生滕飞的硕士论文《从"废墟"之美谈城市

记忆的重塑》，从公共艺术角度论及了废墟美学、城市记忆与城市更新。文章认为，从中国传统绘画到 20 世纪初对建筑废墟的写实描绘，再到 20 世纪下半叶与城市废墟相关的当代艺术作品，是贯穿在整个中国废墟美学发展中一条关于历史感触和精神回归的主线。在强调和突出人文化、人性化日益成为城市更新的中心内容之际，对中国现存的翻新与重建后的历史遗迹进行了调查。历史遗迹作为历史积累的产物，充满了种种历史的、人文的因素，留存了时代演化的痕迹，承载了特定的历史事件；是历史赐予一座城市时空意义上最原始的记忆和最完整的精神。作者通过对废墟材料、废墟空间、废墟场域三种"废墟"之美的研究，探讨借"废墟"之美的审美情趣和艺术语言来重塑城市记忆，将艺术作为建筑、环境与人之间的纽带，持续启发未来参与者的热情和想象力，重新燃起人民对历史文化和城市记忆的热情，使之成为有生命力的公共空间，创造一个让居民生活更美好的城市，这既是城市更新的基本原则，也是艺术的最高精神指向。

西南林业大学艺术与设计学院杨子鲲、夏冬、赵月发表于《大众文艺》的论文《生命的向度：废墟美学于乡村重建的意义探究》，讨论了废墟美学、废墟利用与乡村重建的话题。作者认为，"废墟美学旨在要求人们对于世俗生产意义上认为的'无用之物'作出审美反映。作为建筑形体，废墟是无用的，作为上一个时代所留存下来的建筑痕迹，如果不加以修葺，它将是一个占用土地资源的无用形体；但作为艺术的附加物，当以一种美学思维——废墟美学来看待废弃建筑，它能在满足人们审美需求的同时，提供精神及哲学上的思索，虽然残缺，但却是本质上的完整。在废墟这一意象中，在诸多悲苦的寄寓中，我们得以窥见旧日的荣光，那最初自然与人类相融时创造的光韵艺术，承载在废墟中。废墟这一寄寓并不是破损或是无用的体现，恰恰是通向救赎的道路，使人从中思考，继续前进"。①

### （九）陶瓷类研究

景德镇陶瓷大学张鑫 2023 年 4 月发表于《陶瓷艺术》的文章《"废墟"在中国现代陶艺创作中的运用》提到，废墟作为一种视觉图像，其自身的价值、多重的寓意以及开放性的形态，在绘画、建筑、文学、摄影等艺术中扮演着重要的角色。当废墟进入中国现代陶艺的体系之中，深化了陶艺语言，延展了创作形式，丰富了审美价值，为中国现代陶艺的发展带来了深远的影响。

景德镇陶瓷大学 2022 届毕业生张童在其硕士毕业论文《"废墟美学"在陶瓷

---

① 杨子鲲，夏冬，赵月. 生命的向度：废墟美学于乡村重建的意义探究 [J]. 大众文艺，2023（12）：37-39.

装饰实践中的应用》中论及当代艺术家关于废墟的创作，随着中西艺术的交流和融合，人们对于废墟艺术有了更深层次的认识和理解。在中国传统艺术作品中，描绘"废墟"的作品，无论是艺术创作还是文学作品，大多给人一种沧凉、荒芜、悲怆的感受，以"部分"展现"整体"，以"残缺"构建"完整"，给人无限遐想。但废墟不仅是表达销蚀和死亡，更代表了一种对过去的沉思与回望，以及对未来的展望和救赎。陶瓷的物性特征也使即将泯灭的"废墟"走向未来，真正成为永恒。在文中作者通过分析陶瓷"废墟"艺术中所蕴含的隐喻性与叙事性，阐述了陶艺中"废墟"艺术的构图模式和装饰结构。重在研究陶瓷装饰设计作品如何以"废墟"的形式来表达时间的流逝，分析"废墟美学"运用在陶瓷装饰实践中的优越性，拓宽了陶瓷装饰语言。

### （十）建筑与环境设计类研究

中央美术学院 2020 届毕业生谭旖旎的硕士毕业论文《宗教类废墟建筑的价值分析——以山西八台子圣母堂废墟为例》，讨论了八台子圣母堂遗址的宗教类废墟价值及废墟美学的本土化问题。八台子圣母堂建于 1876 年，该废墟遗址是山西地区最大的天主教堂遗迹，位于山西省左云县三屯乡八台子村北部，北与内蒙古南部地区接壤。在中国，如此大规模的西方宗教建筑遗迹是很少见的。文章以发掘宗教类废墟建筑的价值为目的，以八台子圣母堂废墟为研究对象，整理了八台子圣母堂废墟的基础资料，详细绘制了建筑图纸，收集大量影像资料，并且从八台圣母堂废墟的建筑历史价值、建筑文化价值、建筑美学价值三个方面进行分析，最终得出宗教类废墟建筑是可以再发挥价值的，可以为当代建筑的发展提供依据。[1]

贾超、郑力鹏发表于《工业建筑》2017 年第 47 卷第 8 期的论文《工业建筑遗产的美学内涵探析》探讨了工业建筑遗产的美学价值与遗产保护问题，作者认为，工业遗产的研究与保护已经成为遗产保护的重要议题，其中的经济价值、技术价值和历史价值都已经有了深入的研究，然而美学价值的研究仍较为欠缺。对于工业建筑遗产而言，其蕴含的美学内涵和艺术价值有着重要的研究意义，是完善工业建筑遗产研究体系，确立保护机制的重要内容。文章从工业建筑遗产的特色分析，通过建筑美学的研究方法，将美学价值与历史、技术、经济价值相结合，挖掘了工业建筑遗产中所蕴含的美学内涵。

上海师范大学 2022 届毕业生杨洪波在其硕士学位论文《环境设计中"废墟之美"的情感体验研究》中，讨论了环境设计中废墟、废墟美学及情感设计问题。

---

[1] 谭旖旎. 宗教类废墟建筑的价值分析：以山西八台子圣母堂废墟为例 [D]. 北京：中央美术学院，2020：4.

作者认为，环境设计中对"废墟"和"废墟之美"的利用是十分常见的，随着建造活动的增加，废墟产生的频率加快、周期变短、人们接触废墟的概率上升。环境设计中对废墟美学的重视程度也在上升，其应用也变多了，它可探究的价值很高。文章探讨了"废墟之美"中的情感体验对环境设计理论与实践的价值和意义，并主要在形式、色彩、光、材质、空间设计等方面，总结环境设计的情感表达和提升"废墟之美"的方法。利用编码技术对情感体验进行编码，并分析情感体验对环境设计的价值和意义，也同时利用情感设计理论分析环境设计中的"废墟之美"。文章主要通过理论编码技术，将环境设计中废墟的情感体验归纳为六大要点：感怀之体验、形态与材质的体验、"新旧"与"生死"的叙事体验、时间脉络的体验、残留物的纪念体验、启发沉思的体验，并针对这六大要点进行定性和定量分析，分析环境设计中"废墟之美"情感体验的载体，以及如何通过情感提升环境设计中的"废墟之美"。

陈跃中、刘剑、慕晓东发表于《中国园林》2020年第36卷第3期的文章《废墟审美下的设计策略——首钢园区冬训中心与五一剧场地块景观设计解析》，从风景园林学角度，对首钢园区冬训中心与五一剧场地块景观设计进行废墟审美式的设计解析。作者认为，首钢园区冬训中心和五一剧场位于首钢北部园区的冬奥广场片区，景观设计将场地的审美体验解剖为两种结构性意向：一种是现实场景的感受，另一种是历史情境的体验。景观设计以场地现状和建筑改造为基础，通过功能重组、重构记忆、视觉建构、最小干预和生态技术的设计策略彰显场地的废墟之美，并使其审美价值服务于首钢园区的核心价值，最终打造一处既蕴含废墟美学、带有历史叙事和集体归属，同时满足冬奥运训练、办公、酒店服务和商业功能的空间。

西交利物浦大学朱子晔的文章《废墟今昔——从场景内化的废墟叙事到魔幻理性主义的废墟营造》，从建筑设计的角度探讨了建筑新废墟设计中的内化场景问题，作者回顾了中国传统视觉文化中废墟叙事的历史，对比了中西方文化中废墟审美的差异，阐述了面对废墟在不同时期、不同文化背景下人类所共享的伤感情愫。在当代存量设施再利用和人文建筑的语境中，废墟营造一类的项目越来越受到关注。通过对这类作品的分析研究，提出当代中国建筑师在进行新废墟设计时应继承传统人文怀古画场景内化理念，在恪守历史透明原真性的前提下进行建造，创造出魔幻理性主义的风格。

中央美术学院建筑学院周宇舫发表于《城市建筑》2015年第34期的文章《废墟与桃花源》，讨论了环境与建筑中废墟建构记忆以及废墟自在状态所包含的人与自然环境的关系。作者认为，中国传统人居理念中"自在"思想这种自在而然的记忆传承，或许是当前乡村建设中应该注重的。

张燕来、梅青发表于《新建筑》2021年第2期的论文《废墟与遗址——以厦门地区近现代碉堡遗存为例》，探讨了战争废墟遗存的保护与更新设计问题。作者认为，战争建筑遗存兼具建筑废墟和战场遗址的特性，作为过去战争中的功能性建筑，它是战争发生场所的一部分，也是体现战争事件的纪念之物。论文基于近代军事碉堡的属性，将中国近现代战争遗存中的厦门地区碉堡作为研究对象，结合军事地理与历史环境，分析其类型与特征，从场所与事件出发探讨其历史功用、当代保护及更新策略。

东南大学建筑学院陆玮佳的文章《废墟与重生——多元文化中的纪念性建筑》讨论了纪念性建筑的重建与保护问题。作者认为中国是一个有着无数文物古迹的国家，对于这些珍贵的文化古迹，怎样保护一直是一个颇具争议的问题。文中通过对帕特农神庙和伊势神宫的分析和解读，回应了废墟与重生的内涵，引发思考。中国美术学院滕飞在论文《从"废墟"之美谈城市记忆的重塑》中，从废墟材料、废墟空间、废墟场域的研究这三个方面出发，试图利用废墟之美来重塑城市记忆，实现历史与现实的艺术化连接。废墟在城市更新的进程中应该如何扮演一个角色，在这篇论文中得到了一定的解答。天津大学韩亮的文章《废墟景观与城市记忆的延续研究》中，从文化历史、美学和经济三个方面分析了废墟作为一种景观的价值，并分析了城市时空多样性对废墟景观的依赖，以及废墟被保留的意义。

上述三位作者从自己专业研究的角度，对废墟美学在建筑和空间环境设计领域中的理论与实践价值做出了有益探索。

# 第四节　其他相关理论

## 一、悲剧美学中的废墟美学

米格尔·德·乌纳穆诺曾在其《生命的悲剧意识》中写道，如果说精神生命的感性机能必须以"实境"为生产对象，那么它的心理机能则只能在"痛感"中再现。只要我们不曾感到不舒服、苦难或悲痛，我们就不会知道自己拥有心、胃、肺等器官。生理上的苦难或怆痛，它能向我们展示自己内心的精髓。而精神上的苦难或怆痛也同样真切。因为除非我们受到刺痛，否则我们从来不注意我们曾拥有一颗灵魂"。废墟美学与悲剧美学都对"苦难""悲怆""伤痛"持肯定态度，当然，它们毕竟是两个既有关联又不相同的领域，我们尝试从人类学、心理学、社会学、艺术学和符号学等角度看待两者的异同。在人类学领域，悲剧美学关注人类生活中的悲剧事件和其产生的审美体验，而废墟美学关注废墟作为一种特定艺术形态的审美价值；悲剧美学是人类对悲剧事件的一种审美解读，它能够引发人们对生活、命运和人类存在的深刻思考，废墟美学是城市发展和变迁的见证，它承载着特定文化和社会的意义和价值。人类学视角下二者的联系在于，悲剧美学和废墟美学都是人类对特定审美对象的解读和表达，它们都能够引发人们对生活、命运和人类存在的思考；二者的区别在于，悲剧美学更多关注悲剧事件本身的审美体验，而废墟美学更多关注废墟作为一种艺术形态的审美价值。在心理学领域，人们对于废墟有着复杂的情感体验，既有失落、悲伤的情感，也有对历史和自然的敬畏之情，悲剧的视觉形象能够引发人们的想象和思考，从而产生审美体验。心理学视角下二者的联系在于，悲剧美学和废墟美学都能够引发人们的情感和想象，产生审美体验；二者的区别在于，悲剧美学更多关注个体在悲剧中的情感体验，而废墟美学更多关注人们对废墟的感知和情感。在社会学领域，悲剧美学中的情感体验是人们对悲剧的认知和评价的基础，而这种情感体验受到个体经历和文化背景的影响。社会学视角下二者的联系在于，悲剧美学和废墟美学都与特定的文化背景密切相关，它们都能够反映社会和历史的文化特征；二者的区别在于，悲剧美学更多关注悲剧事件本身和社会文化背景，而废墟美学更多关注废墟作为一种艺术形态的审美价值。在艺术学和符号学领域，废墟在视觉艺术和文化中具有象征意义，它象征着时间的流逝、历史的变迁和人类的存在；而悲剧的视觉形象能够引发人们的想象和思考，从而产生审美体验。艺术学和符号学视角下二者的联系在于，悲剧美学和废墟美学都与视觉艺术和符号表达密切相关，它们都能够通过视觉形象和符号象征来传达深刻的意义；二者区别在于，悲剧美学更多关注悲剧事件的视觉表达和符号象征，而废墟美学更多关注废墟作为一种艺术形态的审美价值。综上所述，悲剧美学与废墟美学在人类学、心理学、社会学、艺术学和符号学等多个领域有着广泛的联系，它们都能够引发人们的审美体验和情感反应，但二者关注的核心和表达的方式有所不同，悲剧美学更多关注悲剧事件本身的审美体验和社会文化背景，而废墟美学更多关注废墟作为一种艺术形态的审美价值。

悲剧美学对废墟美学的实践具有重要意义。因为悲剧美学关注人类生活中的悲剧事件和其产生的审美体验，悲剧事件往往具有戏剧性、冲突性和深刻性，能够引发人们的情感共鸣和思考。悲剧美学认为，悲剧事件中的冲突和痛苦能够唤起人们对生活、命运和人类存在的深刻思考，从而产生审美体验。废墟美学认为，废墟作为一种艺术形态，能够引发人们对历史、时间和人类存在的思考，从而产生审美体验。所以，悲剧美学对废墟美学的实践具有启示作用。首先，悲剧美学强调悲剧事件中的冲突和痛苦，这为废墟美学的实践提供了新的途径。废墟作为一种艺术形态，往往蕴含着冲突和历史的变迁，通过悲剧美学的视角，我们可以更深入地解读废墟的审美价值。其次，悲剧美学关注人们对悲剧事件的情感共鸣和思考，这为废墟美学的实践提供了重要的指导。废墟作为一种艺术形态，能够引发人们对历史、时间和人类存在的思考，通过悲剧美学的视角，可以更好地理解和欣赏废墟的审美价值。最后，悲剧美学的审美价值在于对悲剧事件的深刻思考，这为废墟美学的实践提供了丰富的内涵。废墟作为一种艺术形态，不仅是一种视觉美学的表达，更是一种对历史、文化和人类存在的思考和反思。因此，悲剧美学对废墟美学的实践具有重要意义。综上所述，将悲剧美学的理论和方法应用于废墟美学的实践，可以为废墟美学的深入研究和应用提供更多的启示和指导。

悲剧美学是西方哲学和文学批评中一个历史悠久的领域。悲剧作为一种文学和艺术形式，其美学价值在于它对人类命运、道德冲突和苦难的深刻探讨。西方悲剧中古希腊悲剧是悲剧美学的源头，亚里士多德的《诗学》中对悲剧的定义和分析对后来的研究产生了深远影响，他认为悲剧的主要目的是唤起恐惧和怜悯，并引发思考。中世纪和文艺复兴时期的悲剧受到了基督教的影响，悲剧人物往往面临着信仰和道德的冲突。莎士比亚的悲剧作品如《哈姆雷特》《奥赛罗》等，以及17世纪和18世纪的英国悲剧，对悲剧美学的发展产生了重要影响。20世纪的悲剧美学受到存在主义哲学的影响，悲剧被看作对存在的探索和反映。东方文化中的悲剧概念与西方有所不同，它往往更多地强调命运、因果报应和宇宙秩序。例如，中国的元杂剧和日本的能剧都有其独特的审美价值和文化内涵。中国古典悲剧强调人物的道德品质和命运的转折，如京剧中的《窦娥冤》等，表现了道德和正义的力量。日本悲剧往往探讨人与自然和社会的关系，展现了东方文化中悲剧的独特审美价值。在当代，对悲剧美学的研究不仅限于文学，还扩展到了电影、戏剧、电视和其他艺术形式。研究者从后现代、女性主义、心理分析等多个角度对悲剧进行了解读和批判，同时，也关注跨文化悲剧的形式和主题，探讨不同文化背景下的悲剧共同点和差异。

同时，悲剧美学是一个深奥且历史悠久的理论研究领域，一些学者和理论家包括亚里士多德、弗里德里希·尼采等都对此做出了重要贡献。亚里士多德被誉为西方悲剧理论的奠基人，他在《诗学》中提出了悲剧的定义和形式。亚里士多德认为，悲剧的价值在于它能唤起观众的情感，并通过模仿引发恐惧和怜悯，最终使得这些情感得以净化。他提出了悲剧应该具备的几个要素，包括一个高尚的主人公，一个由高尚行为引发的悲惨结局，以及一个引发怜悯和恐惧的情节转折。弗里德里希·尼采在《悲剧的诞生》中，探讨了悲剧的起源和意义，提出了日神冲动和酒神冲动的概念。他认为悲剧起源于两种对立的艺术冲动：日神冲动和酒神冲动。日神冲动代表形式、美和清晰度，而酒神冲动代表的是形式解体、音乐和生命力量的发泄。悲剧是这两种冲动的一种和解，通过悲剧，人类能够暂时地超越日常生活的现实。精神分析学派的创始人弗洛伊德将悲剧看作一种潜意识的表达，人们通过悲剧来处理和应对个人和集体的冲突与欲望。弗洛伊德认为，悲剧中的冲突往往源自潜意识的冲突，而悲剧主人公的命运则象征着个人对冲突的应对和解决。作为人本主义心理学的先驱亚伯拉罕·马斯洛关注人类潜能的发展和人的自我实现。他将悲剧看作人类对生活挑战的一种回应，悲剧主人公在面对困境和冲突时，会展现出人类的高级品质，如勇气、尊严和自我牺牲。列夫·托尔斯泰在《艺术论》中，探讨了悲剧的本质，他认为悲剧的本质在于表现人类面临的道德冲突。悲剧主人公的遭遇反映了人类在道德和现实需求之间的挣扎。这些学者的观点使得悲剧美学变得更加丰富和多元。

悲剧题材的文艺作品在文艺作品中占有重要地位，跨越了不同的文化和历史时期。一些最著名的悲剧题材文艺作品包括威廉·莎士比亚的《哈姆雷特》《奥赛罗》《李尔王》和《麦克白》，这些莎士比亚的作品都是英语文学中最著名的悲剧，它们探讨了人性、权力、背叛和疯狂等主题。古希腊悲剧包括古希腊的埃斯库罗斯的作品《被缚的普罗米修斯》、索福克勒斯的《俄狄浦斯王》和《安提戈涅》，以及欧里庇得斯的作品《美狄亚》等。还有约翰·密尔顿的《失乐园》，这部诗歌描述了撒旦和一群堕落的天使被逐出天堂的故事，是一部宗教悲剧。弗朗茨·舒伯特的《魔王》是一部著名的悲剧性歌曲，基于歌德的诗歌，讲述了一个父亲与被魔王诱拐的孩子之间的悲剧。萧伯纳的《圣女贞德》，这部戏剧描绘了法国民族英雄圣女贞德的生平，她的悲剧性命运引发了关于信仰、战争和历史的深刻思考。夏洛蒂·勃朗特的《简·爱》、艾米莉·勃朗特的《呼啸山庄》以及安妮·勃朗特的《艾格尼斯·格雷》都是探讨复杂人际关系和悲剧命运的小说。20世纪文学中的悲剧作品也很多，包括詹姆斯·乔伊斯的《伊芙琳》、弗兰兹·卡夫卡的《变形记》和阿尔贝·加缪的《局外人》等，这些作品展现了现代人的孤独、异化和存在的悲剧。另外，电影中的悲剧作品如电影《泰坦尼克号》

《辛德勒的名单》和戏剧作品《悲惨世界》等，它们都是通过叙事手段传达悲剧主题。以上列举的这些作品在不同的艺术形式中展现了悲剧的美学和实践，它们对全球文化和艺术产生了深远的影响。

在中国，不乏研究悲剧美学的学者和作品。例如，近现代通过文学和戏剧的形式探讨悲剧美学、反映社会问题的王国维、鲁迅、钱钟书、曹禺、余华等人。鲁迅作为中国现代文学的奠基人之一，在其多部文学作品中探讨了悲剧美学，其作品通过对人物悲惨命运的描绘，反映了社会的不公和命运的苦难，如《阿Q正传》和《祝福》，展现了个体的悲剧是如何与社会的黑暗面相互作用的。著名的文学批评家和哲学家王国维在《宋元戏曲史》中探讨了中国古代戏曲中的悲剧元素，提出了"团圆主义"与"悲剧主义"。王国维认为中国戏曲传统上倾向于"团圆主义"，即在结局中寻求和谐与圆满，而西方悲剧则更多地强调主人公的毁灭和命运的无常。钱钟书在《围城》这部作品中通过主人公方鸿渐的命运，展现了一种现代版的悲剧，他认为，悲剧不仅仅是对命运的抗争，更是对人性、社会和文化的深刻反思。余华的小说《活着》和《许三观卖血记》等作品，展现了个人的悲剧是如何在更大的社会历史背景下发生和发展的，他的作品中的悲剧元素反映了在中国社会从传统到现代的转型中个体所面临的挑战和困境。曹禺作为中国现代戏剧的重要人物，他的戏剧作品如《雷雨》和《日出》等，展现了家庭、社会和人性中的冲突和悲剧，其作品中的悲剧美学深受西方悲剧理论的影响，同时也融入了中国传统文化的元素。

悲剧美学在实践中的体现不只局限于文学领域，还广泛渗透到了戏剧、电影、电视剧、绘画、音乐等不同的艺术形式中。在戏剧领域，西方悲剧作品如埃斯库罗斯的《被缚的普罗米修斯》、索福克勒斯的《俄狄浦斯王》和欧里庇得斯的《美狄亚》等，这些都是悲剧美学的典范，它们通过戏剧的形式探讨了命运、正义和人类存在的主题；再如，莎士比亚悲剧《哈姆雷特》《奥赛罗》《李尔王》和《麦克白》等作品，以其复杂的人物关系、深刻的道德冲突和悲剧性的结局，展现了悲剧美学的魅力。东方戏剧如中国京剧中的《霸王别姬》、日本能剧中的《拨款》等，都体现了东方悲剧美学的精神，通过对人物命运的描绘，展现了道德和哲理。在电影和电视剧领域，经典电影悲剧如奥逊·威尔斯的《公民凯恩》、费德里科·费里尼的《甜蜜的生活》等，通过影像叙事探讨了人生的悲剧性；现代电影悲剧如昆汀·塔伦蒂诺的《低俗小说》、泰伦斯·马力克的《生命之树》等，这些作品以现代视角探讨了悲剧主题，展现了多样化的悲剧美学表现形式。在绘画领域，西方画作如德拉克罗瓦的《希阿岛的屠杀》、卡拉瓦乔的《圣马太的召唤》等，通过画面传达了悲剧主题；东方绘画则有中国画家齐白石、蒋兆和等人的作品，这些作品也常常蕴含着悲剧的元素，通过对人物和景象的描绘，表达了悲剧美学。在音乐领域，古典音乐中的作品如贝多芬的《第九交响曲》、瓦格纳的《尼伯龙根的指环》等，这些作品通过音乐的形式传达了悲剧情感；现代音乐中的作品如约翰·克特兰的《蓝色列车》、杜尚的《小调》等，这些作品以现代音乐语言探讨了悲剧主题。悲剧美学在艺术实践中的表现形式多种多样，不同的艺术家和创作者根据自己的文化背景和艺术追求，创作出具有悲剧色彩的作品，这些作品不仅反映了人类共同的情感体验，也展现了悲剧美学的持久魅力和艺术价值。

悲剧题材文艺作品中打动人的元素是多方面的，如复杂的人物关系、角色的内在冲突、命运的不可抗力、情感的强度和真实性、道德和哲学问题、对美的追求和毁灭，以及艺术形式美感等。我们通过欣赏悲剧作品会发现，构成故事的悲剧核心，往往是其角色之间的爱恨交织、权力斗争和道德冲突等各种复杂关系，而且，各种悲剧角色往往面临着内心的挣扎和冲突，如理想与现实的矛盾、欲望与道德的对抗等，这些内在冲突使角色显得深刻和真实。同时，悲剧作品中的角色常常受到不可抗力的命运的摆布，如命运的转折点、不可避免的灾难等，这些元素增强了故事的悲剧性。悲剧作品中的情感表达往往是强烈和真实的，如悲伤、愤怒、绝望和爱等，作品通过这些情感与观众产生共鸣，引发共情。此外，悲剧作品常常触及更深层次的道德和哲学问题，如正义、自由、责任、罪恶和死亡等，这些问题促使观众进行反思和探索。悲剧作品中的角色往往追求某种美好的理想或价值，如爱情、真理或自我实现，但这种追求往往以失败告终，这种对比增添了悲剧的力度。最后，悲剧作品在艺术形式上也往往具有美感，如精彩的对话、丰富的象征、精美的布局等，这些元素提升了作品的整体艺术价值，这些元素共同构成了悲剧作品的力量，使悲剧作品能够在文艺史上占据重要地位，并打动无数读者和观众的心灵。

弗里德里希·威廉·尼采认为，悲剧是肯定人生的最高艺术，悲剧美学研究的价值在于它对人类情感、社会现象和文化发展的深刻洞察。其一，悲剧引发情感共鸣，使得心理净化。亚里士多德认为悲剧能够唤起观众的情感，如恐惧和怜悯，并通过这些情感的宣泄达到心理净化的目的。悲剧美学研究帮助我们理解这种情感共鸣的机制，以及它如何影响观众的心理和情感状态。其二，对社会批判与道德反思。悲剧往往揭示了社会的不公、道德的冲突和人性的弱点。通过研究悲剧美学，我们可以更好地理解社会现象，批判现实中的不平等和不道德现象，并促进道德观念和社会正义的提升。其三，对文化传承与创新。悲剧美学研究有助于我们理解不同文化背景下的悲剧表现形式和主题，从而促进文化的传承和发展。同时，通过对悲剧的美学分析，艺术家和学者可以创造出新的艺术形式和表达方式，推动文化创新。其四，对人性探索与自我认识。悲剧美学研究关注人性的复杂性和人性中矛盾，通过分析悲剧主人公的命运和内心世界，我们可以更深入地理解人类的情感、欲望、道德选择和存在的意义。其五，对艺术的欣赏与批评。悲剧美学研究提供了分析和评价悲剧作品的框架，使艺术家和批评家能够更好地欣赏艺术作品，并对其进行深入的批评和解读。悲剧美学研究不仅有助于我们理解和欣赏悲剧艺术作品，还能够促进个人情感的发展、社会道德的提升和文化知识的传承与创新。

在美术作品中，悲剧美学实践通常表现为艺术家对悲剧主题的描绘和探索，通过视觉艺术的形式传达悲剧的情感深度和哲学意义。在主题表达方面，艺术家通过绘画、雕塑等形式，表现悲剧主题，如死亡、失恋、孤独、战争等，通过具体的情节或象征性的形象来传达悲剧的情感和内涵。在形式语言方面，悲剧美学在美术作品中的形式语言包括色彩、线条、构图和光影等元素。艺术家运用这些元素来营造悲剧氛围，增强作品的情感张力。在人物塑造方面，在表现悲剧主题的作品中，艺术家通常会塑造一些具有代表性的悲剧人物，通过人物的形象、表情和动作来传达悲剧的内涵和情感。在情感共鸣方面，艺术家通过悲剧主题的创作，唤起观众的情感共鸣，使观众在欣赏作品的过程中，产生共情和思考，达到情感宣泄和心理净化的效果。在哲学思考方面，悲剧美学实践往往伴随着对生命、死亡、人性、命运等哲学问题的思考，艺术家通过悲剧主题的作品，表达自己对这些哲学问题的理解和思考。在文化传承方面，悲剧美学实践也是对文化传统的一种传承。许多悲剧主题源自神话、历史故事或文学作品，艺术家在创作中往往借鉴和传承这些文化传统。总之，在美术作品中，悲剧美学实践是一种通过视觉艺术形式传达悲剧主题和情感的方式，它既具有审美的价值，也具有哲学和文化意义。

悲剧题材在美术作品中有着悠久的历史，历史上许多著名的艺术作品似乎都能与悲剧气息扯上关系。例如，达·芬奇的《最后的晚餐》虽然不是传统意义上的悲剧，但这幅作品描绘了耶稣与门徒的最后一餐，预示着耶稣的牺牲和十字架的悲剧。米开朗基罗的《大卫》作为雕塑表现了圣经中的大卫在迎战巨人歌利亚之前的紧张和决心，是一种英雄悲剧的体现。伦勃朗的《夜巡》虽然描绘的是现实生活中的场景，但其中的光影和表情描绘了一种悲剧氛围。约翰内斯·维米尔的《戴珍珠耳环的少女》中的少女表情神秘，给人一种悲剧预感。埃德加·德加的《舞蹈课》描绘了舞者的排练场景，其中蕴含了梦想与现实、成功与失败的悲剧元素。保罗·塞尚的《圣维克多山》通过色彩和形状的变化，传达了一种自然的悲剧感。毕加索的《格尔尼卡》是对西班牙内战期间格尔尼卡轰炸的反映，表现了战争悲剧。马克斯·梅勒的《悲剧女孩》，画作以超现实主义的手法表现了一个充满悲剧的女性形象，充满了悲伤和绝望。这些作品通过不同的艺术手法和风格，展现了悲剧主题的多样性和深度，它们不仅是艺术史上的珍品，也是悲剧美学实践的重要例证。

悲剧艺术在社会进步中具有重要意义，它通过展现人性、道德和社会问题，促进了社会的发展。悲剧艺术最有社会进步意义的元素大致有七个：第一，进行道德探索与批判。悲剧艺术常常涉及道德和伦理问题，通过角色的命运和冲突，对现实社会中的不公正、腐败和道德败坏等现象进行批判，促使观众思考和讨论。第二，进行社会问题的揭示。悲剧作品往往揭示了社会中存在的问题，如贫富差距、种族歧视、权力滥用等，通过艺术的形式引起公众对这些问题的关注和讨论。第三，进行人性的深刻揭示。悲剧艺术通过角色的复杂性和内心冲突，深刻揭示了人性的多面性，包括善良与邪恶、爱恨与欲望等，这有助于人们更深入地理解自己和他人。第四，引起情感共鸣与心理宣泄。悲剧作品能够唤起观众的情感共鸣，提供一种情感宣泄的途径，帮助人们处理和理解自己的悲伤和愤怒，从而促进情感健康和社会稳定。第五，对历史与文化的传承。悲剧艺术作品往往有着丰富的历史和文化背景，通过对悲剧故事和角色的塑造，传承历史文化，增强了社会成员的文化认同感。第六，促进审美教育与精神提升。悲剧艺术作品在审美教育中起着重要作用，通过艺术的形式提升观众的审美能力和精神境界，促进人的全面发展。第七，激发社会改革。悲剧作品所揭示的社会问题和道德困境，可以激发人们追求改革和进步的动力，推动社会制度和文化的变革。悲剧艺术通过这些元素，不仅提供了审美的享受，还在社会进步中扮演了重要的角色，促进了社会的自我完善和人的全面发展。

## 二、其他领域中的废墟美学

除与悲剧美学关联非常密切之外，废墟美学与心理学、社会学、图像学和符号学等学科领域也有着紧密的关联。心理学领域对废墟美学的研究主要集中在人们对废墟的感知和情感反应上，通过实验和观察来探讨人们对于废墟的审美体验和情感体验。不过，心理学领域对废墟美学的研究，不会过多探讨废墟背后的社会和历史文化，因此，可能无法全面解释废墟美学的内涵和价值。社会学领域对废墟美学的研究主要关注废墟与社会、废墟与历史，以及废墟与文化之间的关系，通过分析废墟在不同社会和文化背景下的存在方式，去揭示废墟美学的社会意义和文化价值。尽管社会学领域为废墟美学的研究提供了社会和历史文化的视角，但它往往对废墟本身的审美价值和艺术价值体现不足，因此，无法全面理解废墟美学的内涵和意义。图像学和符号学领域对废墟美学的研究主要关注废墟的视觉表达和象征意义，通过分析废墟的图像和符号，去探讨废墟美学在视觉艺术和文化表达中的作用和价值。尽管图像学和符号学领域对废墟美学的研究提供了视觉表达和象征意义的视角，但它往往对废墟的实际存在和历史背景重视不足，因此无法全面解释废墟美学的内涵和价值。总之，心理学、社会学、图像学和符号学等学科领域可以为废墟美学研究提供更多的视角，但对废墟的研究应该更加综合和全面，将不同学科的理论和方法相结合，以更好地探索和解释废墟美学的内涵和价值。

# 第五节　本章小结

废墟作为一种艺术形态和审美对象，存在重要的审美价值，而废墟美学重视对废墟的视觉表达和象征意义的探讨，它强调废墟所蕴含的历史、文化和时间的价值，以及废墟对人们情感和想象力的激发作用。历史背景上，废墟美学的兴起与城市发展和变迁密切相关。随着城市化的进程不断加快，许多旧建筑和遗址被拆除或废弃，废墟成了一种独特的艺术形态和审美对象。废墟美学的概念在 20 世纪末开始流行，艺术家和学者开始关注废墟的审美价值和象征意义，并将废墟作为创作和研究的对象。当前国内外对废墟美学的研究已经取得了一些成果。在学术领域，许多学者通过对废墟的视觉艺术、文化和历史背景的研究，探讨了废墟美学的审美价值和象征意义。艺术家也将废墟作为创作的主题和材料，通过绘画、摄影和装置艺术等形式，将废墟的审美价值呈现给观众。国内方面，废墟美学研究起步较晚，但近年来已经取得了一定的进展。一些学者开始关注中国的废墟现象，通过田野调查和理论研究，探讨废墟美学的审美价值和象征意义。艺术家也将废墟作为创作的主题，创作了许多具有废墟美学特征的艺术作品。国际方面，废墟美学研究在西方国家相对成熟。许多学者通过对废墟的视觉艺术、文化和历史背景研究，探讨了废墟美学的审美价值和象征意义。废墟美学也被应用于城市规划和建筑设计中，通过对废墟的再利用和改造，创造出具有审美价值和象征意义的城市空间。总的来说，废墟美学是一个充满潜力的研究领域。当前国内外对废墟美学的研究仍在不断发展和深化，有望进一步推动废墟美学的理论建设和实践应用。

# 第三章　废墟美学实践的维度和基础

在废墟美学的实践活动中，创作者的审美观念、创作手法以及对废墟美学内涵理解和审美价值的追求均影响着实践的结果。艺术家作为创作的主体，在废墟美学实践活动中更关注废墟的残缺美、对比与冲突、情感表达、象征与隐喻、互动与参与、环保意识、科技与艺术、跨文化融合等层面的内容。在残缺美方面，艺术家强调废墟的残缺和破败特征，通过描绘和表现废墟的残缺性，传达出时间的流逝、历史的变迁和生命的脆弱等主题；在对比与冲突方面，艺术家常常利用废墟与周围环境或其他元素的对比，如废墟与自然、废墟与现代化建筑等，来表现冲突与对比之美，这种对比不仅增强了人们对废墟美学价值的认识，也引发了观众对相关社会问题的思考；在情感表达方面，艺术家通过废墟元素的感染力来表达自己孤独、哀伤、失落等情感和心境，引发观众的共鸣和思考；在象征与隐喻方面，艺术家使用废墟元素作为象征和隐喻的载体，来表达抽象的时间流逝、历史沉淀、人类命运等概念和思想，这种象征与隐喻的手法使废墟艺术具有深远的意义和广阔解读空间；在互动与参与方面，当代艺术家重视观众与废墟艺术作品更多地进行互动，如参与废墟艺术的创作、探索废墟场景等，这种互动不仅丰富了观众的体验，也使废墟艺术成为一种集体创造和共享的艺术形式；在环保意识方面，艺术家在废墟美学作品中常常融入环保意识的元素，如关注人类活动对自然环境的影响、倡导可持续发展等，这种环保意识的融入使废墟艺术具有社会责任感和时代意义；在科技与艺术方面，艺术家利用数字艺术、虚拟现实等现代科技手段来实现科技与艺术的结合，创造废墟艺术的新形式，这种结合不仅拓展了废墟艺术的表现手法，也使其具有时代感和前瞻性；在跨文化融合方面，艺术家重视探索废墟在不同文化之间的交流和碰撞，如将废墟与不同文化背景的艺术元素相结合，这种跨文化的融合，使废墟艺术成为一种多元文化交流和碰撞的产物。这些方法论不仅为艺术家提供了创作的指导和灵感，也为观众理解和欣赏废墟艺术提供了理论支持。通过这些实践探索，废墟美学作品能够展现出多样性和深度，成为一种富有吸引力和启发性的艺术形式。

# 第一节　废墟美学实践的维度

在实践领域,"如何看"决定了"如何做"。实践往往取决于创作者的"观看"方式,"观看"的维度决定了作品表达的厚度和宽度。面对废墟素材,艺术家需要重新审视和利用废墟元素来创造新的艺术形式和表达方式,这涉及客观和主观双向转化的过程,通常涉及以下几个方面:一是从废墟中提取新意。艺术家不再仅仅将废墟视为衰败和遗忘的象征,而是从中挖掘出新的意义和灵感,将其作为艺术创作的源泉。二是废墟与自然的融合。艺术家注重探索废墟与自然力量之间的相互作用,如时间的侵蚀、植物的生长等,以此来表现废墟的自然化和生态化。三是废墟的再利用与改造。艺术家会根据现实要求对废墟进行保护、再利用或改造,将其转化为废墟装置艺术、废墟空间改造等具有艺术价值的空间或物体。四是废墟与社会的互动。艺术家关注废墟与社会变迁之间的关系,通过废墟来反映和批判社会问题,如城市化进程中的拆迁问题、历史记忆的消逝等。五是废墟与科学技术的结合。随着科技的发展,艺术家将努力探索将废墟与数字艺术、虚拟现实等新技术相结合的方法,以此来创造全新的艺术体验。六是废墟与跨文化的交流。艺术家利用废墟作为跨文化交流的桥梁,通过废墟元素来探讨不同文化之间的碰撞和融合。七是废墟美学的多元化表现。艺术家利用绘画、摄影、雕塑、装置艺术、表演艺术等多种艺术媒介和表现手法,来展现废墟美学的多样性和丰富性。八是废墟美学的受众参与。艺术家鼓励观众参与废墟艺术作品的创作,使废墟美学成为一种互动和参与式的艺术。正是艺术家的这些创新精神和实验精神,将废墟元素运用于艺术领域各种实践探索,创造出具有时代感和创新性的艺术作品。

废墟作为一种具有丰富象征意义的载体,常常被艺术家用来作为叙事的一部分,通过视觉和情感上的隐喻来吸引观众,引发观众的思考和共鸣。在艺术作品中,废墟美学实践大致存在四种叙事角度:首先,历史的叙事角度。废墟作为历史的见证,可以表现特定时期的文化、社会和人类活动,艺术家通过废墟来展现历史故事,让观众通过对废墟的观察来理解和感受历史的变迁。其次,人类经验的叙事角度。废墟可以象征人类经历中的失落、失败、孤独等情感,艺术家通过废墟来表达人类内心的挣扎和痛苦,以及人类面对困境时的坚韧和希望。再次,环境的叙事角度。废墟也可以象征环境破坏和自然侵蚀,艺术家通过废墟来揭示人类对环境的影响,以及环境面临的挑战和危机。最后,社会的叙事角度。废墟可以反映城市化进程中的遗弃、战争和冲突留下的创伤等，艺术家可以借废墟来批评和反思社会现象，唤起观众对社会问题的关注和思考。在艺术创作中，废墟美学的艺术叙事性可以通过多种形式来表达，艺术家借助废墟题材和元素，创造出独特的视觉和情感体验，激发观众的想象力和思考。

## 一、历史与未来的时间维度

废墟蕴含的时空元素往往是最吸引人的地方，废墟美学实践注重利用这一元素来强化人们对历史与未来的哲学思考，这种创作思维既包含艺术家面对客观时空的主观情感，也包含艺术家对废墟元素与历史、现代、未来、环保、科技、心理、跨文化、社会批判等各种视角结合的认知与实践。在历史视角方面，艺术家通过对战争遗址、工业废弃物、城市衰败等废墟的描绘和探索，反思和回顾历史事件、社会变迁和文化遗失，表达对过去的思考和纪念。在现代视角方面，艺术家关注现代社会中的消费文化废弃物、城市更新遗迹等废墟，以此来批判现代社会的消费主义、城市化进程中的问题等。在未来视角方面，艺术家会设想和构建废墟的未来面貌，如探索废墟如何在未来的社会和文化中发挥作用，或者探索如何通过废墟来表现对未来世界的想象和预测。在环保视角方面，随着环保意识的增强，艺术家将废墟与环境保护相结合，通过废墟来探讨人类活动对自然环境的影响以及如何实现可持续发展。在科技视角方面，艺术家利用数字艺术、虚拟现实等科技手段来创造废墟艺术的新形式，表现未来社会中科技与人类生活的关系。在跨文化视角方面，在经济全球化的背景下，艺术家会通过探索废墟如何在不同文化之间的交流和碰撞中产生新的意义，表现文化的融合与冲突。在心理视角方面，艺术家更加关注废墟如何影响个体的心理状态和情感体验，关注如何通过废墟来探索人类的心理世界。在社会批判视角方面，艺术家利用废墟来批判社会不公、权力结构、阶级差异等，通过废墟来表现对社会现实的反思和批判。这些视角反映了废墟美学实践的现实意义与社会价值。废墟作为一种具有强烈时间感的符号，常常被用来反映过去与现在的联系，以及历史事件对现代社会的影响。在实践中，废墟美学的时间叙事性一般通过历史的层次、记忆与遗忘、时间的流逝、自然的侵蚀等方面来体现，艺术家通过对废墟的描绘和运用，创造出具有时间感和历史深度的艺术作品，引发观众对历史、时间和记忆的思考。

废墟美学实践强调在破败、废弃的空间或遗迹中发现美感、历史价值与文化意义，它不仅关乎视觉上的冲击，更是一种深刻的时间叙事方式。艺术家通过废墟这一特定的物质形态，讲述过去与现在、记忆与遗忘、毁灭与重生的故事。其一，废墟是时间的痕迹与记忆。废墟作为时间流逝的物理证据，承载着丰富的历史信息，它是时间的化身，每一块残垣断壁都记录着过往的故事，无论是战争、自然灾害还是社会变迁，艺术家在废墟中进行创作时，往往通过作品揭示这些隐含的时间痕迹，唤醒人们对往昔的记忆，这种叙事方式让观者能够跨越时空，与历史对话，感受那些被遗忘的故事。其二，废墟美学的实践往往具备多层次的叙事结构：在物质层面上，废墟本身作为历史事件的见证，无声讲述其形成的过程；在创作层面上，艺术家通过装置艺术、摄影、绘画等形式介入，对废墟背后故事进行再诠释或重构；在受众层面，观众的参与也构成了叙事的一部分，他们根据个人经验对作品进行解读，形成了多维度的叙事网络。其三，废墟美学的实践旨在建立历史与现代社会之间的对话。艺术家通过对废墟的再创造，不仅让过去的历史场景以新的形式呈现，也促使人们反思当下社会的发展路径和文化形态。比如，艺术家将废弃的工业遗址转变为艺术空间，既保留了工业时代的印记，又赋予其新时代的文化功能，体现了时间的连续性和文化的再生性。其四，废墟不仅是关于过去的沉思，它还激发了对未来可能性的想象，对废墟元素的再创作往往带有乌托邦或反乌托邦的色彩。通过展现文明的兴衰，艺术家引导公众思考人类社会的可持续发展、环境保护等问题，废墟因此成为一种警示，也成为一种希望，艺术家鼓励人们在废墟之上构想更加美好的未来。其五，废墟美学还涉及深刻的情感与审美体验。废墟的苍凉之美，往往激发人们的怀旧情绪、对生命脆弱性的感慨，以及对宇宙永恒的思考，这种独特的审美体验超越了传统美的范畴，触及人性深处的复杂情感，使观众在面对废墟时产生共鸣，从而使观众产生心灵上的震撼和实现心灵的净化。综上所述，废墟美学实践的时间叙事性是一种复杂的文化表达方式，它通过物质与精神的双重层面，连接过去与未来，唤起人们对历史的尊重、对现状的省思及对未来的憧憬，展现了艺术在时间长河中的独特力量。

## 二、局部与系统的空间维度

艺术家在创作中既需要关注废墟的局部特征，也需要对废墟所处的空间环境，甚至时代背景进行整体考量，以获得思维认知层面上的完整统一。这种空间维度涉及以下几个方面。一是局部特征的描绘。在早期的废墟艺术中，艺术家往往关注废墟的局部特征，如残破的墙壁、锈蚀的金属、衰败的植物等，通过细致的描绘来表现废墟的美学价值。二是空间关系的探索。随着艺术创作的发展，艺术家开始关注废墟空间之间的关系，如何通过废墟来构建一种新的空间，以及空间与观众之间的关系。三是环境与废墟的互动。艺术家可能会探索废墟与周围环境之间的互动关系，如自然力量对废墟的影响、城市发展与废墟的关系等，以此来表现废墟的环境性和生态性。四是社会文化系统的批判。艺术家利用废墟来批判和反思社会文化系统中的问题，如历史遗忘、社会不公、权力结构等，通过废墟来表现对社会现实的思考和批判。五是系统性的实践。艺术家采取系统性的实践，如废墟艺术的系列作品、废墟艺术项目等，以构建一个完整的艺术体系，表现废墟美学的多样性和丰富性。六是跨学科的融合。艺术家加强与历史学家、社会学家、环境科学家等其他学科领域的专家合作，从不同的角度来研究和表现废墟，创造跨学科的艺术作品。七是观众参与和互动。艺术家重视并鼓励观众参与和互动，通过废墟艺术作品来构建一个与观众相互作用的系统，使观众能够更深入地体验和理解废墟美学。八是艺术与社会生活的融合。艺术家重视探索如何将废墟元素融入公共艺术项目、社区参与艺术项目等社会生活中，使废墟美学成为社会生活的一部分。这些探索反映了艺术家从局部到系统地思考和表现废墟美学，创造具有深度和广度的艺术作品，以更加全面地探索和表达废墟的美学价值和社会意义。

废墟作为一种具有独特空间特征的符号，常常被用来探索空间的多重含义和叙事潜力。废墟美学的实践空间叙事性是指艺术家利用废墟这一元素在作品中表现空间的意义、布局和结构，以及空间与人类活动、历史变迁和文化背景之间的关系。在实践中，废墟美学的时间叙事性体现的途径有五个方面。第一，在空间的布局方面，艺术家通过废墟来展现空间布局的变化和组合，使观众能够感受到空间的组织和结构，以及空间对人类活动和体验的影响。第二，在空间的转换方面，废墟可以代表空间从一个功能向另一个功能转换，艺术家通过废墟来探讨空间的意义是如何随着时间和人类活动的变化而变化的。第三，在空间与权力的关系方面，废墟常常与权力的消失和转移相关，艺术家通过废墟来探讨空间如何成为权力斗争和变迁的舞台。第四，在空间的文化意义方面，废墟也可以代表特定的文化背景和历史时期，艺术家通过废墟来展现空间与文化的紧密联系，以及空间是如何承载和传递文化意义的。第五，在空间的感知与体验方面，废墟的空间特征可以影响观众的感知和体验，艺术家通过废墟来创造独特的空间氛围和情感体验，引导观众对空间进行深入的思考和探索。

## 三、精神与物质的主客维度

废墟美学的创作是从精神到物质的转变，其实就是艺术家在创作过程中如何将内心的精神体验和情感转化为物质形态的艺术作品的过程。精神探索层面，艺术家首先关注精神体验，如创伤、记忆、梦境、孤独等，通过艺术创作来表达和探索这些精神层面的感受。情感的物质化层面，艺术家将抽象的情感和心理状态转化为具体的物质形态，如废墟的破败景象、残缺的物体等，以此来表现和传达内心的情感和情绪。心灵的物质表达层面，艺术家通过物质材料和艺术手法来表达和塑造心灵的废墟，如使用破损的物品、破败的材料、腐蚀的表面等，来表现内心的残破和失落。物质与精神互动层面，艺术家探索物质和精神的互动关系，通过物质形态来表达其和精神层面的联系，以及物质是如何影响和塑造精神体验的。物质文化的批判层面，艺术家可能会利用废墟来批判物质文化中的问题，如消费主义、物质浪费等，通过废墟来表现对物质文化的思考和批判。物质空间的构建层面，艺术家可能会关注如何构建和表现物质空间中的废墟，如废墟场景的设定、空间布局的设计等，以此来表现物质空间的美和意义。物质再利用和改造层面，艺术家可能会对物质进行再利用和改造，如废墟艺术的装置、废旧物品的重新利用等，以此来创造新的艺术形式和表达方式。物质与观众互动层面，艺术家可能会鼓励观众与物质形态的艺术作品进行互动，如参与废墟艺术的创作、与废墟场景进行互动等，使观众能够更深入地体验和理解废墟美学。这些转变反映了艺术家是如何将内心的精神体验和情感转化为物质形态的艺术作品的，以及是如何通过物质来表达和探索精神层面的感受的。通过这些转变，艺术家能够创造出具有精神深度和物质性的艺术作品，引发观众对精神与物质关系的思考。

废墟美学的创作中物质与精神的互动过程，就是艺术家通过物质性的废墟元素，激发观众的精神感受和思考的过程。这种互动过程涉及以下几个方面：一是物质的视觉叙事。艺术家通过物质性的废墟元素，如残墙、破败的家具、锈蚀的金属等，构建出具有视觉叙事性的艺术作品，激发观众对废墟背后故事和精神含义的想象。二是物质与情感的共鸣。艺术家利用废墟的物质形态来表达情感，如孤独、哀伤、失落等，观众在观看废墟艺术作品时，可能会产生情感共鸣，从而引发对精神层面的思考。三是物质的象征和隐喻。艺术家可能会使用物质元素作为象征和隐喻，以表达抽象的概念和思想，如时间的流逝、历史的沉淀、人类的命运等，引导观众进行精神层面的思考。四是物质的互动与参与。艺术家可能会鼓励观众与物质形态的艺术作品进行互动，如参与废墟艺术的创作、探索废墟场景等，使观众成为艺术创作的一部分，从而引发人们精神层面的体验和思考。五是物质与记忆的连接。废墟常常与记忆相关联，艺术家通过物质元素来唤起观众对过去的记忆和情感，从而引发对精神层面的反思和探索。六是物质与文化的交融。艺术家可能会探索物质与文化之间的交融，如将废墟与不同文化背景的艺术元素相结合，引发观众对文化认同和精神归属的思考。七是物质的废墟与自然的融合。艺术家可能会关注废墟与自然力量的互动，如废墟中的植物生长、自然侵蚀等，引导观众思考人类与自然的关系，以及生命的脆弱与坚韧。八是物质的废墟与未来的展望。艺术家可能会设想废墟的未来面貌，如废墟如何在新的社会和文化中发挥作用，或者艺术家如何通过废墟来表现对未来世界的想象和预测，激发观众对未来的思考和期待。这些从物质到精神的互动过程反映了艺术家如何通过物质性的废墟元素，激发观众的精神感受和思考，创造具有深度和互动性的废墟作品。通过这种互动，艺术家和观众能够共同探索废墟美学的内涵和外延，拓展艺术的边界。

废墟美学的实践心理叙事性涉及艺术家如何通过废墟这一元素在作品中表达和探索人类的心理状态、情感体验和精神世界。废墟作为一种具有强烈心理暗示的符号，常常被用来反映个体的内心世界和对周围环境的感知。在实践中，废墟美学的心理叙事性表现在孤独与失落、怀旧与回忆、创造与想象、恐惧与不安、希望与重生这五个方面。首先，废墟常常象征着孤独、失落，艺术家可以通过废墟来表达个体的心理状态，即个体在面对生活中的挑战和困境时的心理状态。其次，废墟可以唤起对过去的怀旧和回忆，艺术家通过废墟来探讨个体如何通过回忆和怀旧来理解自己的生命经历，以及获得身份认同。再次，废墟作为一个开放的空间，可以激发艺术家的创造力和想象力，艺术家通过废墟来构建新的意义和故事，展现他们对废墟空间的心理解读和再创造。然后，废墟常常与恐惧、不安相关，艺术家通过废墟来探索个体在面对不确定性和未知事物时的心理反应和应对方式。最后，废墟也可以象征着希望和重生，艺术家通过废墟来表达个体在面对困境和失落时的坚韧和乐观，以及对未来的期待和憧憬。在实践中，艺术家通过对废墟题材的展现，创造出具有心理深度和情感力量的艺术作品，唤起观众对个体心理、情感和精神世界的反思。

## 第二节　废墟美学实践的物质和心理基础

如本书前面所提到，废墟分为两种：一种是广义上的废墟，指历史发展遗留的古迹或遗址，包括城市化进程中的拆迁或改造后的残骸、生活产生的废弃物等种种真实存在的物质；另一种是狭义上的废墟，包括怀古喟今的情感再现、精神层面的价值坍塌带来的伤痛事实等。废墟美学进行实践通常会涉及七个方面：一是研究废墟在视觉艺术中的表现形式，以及它所蕴含的象征意义，如时间的流逝、历史的衰败、人类的遗忘和自然的侵蚀等；二是探讨废墟如何触动人们的怀旧、忧伤、孤独、恐惧、希望等情感，以及废墟如何作为情感表达和心理探索的工具；三是研究废墟如何影响人们对空间的感知和体验，包括空间的组织、布局、转换以及与权力的关系等；四是分析废墟如何发挥反映和批判特定历史时期的文化现象，以及废墟如何作为历史传承和记忆载体的功能；五是探索艺术家如何运用绘画、摄影、雕塑、装置艺术和数字媒体等不同的创作方法和技术来表现废墟美学；六是分析观众对废墟艺术作品的反应和理解，以及艺术批评家如何评价和解释废墟艺术的意义和价值；七是探讨废墟美学如何与其他学科领域如哲学、心理学、社会学、环境科学等相互交叉和融合。这七个方面的研究可以帮助我们更好地理解废墟美学的内涵和外延，以及它在当代实践中的地位和作用，同时，这些研究也为艺术家提供了更多的创作灵感和理论支持，使他们能够更深入地探索废墟美学的艺术表达和发掘其叙事潜力。

## 一、物质基础

在中国文化遗迹中，丘墟虽种类繁多，但可大致归为两类：从范围大小上看，有地域丘墟、城邑丘墟以及建筑丘墟；从功能属性上看，有宫室楼台丘墟、宗庙社稷丘墟、寺庙丘墟、巷宅丘墟和坟墓丘墟。不同种类的丘墟承载的情感、观念和价值判断不同，它们激发的审美取向也就不一样。如社稷、宗庙、都城等礼制性建筑丘墟，更多承载的是政治战乱、家国情怀、民族忧思，而枯木、怪石、冢墓类丘墟，则更多指向对人生与生命意义的终极思考。从洞察现实到反思历史，丘墟将观者从个人情愫引导到群体命运以及崇高价值上来。那么，废墟作为一种物质文化遗存，是如何在艺术创作中被艺术家用作叙事载体的呢？笔者认为主要原因有如下几个方面：一是废墟本身的物质性与象征性。废墟作为物质实体承载着一定象征意义，包括历史的沧桑、人类活动的遗迹以及自然力量的侵蚀等。二是废墟的视觉表现。通过视觉艺术手法表现废墟的物质状态，包括对其形态、纹理、色彩和光影的描绘，以及可以通过视觉语言传达废墟的情感和文化内涵。三是废墟的空间布局与叙事探索。探讨废墟的空间组织如何影响艺术作品的叙事结构，包括空间的时间性、空间的关系，以及空间如何引导观众的视觉和情感体验。四是废墟与记忆的关系。主要考虑废墟如何唤起观众对过去的记忆和怀旧情感，以及废墟是如何在艺术作品中作为记忆的载体和历史的见证的。五是废墟与文化的关联。重在分析废墟如何反映特定文化的价值观、历史背景和社会状况，以及艺术家如何利用废墟来批判和重构文化意义。六是废墟美学的创作实践。需要分析艺术家如何将废墟融入他们的艺术创作中，包括对创作方法、技术手段和艺术表现形式的探索。七是废墟艺术的接受与批评。这里需要分析观众对废墟艺术作品的接受程度和解读方式，以及艺术批评界如何评价和解释废墟艺术的意义和价值。八是废墟艺术的伦理与政治维度。须探讨废墟艺术在处理历史、记忆和文化遗迹时所涉及的政治和伦理问题，包括对废墟的保护、利用和重构等。艺术创作者通过对以上方面探索，将物质废墟转化为叙事载体，更加有效地利用废墟这一元素进行艺术创作和叙事表达。

## 二、心理基础

捷普洛夫说，情感或情绪是与自己认知相关的事物的态度及体验，而陈孝禅则认为，情感是比较稳定的、持久的对事物的直接态度和体验，也是大多数心理学著作中对情感的主流解释。从废墟艺术创作与审美的角度看，情感是创作者与体验者相互联系的纽带，通过情感这个纽带，废墟艺术作品在观众身上引起反应，创作者与观者进行情感交流，实现情感共鸣；从心理学角度看，情感包括人们日常生活中的喜怒哀乐、家国情怀、生离死别、乡愁思亲等。情感具有主观性，甚至可以说是人们认识世界主观差异的主要原因，在同样的物质条件下，人们认知事物的主要差异就来自情感。人们对事物的认知根据情感的不同而不同，尤其是在物质条件相同的情况下，它几乎决定着外部世界对人的意义。人生存于物质世界，与人、社会、自然建立联系，通过自己的感性思维认识世界，在这样的过程中诞生情感，情感有强有弱，有激烈有淡薄，有持久也有短暂，情感使错综复杂的现实世界在每个人的意识中反映出来。情感和情绪也有不同。情绪受物质世界的直接刺激，容易受外界影响，缺少理性因素的牵制。例如，在危险情况下，人类会本能地感到恐惧，这是很难避免的情绪，并且几乎任何和人类活动相关的因素也都会影响人的情绪，如饱腹感、温度、长时间的等待。情感则是较多地受理性的调节。相较而言，情感并不是简单的本能，它是在人类社会发展过程中形成的，是更深层次的思维活动，是区别于一般动物和原始人类的特有属性。当今人类社会的种种情感已经成为对社会生活方方面面具有重大影响的因素，并且是人类文明不可或缺的部分，如爱国情怀、爱情、文学艺术情感、亲情、友情等都是人类难以割舍的宝贵精神财富。情感对于人类是珍贵的，但不能说明它比情绪更加重要。情感与情绪两者之间也是相互联系的，有大量的情绪反应才能产生情感，在研究情感的过程中，情绪也是十分重要的因素。不管是何种类型的创作者，只要他想要在作品中注入某种情感，就一定要在自己的作品中注入可以引发情绪反应的因素。

将心理废墟作为艺术实践的核心内容主要聚焦于艺术家如何通过创作来表现心理层面的废墟，即个体或集体心灵中的残破、失落和记忆的痕迹。心理废墟作为艺术实践的核心内容主要关注八个方面：在心理废墟的象征与隐喻方面，主要研究心理废墟如何在艺术作品中作为象征和隐喻使用，以代表内心的混乱、情感的崩溃、记忆的消逝或精神的孤立等状态；在情感与心理的叙事方面，主要探讨艺术家如何通过作品表达情感和心理的叙事，包括对创伤、失恋、失落、孤独等心理状态的描绘和探索；在内心世界的空间构建方面，主要分析艺术作品中如何构建和表现个体内心世界的空间，包括对梦境、幻想、心理空间和意识形态空间的视觉表达；在心理废墟的视觉表现方面，主要研究艺术家如何通过视觉元素如色彩、形式、线条和光影来表现心理废墟，以及这些视觉元素如何影响观众的感知和情感；在心理废墟与身份认同方面，主要探讨艺术作品中艺术家如何探索和表达个体身份认同的构建和危机，以及心理废墟如何与个人的历史、文化背景和社会经验相关联；在创作过程中的心理探索方面，主要研究艺术家在创作过程中如何探索和表达自己的心理状态，包括创作动机的心理分析、创作过程中的心理变化等；在心理废墟的艺术治疗方面，主要分析艺术创作和欣赏其如何作为一种心理治疗手段，帮助个体处理和治愈心理创伤、情感困扰；在心理废墟的社会文化意义方面，主要探讨艺术作品中心理废墟如何反映和批判社会文化现象，以及如何引发观众对社会问题的思考和讨论。对心理废墟的艺术实践研究，有助于我们理解艺术如何作为探索和表达人类心理状态的工具，以及心理废墟如何在艺术实践中成为一种重要的叙事和表现手法。同时，这些研究也为艺术家提供了理论支持和创作灵感，使他们能够更加深入地探索人类内心的复杂性和丰富性。

对废墟美学价值的广泛重视始于18世纪末、19世纪初以卢梭、霍勒斯等人为代表的西方浪漫主义运动。这一时期将废墟作为艺术创作实践的画家有卡斯帕·大卫·弗里德里希。卡斯帕·大卫·弗里德里希是西方以废墟为题材进行艺术创作的代表。当时的德国浪漫主义画家的核心价值是"万物皆道"的泛神论、体验自然与客观世界合为一体的"统一性哲理"、对人类自身未知的命运的思考，以及对宏伟、灵性大自然的向往与回归，这些思想在德国浪漫主义画家弗里德里希作品中体现得尤为突出。弗里德里希在1807和1834年画了《冬天》《艾尔登那教堂遗址》《艾尔登那废墟夜景》等很多废墟题材的作品。这些画作对于明确废墟的文化价值和美学品位起到了积极的推动作用，在当时的欧洲画坛引起了很大反响。弗里德里希以其深刻的情感表达和富有象征意义的作品著称，他的艺术不仅描绘了自然景观，还深刻反映了人的精神状态和对自然的哲学思考。弗里德里希阅历丰富，他的所有人生历程都化为他的画作中对广阔自然的描绘，通过对风景画的改革和创新，他建立了一套属于自己的宗教意象与象征表现的视觉图式。他的做法和思想深深地影响了当时的多位浪漫主义风景画画家。弗里德里希出生于瑞典波美拉尼亚的格赖夫斯瓦尔德（当时属于瑞典领地，现属德国）。他的家庭环境和早年经历对他的艺术创作产生了深远的影响。1794 年至 1798 年间，他在哥本哈根美术学院学习，这段时期的学习为他后来的艺术生涯打下了坚实的基础。回到德国后，弗里德里希开始创作那些使他声名鹊起的风景画。他的作品经常出现孤独的人物背影和广阔的自然景象，如大海、山川、森林或废墟，这些场景被赋予了深刻的宗教或哲学含义。自 1816 年起，他在德累斯顿学院任教，这对当时的艺术界产生了重要影响。弗里德里希的作品以其独特的构图、光影处理方法和对色彩的运用方式而闻名。他笔下的风景往往传递出一种静谧而又庄严的氛围，反映了人类在浩瀚自然面前的渺小。他的画作被称为"精神性风景画"。弗里德里希代表作有《僧侣在海边》，这幅画作展现了一个人背对着观众，独自站在无垠的海边，形象地表达了人类面对自然时的孤独与沉思；另一幅作品《雾海中的漫游者》可能是弗里德里希最著名的作品，画面中一位站立在山巅的旅者俯瞰着云雾缭绕的山谷，这象征着探索未知的勇气和对自然力量的敬畏；还有他的作品《橡树丛中的修道院墓地》通过阴郁的墓地场景，探讨了生命、死亡和永恒的主题。弗里德里希所创作的浪漫主义风格的风景画，被后世绘画研究学者认为是开辟了自欧洲文艺复兴以来的新的绘画纪元。弗里德里希的风景画大多运用写实的手法，并未脱离浪漫主义传统，画面气氛宁静、平和，体现了艺术家的精神世界，同时也体现着德意志民族艺术家的艺术特质。他的代表作品有《山顶上的十字架》《雪中的修道院墓地》《吕根岛的白垩岩》《三棵树》等。他经常运用的表现手法是把人物放置自然之中，融入风景，画面中的人物多是以背影出现，显得异常孤独和寂寞，这样的形式使画面的悲剧感加深，但同时又使人们感受到空灵和平静。弗里德里希的艺术对后世影响深远，不仅启发了许多同时代的画家，包括印象派和表现主义画家，而且他的作品也被视为现代风景画的先驱。尽管在他生前，他的作品逐渐不被主流接受，但 20 世纪以来，弗里德里希的作品再次得到高度评价，被认为是浪漫主义艺术的重要代表。

　　另一位废墟美学艺术创作的重要实践者是德国新表现主义画家安塞姆·基弗。基弗是 20 世纪以来最具代表性的废墟题材艺术家，基弗的作品反映特定历史时期的现象并刻上了时代烙印。基弗的废墟题材作品可以大致归为三类。第一类是战争废墟写实，特点是采用将真实废墟置于虚拟场景中的图像处理手法。例如，一部名为 *Cockchafer Fly* 的作品，画面从一个俯瞰的视角切入，从地基弥散天际的点点星火，大面积的色块堆叠创造出了轰炸后支离破碎的焦土。而目光拉到地平线的天空，赫然写着如孩童笔记的童谣。这里暗喻了真实的波美尼亚——"二战"时期德国失去的故土。再如，基弗创作于 1982 年的作品《纽伦堡》，同样是以真实的场景为基调，通过特殊的材料"暴力"地将土地的质感再现，然后从一个焦点的视角切换到远方若隐若现的建筑，荒凉破败的草地上写着"纽伦堡—节日—草地"点明主题，隐喻中世纪的纽伦堡的歌唱大师为他们写的歌剧，及"二战"后在此召开的战犯审判。第二类是废墟"再现"。他将真实存在的如纳粹建筑师所设计构建的模型及湮没于历史的建筑图片改造成具有残破、恐怖并充满寓意的废墟。比如，创作于 1983 年的 *Sulamith*，其建筑原型为第三帝国阵亡战士纪念堂，基弗将原本具有正面意义的建筑转化成恐惧焦灼融汇的地穴，"出口已被堵住，所有的窗子都被裁成碎片的木刻画蒙住"，"焦黑的房顶意味着这里曾经有过熊熊烈火，这个建筑就像变成了一个熔炉"。[①] 用保罗·策兰诗中犹太人的化身书写于画面左上方，寓意"二战"犹太人的遭遇。再比如，他在 90 年代以人类文明历史的遗迹为主题创作的 *Osiris and Isis*，源于埃及的传奇建筑金字塔，相较于骄阳下璀璨夺目的建筑，基弗赋予了作品宛如黑云压城的壮烈气势与波云诡谲的画面。神话来自古埃及神明奥西里斯和伊西斯的故事，而金字塔则是连接死生的圣地。矛盾对立又和谐共存的画面展示了悲壮又脆弱的美。第三类为"意象"废墟。这一时期的作品通过复杂精细的肌理处理，呈现给观者超越客观废墟物象的视觉体验和心理体验。例如，致敬巴赫曼的作品《你我的年岁与世界的年岁》，金字塔本身是横跨时间的废墟遗存，非年月可以计量。而基弗画中的金字塔用细腻翔实的红色裂痕，否定不朽之物的坚不可摧。而"你我的年岁及世界的年岁"，这句引用将"二战"时期的纳粹统治给巴赫曼留下的童年创伤融入遥远时空下的古迹，复现了另一时代的真实。再如，同样以金字塔为创作题材的作品《我看到了雾之地，我吞噬了雾之心》，通过巨幅画布的金字塔与塔下裸露上身的男子，寓示古代阿兹特克的献祭仪式。作品展现了具象的人和塔顶分离的心，真实废墟

---

① ROSENTHAL M. Anselm Kiefer[M]. Munich：Prestel Publishing，1987.

和更古老仪式的背景交融，其以这样一种疏离的冲击来反思生死交错，人类文明的命运。以基弗为代表的西方废墟艺术正是将废墟题材用"化为废墟""置于废墟""作为废墟"的方式呈现。

# 第三节　本章小结

废墟美学实践理论基础的研究价值与意义存在于艺术创作、文化研究、社会批判和哲学思考等多个层面。在艺术创作方面，废墟美学的实践理论基础为艺术家提供了一种独特的创作视角和手法，使他们能够通过废墟这一载体表达更为深刻的思想和情感。这种美学实践有助于丰富艺术的表现形式，激发艺术家们的创作灵感。在文化研究方面，废墟美学实践理论基础的研究有助于揭示特定文化背景下废墟美学的内涵和外延。在废墟美学的交流方面，废墟美学往往反映了社会现实中的问题，如消费主义、环境破坏等，通过对废墟美学实践理论基础的研究，可以揭示这些社会问题，为社会实践提供批判性视角。在哲学思考方面，废墟美学的实践理论基础涉及对时间、空间、存在等哲学问题的探讨，这有助于推动哲学思考的深入，丰富人们对世界和生活的认识。在教育意义方面，废墟美学实践理论基础的研究可以为艺术教育提供新的教学资源和视角，帮助学生更好地理解废墟美学的内涵，培养他们的审美能力和创新思维。在社会审美观念的更新方面，废墟美学实践理论基础的研究有助于更新人们的审美观念，使人们更加关注和欣赏废墟美学所特有的审美价值，从而丰富人们的精神生活。在历史与现实的对话方面，废墟美学往往与历史事件、文化遗产等紧密相关，通过对废墟美学实践理论基础的研究，可以实现历史与现实的对话，使人们更好地理解过去、反思现在、展望未来。在跨学科研究方面，废墟美学实践理论基础的研究涉及艺术、文化、社会、哲学等多个领域，有助于推动跨学科研究的发展，促进各学科之间的交流与合作。总之，废墟美学实践理论基础的研究具有重要的价值与意义，它不仅为艺术创作和文化研究提供了新的视角和资源，也对我们理解社会、反思历史、拓展哲学思考等方面具有较深远的影响。

# 第四章 废墟美学实践的形式

本章讲述的是废墟美学实践的形式，主要包括四个部分，依次是实践中的废墟美学呈现、废墟主题与实践、废墟美学的跨媒介实践、本章小结。

## 第一节 实践中的废墟美学呈现

废墟美学是一种关注废墟、衰败和残缺之美的人文审美观念，废墟所蕴含的历史、文化和记忆价值，及其特有的残缺美、悲怆美和荒凉美，具有较高的艺术价值和审美意义。在绘画和雕塑领域，许多艺术家在作品中运用废墟美学，通过描绘废墟包括破败的建筑和荒凉的自然景观，表现时间的流逝、历史的沧桑和生命的无常。例如，西班牙画家毕加索的《格尔尼卡》描绘了战争带来的破坏，表现了废墟美学的悲怆美。在摄影领域，摄影家通过镜头捕捉废墟的瞬间，展示废墟的残缺美、荒凉美和神秘美。例如，美国摄影师迈克尔·肯纳的《废墟系列》，以废弃的工厂、建筑和遗址为题材，展现废墟美学的精神内涵。在电影领域，电影中的废墟场景常常用来表现悲剧、末日或其他荒凉情境。例如，电影《末日崩塌》《饥饿游戏》等，通过废墟背景展现人类的求生欲望和对未来的探讨。在文学领域，许多文学作品也运用废墟美学，通过描绘废墟般的场景和人物命运，表现作者对人生、历史和社会的思考。例如，英国作家弗吉尼亚·伍尔夫的《到灯塔去》描绘了一座荒废的灯塔，象征着人物内心的孤独和绝望。在舞台剧领域，舞台剧中也常常出现废墟般的场景，以表现戏剧的悲剧性、荒诞性或深刻的社会意义。例如，法国剧作家贝克特的《等待戈多》以废墟般的舞台背景，表现生存环境的荒凉和人类的无助。在装置艺术和行为艺术领域，废墟美学在当代艺术领域也得到了广泛应用。艺术家用废弃物品等创作装置艺术和行为艺术作品，以表达对社会、环境和人类命运的关注。总之，废墟美学在实践中具有较高的应用和研究价值，不同领域的艺术家通过各种形式探索废墟美学的内涵，展现了废墟美学在艺术创作和社会进步中的重要价值。

从物质的角度来说，废墟是无用与废弃之物，而从美学的角度上来看，废墟象征着生命的流逝、与历史的对话、对未来的幻想。废墟美学实践主要强调在艺术创作中融入废墟的元素，表现出废墟所蕴含的历史、文化和情感价值。废墟美学的实践体现在绘画、雕塑、摄影、装置艺术等多个领域。在 15 世纪，人们逐渐开始创立与探索废墟美学的意义，含有废墟题材的作品在中西方艺术中层见迭出，典型的例子是我国的怀旧文学和西方战争创伤文学。1880 年至 1900 年间，随着浪漫主义的兴起，西方开始有了废墟美学的雏形。当时的浪漫主义艺术家开始关注废墟所带来的审美体验，他们认为废墟代表着历史的沉淀，能够引发人们对过去的思考和感慨。后来，本雅明等人的一些观点让废墟成为一种审美之物，超现实主义随之诞生，如杜尚直接用遗弃物作为艺术作品。而在现代，具有代表性的画家有德国新表现主义画家基弗，他以特殊的审美视角和物化精神世界的表达，为传统风景绘画提供了新的绘画角度。随着时间的推移，废墟美学逐渐成为一种全球性的艺术，众多艺术家在创作中探索废墟所蕴含的审美价值。废墟艺术作品主要传达出人们对当下文化的警醒、精神上的困境，以及异化与冲突等。废墟美学并不是不食人间烟火的浪漫主义式的感伤与呻吟，而是一种人类现代性和文化矛盾的陈迹。时代的变化往往伴随着人类家园的搬迁。传统中国画、文学作品，尤其是诗歌中不乏涉及废墟美学，但没有真正研究废墟的理论成果。随着时代的发展，对于中国人来讲，废墟无疑以一种消亡的形式存在，它不仅是物质表象层面的形态改变，也是人们的精神层面的改变，废墟美学的研究和创作实践逐渐引起中国学者及艺术家的重视。

从艺术创作素材的选择角度看，废墟承载着丰富的情感内涵。大连理工大学叶洪图、刘雨薇、申大鹏 2022 年发表于《建筑与文化》中的文章《废墟美学——浅议中国城市废弃建筑空间中的当代艺术创作》，论述了废墟美学与人类情感内涵，文章说，废墟可以理解为城市建筑或是文明部落遭到人为毁损或自然灾害后的荒弃之所，其形成到消解会经历漫长的时光。废墟慢慢消亡的过程也正是其成长的历程，看似无用而残败的建筑及空间却有它独特的审美价值与精神力量，看似落寞与消亡，又隐隐透露着希望和重生。废墟承载着时间的痕迹，也映射着逝去的过往。古往今来，废墟以衰败而又默然的态度引来很多文人墨客为其赋文驻足。废墟拥有的独特审美价值和文化意蕴，时至今日，依旧被艺术家作为创作题材。与艺术相融的废墟文化渗透到精神层面，我们凝视废墟的瞬间连结了对废墟另一端空间的探索。通过观看城市废墟来感受另一个时间和空间，看似虚幻的空间以时间为轴退转成了真实。同时，废墟是一种对过往存在的记录，它连通了人类的过去、现在与未来。废墟内部储存着历史文化的信息，这也是历史文化的物化表现，这场与历史真实的"对话"包含着独特的审美价值与文化意蕴。废墟作为人类过去的家园，也可以被定义为寄托了人类侘寂与物哀的文化场域和心灵空间。当代艺术中的废墟美学创作，更是体现了艺术家对人类命运的担忧和关心，废墟美学深植于艺术家敏感的心灵，并借其准确与神奇的艺术语言进行转化，艺术家赋予废墟以新生。死寂阴郁的荒废之地以空间为轴穿梭于第四维度，这一过程承载着历史的故事和人们的情思，象征着旧事物的衰败，隐喻了新事物的诞生。废墟作为一种独特的建筑空间而存在，其蕴含的美学价值与文化记忆具有很大的研究意义。在数不胜数的当代艺术作品中，我们都可以发现有关以废墟为主体的艺术创作，对这些带着废墟美学的艺术作品进行研究，我们可以通过外显的空间、建筑、画面，甚至那些象征着虚无、消逝、时间等不可言传和不可物化的抽象语义，体会到艺术所传递的精神力量。废墟不仅是日常生活中的废弃之物、无用的占地空间，更是可以通过视觉美学传递深度意义与精神力量的艺术品。而城市变迁又是建筑废墟大规模产生的主要因素，也是最直接的方式之一。一般来讲，废墟包含自然荒废的古迹遗址和现代城市化进程中需要迁离的废弃工厂，以及为了重新进行城市空间建设而产生的建筑残骸，当代艺术中的废墟美学创作基本上是以后者为载体进行创作的。①

文章也论述了废墟艺术创作的场域问题，文中提到，当今社会，造城运动轰轰烈烈地展开，城建规模疾速扩张，很多古建筑面临着全面被拆除的命运，旧式建筑街区被重新规划，城市将会以一个看似崭新的面貌示人，这种面貌往往会让旧建筑里的居民们感到陌生与惶恐。这些被拆除、抹平、荒废的建筑场所却引起了当代艺术家的极大关注。他们踟蹰于废墟，更多关心此间人与人、人与旧物、旧居的情感、记忆。这种废墟在形与质上都有着令人着迷的气息，有着深度研究的价值，它的外观具有区别于一般事物的颓败的诗意和荒芜的形式美感，这种美是拥有一定力量的美学存在，它内部所蕴含的情感内涵与其形式美交相呼应，极易唤起人们对这个带有艺术空间的感知。废墟本身就蕴含崇高的美学内涵，艺术家在赋予旧建筑物主观情思以及进行不同的艺术创作的过程中，捕捉到不同废墟本身潜在的美学价值，并且在形式上进行创新，再赋予其新的内容。欣赏者在与废墟艺术空间的对视过程中逐渐接收艺术作品的信息，这些都能够给当代艺术的创作供给充足的养分。

艺术家的创作审美表达是复杂的，很难从某一角度或者某个方面阐释清楚，

---

① 叶洪图，刘雨薇，申大鹏. 废墟美学：浅议中国城市废弃建筑空间中的当代艺术创作[J].建筑与文化，2022（1）：28-29.

废墟美学的创作实践亦是如此，其原因是复杂的。例如，德国当代新表现主义代表基弗致力于用最原始的方式和诗意化的表达探索废墟艺术，但基弗的艺术思想的形成是复杂的，既有其成长环境背景的影响，也包括哲学诗歌以及生活中的一些遭遇带给他的感悟。基弗认为，真谛真理不绝对是科学的，而艺术让我们用另一种角度探寻事物的真实面目。在基弗的废墟美学概念中，残留的风景都是历史的见证，我们需要直视历史，正视灾难的根源，并对此进行反思。基弗废墟艺术的纯粹性十分可贵，他在经历过创伤之后，还能够以一种"天真"的姿态去看待伤疤，诠释这段让德国蒙羞的历史。通过对比不难发现，从以班克斯为代表的废墟涂鸦艺术到达明·赫斯特的水下生长珊瑚与水藻的"古文物"作品，再到基弗于德国人心灵废墟之上创作的史诗般的宏幅巨制。在当代艺术创作题材中，以废墟为主体的艺术作品占据了重要位置。例如，叶洪图、刘雨薇、申大鹏的文章《废墟美学——浅议中国城市废弃建筑空间中的当代艺术创作》，就论述了中国当代艺术中废墟美学的创作与实践情况，文章说，中国当代艺术领域出现了很多专注于做废墟主题的优秀当代艺术家，如杨重光、王劲松、张大力、黄锐、邓大非等人，他们对城市拆迁留下的废墟空间给予了高度的关注。在众多的中国当代艺术作品中，有关老建筑拆迁遗留的废弃空间也极具代表性。《对话·拆》是当代艺术领域杰出艺术家张大力的代表作之一，他的作品直接取材于中国当代城市化进程中由于拆迁留下的建筑废墟，反映了城市拆迁与老建筑之间的矛盾。他所选取的大多数都是类似于老北京砖瓦小院的建筑，他把这种拆毁到一半和正在经历拆毁的建筑物作为创作的主体。他利用锤子在残断的老建筑墙上先凿出一个洞，在这个洞的边缘按照自己的形象凿出自己正侧脸头像的轮廓，有的作品周围还可以看到 AK-47 的涂鸦标志。张大力一直热衷于涂鸦艺术，在这个系列也注入了涂鸦元素，这个 AK-47 的作品隐晦地寓意着暴力。当代社会由于城市拆迁形成的废墟空间数不胜数，大部分废墟建筑一般采用最直接的暴力拆除方式进行拆除。废墟之美是残缺的，无论是暴力拆除还是自然风蚀导致的败落塌陷，废墟之美都能够呈现于艺术家智慧的艺术语言中。艺术家用这一形象创作了一系列建筑废墟的作品，作品的共同特征是透过这个中间凿穿的人头像的窟窿，可以看到对面完好的未经城市拆迁且受到精心保护的建筑一角。艺术家以这样的表现形式，将人们对新老建筑截然不同的态度通过艺术语言隐晦地表达了出来，这使得观赏者们驻足于废墟作品面前时，经过细细品味就可以从废墟符号之中收获不同的感悟。紫禁城城墙作为老北京最具代表性的建筑物遗留了下来，而四周的老胡同、院落则遭到暴力拆除，这部分旧城记忆也随城市建设而消逝。当下，城市大面积的拆迁与建设为室外艺术创作提供了大量机会，知识文学、金钱地位、浮名功利在废墟面前都袒露无疑。中国当代艺术家杨重光则认为，在户外废墟中进行艺术创作可以"心中坦然，明月直入"，在这些废墟空间进行创作让他更加自由也更加得心应手，因为他从某个空间中走出来了，无论是从画布上，还是从工作室，或是从他自己的内心深处。当代破败荒凉的城市建筑，冰冷蒙尘的瓦砾砖墙都能在废墟艺术作品中有所体现。杨重光的行动绘画多选址于北京、贵州、安徽等地的城镇中废弃的工业区与居民区。比如，安徽六安淠河化肥厂的一系列行动绘画，它们的共同点在于尊重废墟残垣的原有形状，因地制宜，门窗位置的洞穴就随形画成眼睛、嘴等五官或头部，再大一点的残垣断壁可以被看做整个胸部。每一方废墟残垣都好似一幅画底，墨色油漆挥洒于青墙白瓦之上，墙与墙的空间错落交叠。另一位当代艺术家邓大非则是通过在城市拆迁现场的断墙上雕凿拓印来完成其创作的。废墟犹如梦境，再次出现在我们的视野中。人们旧日生活留下的痕迹通过艺术家的工作，显影于宣纸之上，拓印的痕迹朴拙而吊古。邓大非将版画的雕刻技艺与自制的宣纸融入了对废墟的创作中，灵感一部分来源于张迁碑拓片，碑文经过风蚀霜刻留下了斑驳印记。此外，他汲取了国画中白描的表现技法，更好地以历史的角度来还原废墟；另一部分源于废墟本身，当每个人都置身于一览无遗的废墟中会代入自己内心的一种感受，可能是孤独、哀伤、安静等。这些感受因人而异，却又有共通之处。艺术家以拓印、雕刻等方式把废墟置入画面中来，无论是战争冲突、自然荒废还是城市建设，如今皆物是人非，留下的也只是残垣断壁。邓大非将这些转化成独特的艺术语言，进而重新演绎、着重表现了身体记忆与社会历史的来来往往。在以身体为媒介进行的影像创作中，他将自己置身于废墟当中，表现了城市化变迁与人的个体劳动的关系，他将个人印记灌注于荒芜、萧索、动荡义寂灭的废墟空间。邓大非营造了一种具有体验式、沉浸式氛围的艺术空间。观众驻足于作品前，将曾经湮灭的建筑拉入眼底并感受其间蕴藏着的自由。邓大非认为，任何人看待事物都会结合当前的社会情况，而废墟可以表述其社会属性，个人的精神境界可以在这种野生自由的场景下得以磨炼。城市的变迁给了他许多思考，在城乡接合部我们总能看到城市废墟，特别是城镇与乡村的边缘交接处，每个拔地而起的高楼大厦的背后基本上都会有废墟的存在。无论是在地面上雕刻、拓印还是录制影像等，这一系列的投入往往是一种"低于生活"的创作状态。"低于生活"不仅仅是一种态度，更是这系列作品的主题。生活越走越高而对于"低于生活"的过去甚至是即将消失的身体记忆，艺术家以艺术的痕迹将其记录下来。邓大非一直在进行着自我塑造，无论是创作还是生活。他投身于城市边际的公共空间，以一种独特的方式推动着自身的内部建设。总之，从张大力机智的涂鸦和伫立于废墟中的痛惜和缅怀，到杨重光对于逝去的旧建筑的怅然与直抒胸臆，再到邓大非对中国城市化变迁与废墟艺术文本之间的美学思考和内省观照，无不体现出中国知识分子自我救赎的勇气和信心，还有他们感时伤事的家国情怀。

　　当代艺术中的城市废墟主题一定程度上反映了时代发展产生的种种社会现象，城市建设与老建筑之间的关系也并非完全矛盾对立，与其建立仿古街仿古楼来追溯那些逝去的文化古韵，不如保护好现存的珍贵老式建筑。在修旧如旧，保存物质文化遗产之外，废墟之上艺术家的创作也是留存时代记忆的有效手段。凝结人类伟大的爱与关切的废墟美学作品是废墟之上最具人性温度的部分，是人的社会雕塑与心灵之诗。一个城市是由众多建筑组成的完整空间，建筑是文化传承的直观载体，文化也是建筑的内涵所在。表面上，艺术家通过给予城市废墟关注来阐述自己对城市建设和拆迁产生的建筑废墟的理解与看法，鼓舞人们更加珍惜现有的生活环境，更加重视对传统文化的继承与保留；更深层的则是城市的废弃建筑空间通过当代艺术家的心与手，呈现了我们人类心之废墟上的重建信念。废墟之美庄重而富有力量，承载着时间碾过的记忆，这里保存着人类诗与思的全部。所以说这些有着废墟美学经验的艺术家，他们的行动既是废墟的终点，也是废墟的起点。① 总之，无论是废墟承载的丰富情感内涵，还是艺术家丰富的实践探索经验，废墟美学都具备良好的实践条件。

## 一、绘画

　　在绘画艺术作品中，废墟的残破、衰败、荒凉特征常常被艺术家用来表达对过去的怀念、对现实的反思以及对未来的憧憬。工业革命后期，艺术家出于对工业发展的反思，创作了很多工业题材的作品。较为有代表性的有英国早期画家菲利普–捷克·德·卢戴尔布格的作品《卡尔布鲁克代尔之夜》，19 世纪英国画家威廉·透纳作品《雨、蒸汽和速度——伟大的西部铁路》和《无畏号战舰的沉没》，还有当代德国艺术家安瑟姆·基弗的废墟题材作品，如《铅铸图书馆》《圣像破坏之争》等。当然，不同的绘画形式，对废墟的表现手法是不同的，同样是为了表现废墟的残破、衰败、荒凉特征，中国画往往通过简练的线条、淡雅的墨色，油画则更加注重对实体的塑造和对色彩的运用以及采用强烈的明暗对比，版画注

---

① 叶洪图，刘雨薇，申大鹏. 废墟美学：浅议中国城市废弃建筑空间中的当代艺术创作 [J]. 建筑与文化，2022（1）：28–29.

重刀刻、印刷等手法，水彩画则通过水的流动和色彩的层叠取得水色交融的清新韵味，水粉画注重色彩的叠加、层次的渲染，综合材料绘画将废墟的视觉特征与各种材料相结合，呈现出独特的艺术效果。当然，废墟的视觉表现形式丰富多样，观者在欣赏废墟艺术作品的同时，也能反思人类社会的发展和自身的存在。

在中国传统文化中，对自然和历史的尊重与对兴衰更迭的深刻认识，使得废墟题材在某种程度上与中国的哲学思想有某些契合。中国传统中国画中并没有像西方那样有专门的废墟题材表现，其中废墟或残破的建筑形象或作为山水、人物的配景，或者画面干脆没有任何废墟形象，重在表现一种超脱尘世的意境。例如，宋代画家李公麟的《秋江独钓图》中，虽然描绘了一片宁静的江面和一座破败的古桥，但整体上传达出的是和谐与平静，而非西方艺术中废墟所常表现出的荒凉和绝望。到了近现代，随着西方艺术理念的传入和国内社会变革的影响，一些中国画家开始尝试将废墟作为题材，来表达新的审美情感和社会思考。例如，画家吴湖帆在其作品中融入了现代城市的元素，虽然不一定表现为废墟，但对城市景观的描绘也体现了一种对传统与现代冲突的反思。当代中国画家在面对废墟题材时，往往会结合更多的社会批判和文化反思。废墟不仅是对物理空间状态的描绘，更可以是对历史遗忘、城市快速发展、传统文化消失等社会现象的隐喻。艺术家利用"废墟"这一符号，表达对过往的怀念、对现实的思考以及对未来的展望。在创作手法上，中国画家在运用传统水墨、宣纸等材料基础上，加上其他可利用的媒材，通过写实、写意或综合绘画技法，将废墟的景象与中国的美学观念结合起来，从而形成具有独特文化内涵的艺术作品。总的来说，废墟题材在中国画中的表现是多元和复杂的，它不仅体现了艺术家的个人情感和审美追求，也折射出社会变迁和文化发展的脉络。德国新表现主义艺术家安塞姆·基弗被誉为"成长于第三帝国废墟之中的画界诗人"，他的作品深刻体现了对德国历史、文化身份以及个人记忆的思考。基弗广泛使用如泥土、铅、干花、植物种子等非传统材料，创造出厚重而富有象征意义的大型绘画和装置艺术品，他的系列作品深入探讨了纳粹统治的遗产和战争废墟对德国景观的影响。利用废墟作为载体的当代艺术家如杨重光以实际现场的废墟行动绘画知名，他在合肥老机电厂的废墟空间中实施的绘画创作，展示了如何在废弃环境中注入新的生命力。油画家尤应惠作品《辽落苍城》《境域》和《生命历程2》，通过油画语言表达了对历史废墟的思考，体现了废墟上的诗意，以及在废墟之上寻找生命力和希望的主题。另一位墨尔本的街头艺术家罗恩因在废墟和老建筑上绘制女性肖像而著称，他的作品主要是实体壁画，其作品常常展现出一种对比强烈的美感——温柔细腻的女性面孔与周围粗犷、破败的环境形成鲜明对比，这种风格在数字艺术中也能得到精彩的再现。近年来，活跃在上海等地的匿名"废墟涂鸦"艺术家利用废墟作为自然的画布，创造出与环境对话的艺术品，虽然这些艺术家可能更多地进行实地创作，但他们都是极具街头艺术精神和关注废墟魅力的创作者。许多插画师和数字艺术家也在探索废墟题材，通过末世风格的插画展现独特的视觉效果。例如，在网络上分享的"记录腐朽之地"特辑和"身处腐朽建筑之中——废墟与少女插画"特辑，这些作品往往融合了废墟的荒凉与新生的希望，或是将少女形象置于废墟之中，形成强烈对比，引人遐想。这些艺术家及其作品展示了废墟题材在不同艺术形式中的多样表达，既有对过去沉重历史的反思，也有对自然与人类文明关系的探讨，更有对未来重建的希望。

## 二、公共艺术

在现代公共艺术创作中，艺术家也在城市雕塑、装置艺术等作品之中表现废墟的特征，以此表达对过去的怀念、对现实的反思以及对未来的憧憬。

城市雕塑作为公共艺术的重要组成部分，承载着一座城市的历史、文化和价值观，不仅美化了城市空间，还传递了文化价值和社会意义。例如，中国雕塑家张恒的作品多融入了对城市空间与个人经验的深刻理解，展现了独特的艺术风格和文化内涵。再如，澳大利亚雕塑家大卫·麦克拉肯以其在邦迪海滩的作品而闻名，他的作品常常探索形态、空间和透视的极限，如利用错视效果让雕塑看起来像是嵌入地面或消失在空中，创造出令人震撼的视觉体验。还有以色列裔法国雕塑家阿里克·利维，其作品 *RockGrowth* 展示了他的创新设计理念，这个作品高达 9 米，由多个不同长度和宽度的金属臂组成，表面处理独特，一部分涂上红色油漆，两端则是镜面抛光，能够反射周围环境，与安装地点形成互动，体现了自然与工业的融合。中国当代艺术家王中参与过多项重要公共艺术项目，如 2008年北京奥运会开幕式策划工作，其作品《御风》永久安放在国家奥林匹克公园。王中的实践往往关注城市化进程中的文化现象，他的评论较为尖锐，其中指出某些城市艺术存在的问题，显示出他对公共艺术深刻且多元的思考。这些艺术家的作品各具特色，不仅美化了城市的面貌，而且体现了对当代社会、文化、科技和人类情感的深刻反思与表达。他们的创作使用了多种材料和技术，从不锈钢到复合材料，从传统手工锻造到采用最新科技，展现了现代城市雕塑的多样性和创新性。

　　装置艺术作为一种富有创意和互动性的公共艺术形式，为艺术家提供了更多的表现空间。装置艺术是一种利用日常物品、材料或新技术创造的三维艺术形式，通常在特定的展览空间内展出，以引发观众的感官体验和思考。在装置艺术中，废墟的视觉表现不仅体现在作品的外观上，还通过与观众的互动，使人们感受到废墟所传达的深层意义。例如，徐冰作为中国当代深具影响力的艺术家，他的创作常常涉及社会、文化及历史议题，并且善于利用非常规材料进行艺术创造。徐冰的作品《凤凰》是其归国后的首个大型装置艺术作品。他使用北京中央商务区建筑工地的废弃物和建筑垃圾，如钢筋、安全帽、脚手架管等材料，制作了两只巨大的凤凰。这件作品不仅展现了废墟材料的美学潜力，还隐喻了城市快速发展背后的社会问题，如农民工的劳动条件和身份地位。徐冰的另一件作品《尘埃》虽然并非直接关于实体废墟，但它与废墟有着深刻的联系。徐冰使用了"911"事件中曼哈顿城下的灰尘创作了名为《何处惹尘埃》的作品。这件作品通过收集灾难现场的尘埃并以微妙而有力的方式将其展示出来，探讨了记忆、创伤、存在与消逝的主题，触及废墟作为一种心理和社会现象的层面。这两件作品展示了徐冰通过艺术转化材料的原有意义，使废墟不仅仅是物质的遗存，更是反思现代社会、文化记忆和人类境遇的媒介。徐冰的实践证明了即使是被视为无用或被遗忘的材料，也能在艺术的语境下重获新生，展现出独特的美学价值和深刻的思想内涵。又如，巴西艺术家恩斯特·内托以其大型有机形态的装置艺术而闻名，其作品常常用纺织品和香料填充，鼓励观者触摸和互动。代表作《Lick 酸吻》创造了一个可以进入的、触觉和嗅觉并重的空间，探索感知与自然界的联系。美国艺术家丽塔·阿尔布柯基以大地艺术和装置艺术作品著称，她的作品常常涉及天文、地理和人类学的概念。她的著名的作品是 *Stellar Axis*：*Antarctica*，在这个作品中，她在南极冰原上布置了一系列蓝色的标记，对应天上的星座，探讨人类与宇宙的关系。英国设计师保罗·科可瑟治的作品跨越设计与艺术，经常融合科学原理和技术元素。例如，"Vamp"是一个可以将任何平面转化为扬声器的装置，展示了声音与物质形态之间的巧妙联系。日本艺术家盐田千春以其大规模的线网装置闻名，这些装置通常由黑色或红色的线交织而成，覆盖整个空间并缠绕着物体，如 *Memory of Skin*。她的作品探索记忆、梦想和存在感，创造了一种既亲密又宏大的情感氛围。美国艺术家卡什·尼哈拉尼以使用荧光胶带在城市环境中创作几何形状的临时装置艺术而闻名，其作品以简洁的线条和色彩在日常场景中创造出视觉幻象，如"Taped"系列，给城市空间带来了意外的惊喜和互动性。中国艺术家戴帆以其前卫和概念性的装置艺术作品著称，他的作品通常探索技术、自然和文化之间的关系，以及它们是如何塑造未来的世界观的。刘锡龙以废墟名人雕刻作品与装置艺术作品展《闪光的墙》而知名，这个展览结合了废墟元素与名人雕刻，创造出富有深意的艺术装置。这些艺术家通过他们的装置艺术，挑战了传统艺术的界限，拓展了观众对于艺术的感知和理解范围，同时也让观众对社会、环境和人类经验产生了深刻的思考。

在现代公共艺术作品中，艺术家运用综合材料，声、光、电等光影效果，互动性元素等创新的手法，将废墟的残破、衰败、荒凉特征表现得淋漓尽致。一些艺术家将废墟与各种综合材料相结合，如钢铁、混凝土、玻璃等，使废墟的视觉表现更加丰富和立体。综合材料艺术因其材料使用的多样性与创新性，在当代艺术界占据着重要位置。例如，活跃在版画、综合材料绘画、装置和影像作品等多个领域的艺术家唐承华，他的创作深受国内外文化体验的影响，展现出开放的思维和强烈的时代敏感性。其综合材料绘画作品体现了生命经历与精神探险，他通常会运用多种媒介和材料，创造具有强烈个人风格和深刻内涵的艺术作品。再如，山东艺术学院岳海波的作品，展现了深厚的艺术造诣和对材料的独到运用。其代表作品《破茧而入花明中》，通过独特的材料组合与技法，表达了艺术家对生活、自然和文化的深刻感悟，展现了传统与现代、东方与西方艺术语言的融合。再如，意大利视觉艺术家阿尔贝托·布里以其在综合材料艺术领域的开创性工作而闻名。他的作品常常使用非传统材料如焦油、塑料、麻袋和铁片，突破了传统绘画的边界。布里的麻袋系列和燃烧塑料系列非常著名，他在这些作品中使用了废弃的麻袋和燃烧后的塑料等材料，创造出具有强烈质感和象征意味的抽象作品，反映了战后社会的创伤与重建。

在当代艺术领域，许多艺术家利用声、光、电等多媒体元素，使废墟的视觉表现更具层次感和动态感，创造出了令人震撼的沉浸式视觉体验。例如，探索跨界艺术的前沿实践者沈泆娄，他的个人作品展览（简称"个展"）——《纹明》展示了一系列声、光、电沉浸式艺术装置。其作品突破了传统雕塑语言的界限，融合形色、空间场域以及先进的科技手段，为观众提供了全方位的感知体验。展览不仅展示了艺术作品本身，还让观众置身于一个由声音、光线和动态图像共同构建的交互式环境之中。另一位荷兰艺术家 Giny Vos 擅长通过声、光、电等元素在公共空间中创作引人入胜的艺术装置。她的作品经常涉及城市历史、文化和自然环境，她常利用光线、声音和电子技术重构公共空间，引导观者以新的视角体验熟悉的环境。中国女艺术家西茜（未提供全名）与意大利美院教授合作举办双个展，将声、光、电元素融入美学作品，创造出虚实交织的视觉效果。她的作品展现了艺术与技术的融合，如个人油画作品巡回展《蝶恋花》，在国际上获得认可，曾荣获美国艺术大奖赛一等奖。西茜的实践展现了年轻一代对于传统艺术表达方式的拓展和创新。这些艺术家的作品不仅是视觉上的享受，更是技术与创意的碰撞，他们利用现代技术手段增强了艺术的表现力，使观众能够在多感官的沉浸式体验中重新审视艺术与现实世界的关联。

一些公共艺术注重互动性元素的融入，艺术家通过与观众的互动，使废墟的视觉表现更具意义。这种互动性艺术鼓励观众参与其中，成为艺术体验的一部分。例如，巴西艺术家埃内斯·托博亚以其沉浸式的互动装置艺术闻名。他的作品通常使用弹性材料，如网状织物、香料或豆类，创造出可触摸、可进入的空间结构。这些装置鼓励观众通过触觉、嗅觉等多种感官来体验艺术，超越了传统视觉艺术的界限。托博亚的作品经常探讨自然、身体与精神之间的关系，创造出能够激发感官体验并促进人们交流的环境。另一位牛津大学的艺术家尼尔·门多萨通过将经典世界名画转化为互动机械装置，展现了一种新颖的艺术表现形式。他选取了五幅著名画作，《笑容骑士》《美国哥特式》《人类之子》《夜间的露天咖啡座》《夜游者》，通过机械装置赋予它们动态元素，让观众可以与这些艺术史上的经典之作以全新的、趣味性的方式互动，从而挑战了传统艺术欣赏的被动性。泰国艺术家里克力·提拉瓦尼以其关系美学的作品著称，他将艺术视为社会交往和日常生活的一部分。提拉瓦尼常常在展览现场烹饪食物，邀请观众共餐，或者将美术馆空间转变为生活场景，模糊了艺术与日常生活的界限。他的作品强调参与性和交流性，如在泰国清迈发起的"土地"项目，促进了艺术家与社区的互动。还有阿根廷艺术家雷安德罗·埃利希，以其错觉艺术和互动装置作品受到全球关注。他的展览《太虚之境》展示了20件大型艺术作品，他利用镜面、光影等手法创造出令人难以分辨真假的环境，让观众仿佛穿越到另一个维度。例如，他的作品《游泳池》允许观众从下方透过水面观看上方行走的人，挑战了人们对现实的认知。这些注重运用互动性元素的艺术家通过各自的创新实践，不仅扩展了艺术的边界，也深刻地改变了我们对艺术的理解和参与方式，使得我们的艺术体验更加丰富和多元。

总的来说，公共艺术作品中的废墟视觉表现不仅是艺术家对历史和文化的传承与反思，也是对现代社会环境和人类未来的关注与憧憬。通过创新的手法和废墟的视觉表现，艺术家为公众提供了更多思考与启示，使公共艺术作品成为一座城市的文化符号和历史见证。在未来的公共艺术创作中，废墟的视觉表现将继续发挥重要作用，引领人们探索城市的历史、文化和未来。

### 三、数字艺术

随着科技的飞速发展，数字艺术已经成为当代艺术领域中一股不可忽视的力量。在数字影像、数码摄影、电脑绘画、数字雕塑、人工智能（AI）艺术、网络虚拟艺术、数字化环境等数字艺术作品中，艺术家以废墟为题材，通过对废墟的残破、衰败、荒凉特征的表现，传达了对历史、现实和未来的思考。

数字影像作为一种具有强烈现实感的艺术形式，能够将废墟的视觉表现与真实环境相结合，为观众带来身临其境的体验。在数字影像中，艺术家通过废墟的视觉表现，传达出对历史沧桑和时间流逝的感慨。废墟作为一个深具象征意义和视觉冲击力的主题，在数字影像艺术领域同样吸引了众多艺术家的关注。例如，中国艺术家万云峰，他作为国内首位被国际版《VOGUE》登载的艺术家，创作了一系列震撼人心的废墟大片，其作品受到了国际媒体的广泛关注，展现了废墟背景下的独特艺术表达。另一位荷兰艺术家皮姆·帕尔斯格拉夫通过采用在木头、废墟中收集的壁纸，以及自然腐蚀的方法进行着色，创作出具有废墟美学的雕塑和绘画作品，他在社交媒体上的作品展示为废墟艺术提供了的独特视角，启发了许多人的灵感。在中国北京举办过废墟艺术个展的艺术家畅泉，通过个展探讨了废墟与艺术之间的关系，展示了废墟作为一种文化现象和艺术媒介的可能性。艺术家丹尼尔·阿尔沙姆以其《未来遗迹》系列作品闻名，阿尔沙姆常在数字影像中展现被侵蚀的日常物品和结构，创造出一种介于现实与超现实之间的废墟景象，挑战观众对时间、空间和物质的感知。总之，这些艺术家和他们的作品通过数字影像的形式，不仅展现了废墟的美学价值，还引发了关于时间、记忆、衰败与重生的深刻思考，推动了艺术与科技的融合创新。

废墟作为摄影艺术中的一个重要主题，吸引了不少当代数码摄影师探索其独特的美学和背后的文化、社会意义。数码摄影以其高度的灵活性和丰富的表现力，成为艺术家表现废墟的重要手段。在数码摄影中，艺术家通过拍摄废墟场景，运用光影、色彩、构图等手法，通过数码摄影技术捕捉废墟的细节和氛围，展现废墟所蕴含的历史与文化内涵。例如，英国摄影师丽贝卡·巴斯利就是以拍摄废墟而闻名，特别是她的系列作品《美丽废墟》，自2012年首次涉足废墟摄影以来，巴斯利游历了全球超过30个国家，记录下超过500处废弃场所的影像，她的作品以独特的氛围和光线处理展现了废墟的凄美与庄严。法国摄影师托马斯·乔瑞昂专注于拍摄遗忘之地，他的镜头下，废弃的宫殿、别墅和剧院等建筑展现出一种超越时间的静谧与壮丽，乔瑞昂的作品强调了自然的侵蚀与人类记忆的脆弱性，通过对废墟细节的捕捉，引导观者反思文明的兴衰。概念原画师 Max Bedulenko 的数字艺术作品中常常融入废墟元素，创造出既未来又复古的场景。他的作品在细节和构图上富有想象力，将观者带入一个充满故事感的废墟世界，展现了数字技术在营造废墟美学方面的潜力。丹尼尔·巴特是一位专门探索并记录废弃空间的摄影师，他的项目"失落的世界"聚焦世界各地被遗忘的角落，通过细腻的光影运用和精确的构图，巴特的作品传达了废墟中的孤独与宁静，同时他也提出了对环境保护和城市发展的深刻疑问。荷兰摄影师罗曼·罗布鲁克以废弃建筑摄影作品而知名，他善于在作品中融合自然与人造环境的对比，展示了大自然如何逐步回收曾经的人类活动空间，罗布鲁克的数码摄影作品色彩丰富，富有戏剧性，揭示了废墟中的生命力和希望。这些艺术家通过数码摄影这一媒介，不仅记录了废墟的现状，更是通过创意和技术手段，赋予了废墟新的解读和情感色彩，让观者得以从不同角度思考人类文明、时间流逝与自然的关系。

电脑绘画作为一种新兴的数字艺术形式，为艺术家提供了无限的表现空间。废墟题材在电脑绘画艺术中被众多艺术家赋予了独特的表达方式，他们运用数字技术创造出充满故事性和情感深度并超越现实艺术境界的作品。例如，罗恩·怀特以其在城市废墟中创作的大型美女画像而受到关注。他游走于城市各个角落，寻找废弃的墙面作为画布，创作出一系列既对比鲜明又和谐共存的美女画像，这些作品不仅美化了废墟空间，也引发了关于美感、废弃与重生的讨论。另一位以废墟艺术闻名的丹尼尔·阿尔沙姆虽然是跨领域的艺术家，但他在数字艺术方面同样有所建树。他利用 3D 渲染和数字雕塑技术制作其作品，他的作品经常探索时间侵蚀与人类文明遗迹的主题，这些作品往往涉及将现代物品表现为未来考古发现的"遗迹"，如晶体化的电子设备和倒塌的建筑结构。他的一些概念设计和数字渲染图展现了废墟美学的未来主义视角，他的创作挑战了观众对于时间、物质和记忆的认知。以上艺术家及其作品展示了废墟题材在电脑绘画中的丰富可能性，无论是通过精细的数字渲染模拟现实世界的废墟景象，还是在虚拟世界中构建超现实的废墟景观，都体现了艺术与科技融合的独特魅力。这些艺术家通过电脑绘画技术，不仅展现了废墟的物理状态，还深入探讨了其背后的文化、心理和社会含义，为观众提供了理解废墟这一主题的新视角。

数字雕塑方便数据输出是其显著优势之一。通过数字技术，雕塑家可以将作品以数字形式输出，方便保存、传输和展示。数字雕塑的数据输出不仅方便快捷，而且可以避免传统雕塑在运输和展示过程中的损坏和损耗。此外，数字雕塑的数据输出还可以实现跨媒介的展示和传播，让更多人欣赏到雕塑作品的艺术魅力。

数字雕塑的快捷修改也是其显著优势之一。在传统雕塑中，一旦出现错误或不满意的地方，修改过程往往耗时费力，甚至可能无法修复。然而，数字雕塑的修改过程相对快捷方便，艺术家可以通过数字软件对作品进行细微的调整和优化。这种快捷的修改方式，使得艺术家可以更加自由地探索不同的创意和风格，实现更加完美的艺术效果。在传统雕塑中，艺术家需要经过长时间的打磨和塑造才能达到理想的呈现效果。然而，数字雕塑可以利用计算机技术和材质渲染技术，快速模拟出逼真的光影效果，使作品更加生动和立体。这种呈现速度的提升不仅缩短了创作周期，还为艺术家提供了更加丰富的创作可能性。在艺术领域，数字雕塑作为一种新的艺术形式，正在逐渐被越来越多的人接受和认可。与传统雕塑相比，数字雕塑更加灵活、可编辑性更强，制作成本也更加低廉。数字雕塑技术的应用为艺术家提供了更多的创作工具和平台，促进了艺术创新和跨界合作。在文化遗产保护方面，利用数字雕塑技术可以复制出珍贵的文物原件，用于展览、研究等目的，避免了文物原件的损坏和流失。同时，数字雕塑技术还可以用于制作文物的数字化档案，为未来的文化遗产保护提供更加完整和准确的数据支持。数字雕塑技术的不断发展正在为当代艺术发展带来新的机遇，推动着雕塑艺术的创新和发展。让我们共同期待数字雕塑在未来的更多精彩表现和无限可能吧。

　　AI 艺术作为一种具有创新性和探索性的艺术形式，逐渐成为数字艺术领域的一部分。AI 在艺术创作中的应用日益广泛，尤其在表现特定主题上，如废墟，艺术家利用 AI 技术，生成具有强烈视觉冲击力和丰富细节的作品。例如，美国艺术家马库斯·京的作品《废墟之梦》，通过 AI 技术生成废墟场景，呈现出一种未来主义的废墟视觉表现。再如 Stable Diffusion（一种 AI 绘画生成工具），Stable Diffusion 是一个技术平台而非单一艺术家，它被用于生成废墟主题的图像，如《AI 绘画，废墟中的女孩》，通过用户提供的输入指令，创作出风格各异的废墟景象，从荒凉的城市景观到末日后孤独的场景，展现了 AI 在创造具有情感深度画面方面的潜力。再如，在哔哩哔哩平台上，有艺术家发布了题为《【AI 作图】城市废墟（高分辨率）》的视频或图片作品，尺寸为 1920×1280，采用正向背光、远视图、细致光线、光轨、熔化、抽象和超现实作品营造出一种末世氛围浓厚的废墟景象。这类作品通常吸引着对后启示录美学感兴趣的观众。还有许多匿名或未署名的艺术家，通过 AI 绘画社区分享他们的废墟主题作品，表明了 AI 技术在创造引人深思的废墟艺术方面的作用。这些作品不仅展示了技术魅力，也激发了公众对于未来、记忆以及人类文明存续的思考。这些作品展示了 AI 在艺术创作中的无限可能性，它不仅能够模拟传统艺术手法，还能创造出超越常规想象的新颖视觉体验。

随着 AI 技术的进步，我们可以期待更多融合人类创意与技术智能的废墟艺术作品出现。

网络虚拟艺术作为一种新兴的数字艺术形式，为艺术家提供了更多的创作可能。在网络虚拟艺术中，废墟题材的作品往往探索了数字空间中的衰败与重生，结合了后末日及超现实主义元素，创造出既熟悉又奇异的虚拟现实场景和艺术境界。劳瑞·弗里克是一位专注于数据可视化和实体化的艺术家，她的作品 *Data Decay* 探索了数字数据的生命周期与消逝，通过虚拟环境展示数据废墟的概念。在这个作品中，她创建了由废弃的数字信息构成的虚拟景观，反映了数据过载时代的脆弱性和短暂性。另外，麻省理工学院媒体实验室的石井裕教授和他的可触媒体研究小组，虽然不专门聚焦废墟艺术，但他们的一些互动装置和虚拟现实项目间接探讨了技术与自然、人工与废墟之间的关系。新媒体艺术家郑曦然的作品 *Emissaries* 是一个三部曲系列，使用实时模拟软件创作，在这个虚拟世界中，观者可以见证由算法驱动的生态系统如何经历成长、冲突阻碍直至最终可能的崩溃，具有一种数字废墟的隐喻。郑曦然的作品探索了不确定性、适应性以及在不断变化的虚拟环境中的人工生命。再如，丽贝卡·凯伦是一位在虚拟现实和计算机图形学领域有着深厚造诣的艺术家，她的 *Virtual Venues* 系列作品创造了一系列虚拟空间，其中包括废墟化的未来城市景观。这些场景不仅是视觉上的探索，也是对技术、社会结构与人类活动之间相互作用的反思。希腊裔美国艺术家斯奥·特安达菲利蒂斯的许多作品都涉及虚拟现实和游戏引擎技术。作品如 *Island* 和 *Dionysian Villa* 构建了互动的数字废墟环境，观众可以通过虚拟现实探索这些半自然、半人工的空间，体验一种超现实的废墟美学。这些艺术家通过数字媒介拓展了废墟艺术的边界，其作品不仅提供了视觉上的震撼，也引发了对现实世界中变迁、遗弃和重建过程的深刻思考。

数字化环境为公共艺术的创作提供了更为广阔的可能性。公共艺术是一种在公共空间中展示的艺术形式，其目的在于与社区和大众互动，启发思考，强化社区认同感，并丰富城市景观。传统上，公共艺术主要是通过物理空间来展示和传播的，但在数字化环境下，虚拟空间和数字空间也成了艺术创作和传播的重要场所。这种转变增加了公共艺术的表现形式和传播途径，使得艺术不再受限于地理位置，而可以跨越时空、跨越地域，实现全球范围内的共享与互动。数字化环境为公共艺术注入了更高程度的互动性和参与性。通过数字技术，观众可以与艺术作品进行实时互动，参与到艺术创作和演示的过程中。这种参与不仅体现在现场观众与作品的互动上，还包括在线观众通过社交媒体等平台对作品进行分享、评论和讨论的过程，从而打破了传统艺术作品与观众之间的单向性关系，使艺术创作成了一种共同的社会活动。艺术家可以利用数字技术创造出更加复杂、丰富和多样化的艺术作品，如虚拟现实、增强现实、数字雕塑等。这些技术的创新应用使得公共艺术作品更具时代性和科技感，吸引了更多年轻一代观众的关注与参与。当将增强现实技术（AR）应用于公共艺术领域时，可以产生一系列令人惊叹的创意。在公共空间中设置的艺术装置可以通过 AR 技术得以增强。例如，在城市雕塑或建筑物上叠加虚拟元素，使得这些装置呈现出更加丰富的观感和引人注目的效果。观众可以通过 AR 应用程序，欣赏到装置作品的不同视角和层次，与虚拟元素进行互动，并了解更多有关作品的信息和创作背景。艺术家利用 AR 技术，可以为观众创造出与艺术作品互动的体验。例如，在公共空间中设置一幅 AR 艺术作品，观众可以通过 AR 应用程序与作品进行互动，改变作品的颜色、形状或运动轨迹，从而参与到艺术创作的过程中。这种交互体验不仅增加了观众的参与度，还使得艺术作品更具趣味性和吸引力。公共艺术作品可以通过互联网迅速传播到全球各地，与不同地域、不同文化背景的观众进行跨越时空的交流与互动。这种跨文化交流不仅有助于拓展艺术作品的影响范围，还促进了不同文化之间的融合。

总的来说，在数字艺术作品中，废墟的视觉表现成为艺术家表达历史、现实和未来思考的重要手段。通过数字技术，艺术家创新地表现废墟的残破、衰败、荒凉特征，为观众带来丰富多样的视觉体验。随着数字技术的不断进步，未来数字艺术作品中的废墟视觉表现将更加多元化，数字技术引领人们探索艺术的无限可能。

## 四、艺术设计

废墟作为一种独特的文化符号，承载着历史的厚重和时间的沧桑。在艺术设计领域，废墟的残破、衰败、荒凉的视觉特征，可为环境设计、视觉传达设计、工业设计、首饰设计、服装设计、舞台美术设计、影视设计等行业所利用，以创造出一种独特的视觉美感。

环境设计作为一门涵盖面极广的学科，对废墟美学的视觉实践不仅体现出可持续设计理念，还融入了历史、文化和艺术的多重维度，不仅在环境设计中增强空间的层次感，还可以营造出一种特有的氛围。在体现历史与文化的传承方面，在一些城市更新或历史区域改造项目中，保留部分废墟结构作为设计的一部分，既展示了地区的历史痕迹，又赋予场所新的生命力。这种设计手法尊重了人们对场地的记忆，通过现代设计语言与历史废墟对话，创造出独特的文化氛围。在生态恢复与再生方面，在对自然环境或废弃工业地的改造中，废墟可以被整合进生态景观设计中，成为野生动植物的栖息地或是雨水管理设施的一部分，促进生态系统的恢复。在艺术装置与公共空间设计方面，艺术家和设计师常利用废旧物品或建筑废墟创作装置艺术，这些作品往往被放置在公园、广场等公共空间，成为引人思考的地标，同时也激活了这些空间的社会功能。在教育与纪念意义方面，在博物馆、纪念公园等场所，废墟元素被用来创建具有教育意义的展示区，提醒人们反思历史事件、自然灾害或人为破坏的影响，从而提升环保意识和社会责任感。在创意再利用方面，在废旧工厂、仓库等转变为创意工作室、文化艺术中心或商业空间时，保留原有的结构和材料，如裸露的砖墙、锈迹斑斑的钢铁等，这些废墟元素不仅节省资源，也增添了场所的个性和魅力。此外，对绿色设计与循环经济方面，在更广泛的环境设计实践中，废墟的再利用与回收材料的应用相结合，符合绿色设计原则，减少了新材料的开采和废弃物的产生，促进了资源的循环使用。因此，废墟元素在环境设计中的应用不仅是一种美学实践，也是对可持续发展、历史记忆保护和社区文化构建的积极探索，随着人们对环境保护和文化传承意识的增强，废墟元素的创新应用将越来越受到重视。使用废墟元素进行环境设计的例子很多，如乌克兰设计师奥娜，她将一个废弃旧楼改造成了一个既开放又私密的空间，通过独立的混凝土天花板和玻璃墙—窗户的结合体，融入简约的欧式设计风格，展现了废墟重生的魅力。美国设计师迈克尔·格雷夫斯的设计作品，将废墟美学融入了环境设计中，通过残破的柱子、墙壁等元素，传达出一种时光流转、历史沉淀的感觉。艺术家丹尼尔·阿尔沙姆以"废墟艺术"而闻名，他的作品常常涉及对空间的改造和重塑，如通过在展览空间中打穿墙面创造通道，利用墙洞形状的演变，营造出一种超现实的废墟美感。设计师菲利普·霍达斯专注于末日废土风格的插画创作，他的作品，将流行文化符号与废墟元素融合，展现了独特的视觉风格和对未来的想象。这些艺术家和设计师通过各自独特的视角和创意手法，将废墟元素转化为引人深思的设计作品，不仅美化了环境，也传达了对历史、文化、生态及未来社会的深刻思考。

视觉传达设计是一种以视觉元素传递信息的设计方式，废墟美学的融入能够增加设计的感染力和深度。废墟元素在视觉传达设计中的应用，通常涉及将破败、废旧或废弃的场景融入设计作品中，以此来传达特定的情感、历史或社会信息。这种风格可能体现为复古、末世、怀旧或是批判现实等多重含义。例如，原研哉作为日本中生代国际级平面设计大师，其设计理念强调极简和材料的本真性，有时也会间接反映一种对过去与现在的对话，这种理念在某种程度上可以与废墟美学产生共鸣。再如，在 2013 年的红点视觉传达设计大奖中，部分海报类作品可能就运用了废墟元素，一些国外设计师利用废墟图像来表达环保、城市变迁或历史记忆等主题，通过视觉冲击力强的设计引发观者的深思。设计师约瑟夫·穆勒-布罗特的海报设计，运用废墟元素表现战争的残酷，传达出反战的信息。在一些概念艺术与设计项目中，视觉艺术家和设计师开展围绕废墟进行的项目，如利用废弃建筑物的照片、拼贴艺术或是数字合成技术创造视觉传达作品，探讨废弃空间的文化价值和社会意义。另一些街头艺术与涂鸦文化中，如艺术家班克斯等虽然主要以街头艺术闻名，但其作品中常常包含对废弃空间的再利用和评论，这也是一种视觉传达设计的体现。同时，随着技术的发展，数字艺术家和设计师也在虚拟环境中探索废墟美学，如通过 3D 建模重建已消失的历史遗址，或在游戏和虚拟现实中构建废墟场景，传达关于时间、记忆和文明衰落的信息。

工业设计作为一门结合艺术与技术的学科，通常关注功能性产品的创造与优化，废墟美学的融入能够增加产品的独特性和文化内涵。在工业设计中，一些设计理念和项目可以从废墟或废旧材料中汲取灵感，并将其转化成创新和可持续的设计解决方案。废墟元素的应用可以使产品呈现出一种历史感和沧桑感。在当代设计领域，工业设计可能更关注再利用与升级再造等方面，设计师往往采用废旧工业部件或废墟材料，将其重新设计成为家具、灯具或其他家居装饰品。例如，利用废旧机械零件制成的台灯、由废弃管道改造的书架等，这些设计不仅赋予废墟新的生命，也强调了环保和循环经济的理念。现代工业设计也更关注工业废墟转型公共空间的内容。虽然这更多属于景观设计范畴，但将工业废墟改造为社区活动中心、公园或创意工作区，体现了工业设计思维在更大尺度上的应用。例如，北京的 798 艺术区，原本是老旧的工厂区，现在转变为一个充满活力的艺术和文化中心，这里的建筑设计往往保留了原有工业结构的痕迹。同时，现代工业设计也关注纪念性工业遗址重塑方面，如对被摧毁的教堂重建案例，虽然属于建筑领域，但其重建过程中对原有废墟的尊重和融合，为工业设计提供了一种思考角度——如何在设计新产品时，融入对过去的记忆和尊重。这种理念可以启发设计师在新设计中加入象征性的元素，反映历史或文化的连续性。现代工业设计模拟废墟美学的产品设计。某些设计师可能会从废墟美学中汲取灵感，创造出具有废墟风格的产品。比如，表面处理故意模仿锈蚀金属质感的家具或装饰品，这种设计风格常被归类为工业风或蒸汽朋克风，营造出一种复古未来主义的感觉。现代工业设计注重可持续设计策略。在更广泛的层面上，对废墟的反思激发了对可持续发展和资源循环利用的关注，促使工业设计师在材料选择、生产过程和产品生命周期管理上寻求更加环保的方案。例如，使用回收塑料、废旧木材或金属来制造新产品，减少新材料的消耗。

废墟元素在工业产品设计和家具设计中，通常体现在对再生材料制品的利用、对工业遗产纪念品的利用、对美学的启发、废旧材料的重生、打造工作风格家具、进行可持续设计实践。工业产品设计中的再生材料制品利用。设计师使用从建筑废墟回收的金属、混凝土碎片、废旧机械部件等材料，创作出独特的工业产品。例如，利用废弃汽车零件制作的钟表、用废旧电子元件组装的艺术装置，这些产品不仅具有工业废墟的粗犷美感，也传递了环保理念。工业产品设计中的工业遗产纪念品利用。将老工厂、矿井、铁路等工业遗址的元素融入设计，如利用旧铁轨制成的书挡、由旧机器部件构成的台灯，这些产品不仅是实用物品，也是对工业历史的记忆载体。工业产品设计中的废墟美学的启发。有些设计不直接使用废墟材料，而是借鉴废墟的形态、色彩和质感，创造出具有废墟美学特征的产品。例如，模仿旧砖墙纹理的音箱外壳，或是表面处理模仿锈蚀金属的电子产品，这些设计唤起人们对时间流逝和历史变迁的思考。在家具设计中废旧材料的重生。家具设计师会利用废弃木料、旧门窗、金属管件等材料，重新设计制作成家具。这样的家具既保留了原材料的历史痕迹，又具有新的功能和美学价值，如用旧船木制作的餐桌、由废弃油桶改造成的座椅。家具设计中的工业风格家具。工业风格家具设计经常借鉴废墟或旧工厂的元素，如使用裸露的金属框架、回收的木板，以及保持原始质感的表面处理。这类家具强调实用性和坚固性，同时也带有强烈的复古和工业气息。家具设计中的可持续设计实践。许多设计师将废墟元素的利用视为推动可持续设计的一部分，通过回收利用旧材料减少对新资源的需求。例如，使用可回收塑料制作的模块化家具，或者设计易于拆解和再利用的家具，确保产品在使用寿命结束后仍能回归资源循环。通过这些应用，废墟元素不仅在设计中找到了新的生命，也为环境保护和文化传承提供了创新的路径。

废墟元素在工业产品设计中通常体现着可持续性、历史记忆与创新。不乏知名的工作室、设计师及作品，如英国设计师汤姆·迪克森以其前卫的工业设计闻名，他的一些作品虽然不直接基于废墟，但展现出对废旧材料的创造性再利用，如使用回收的黄铜制成照明设备和家具，这些设计中透露出一种工业废墟的粗犷美感。再如，荷兰的 Drift 设计工作室，其作品经常体现探索自然与技术的边界的内涵，有时也会融入废墟或废旧材料的元素，创造出既有机又科技感十足的设计。

例如，他们曾利用回收的飞机零件制作装置艺术，展现了废墟材料的新生。德国设计师艾莉莎·斯特罗兹克以她的"碎木皮"家具系列著称，在这个系列中，她将废弃的木片拼接成可折叠的木皮布料，然后用来覆盖家具表面。这种设计虽非直接源自废墟，但体现了将废弃材料转化为精美设计的意义。以色列出生的英国设计师罗恩·阿拉德以其在家具和产品设计中使用材料的方式而著名。尽管他的作品不一定直接使用废墟材料，但其对金属等工业材料的雕塑式处理，使作品呈现出一种未完成或废墟般的美学效果，如他的"Pressed Flowers"椅子系列，就展现了材料的原始力量。这些设计师通过各自的方式，展示了废墟元素或废旧材料在现代设计中的潜力，这既是对环境问题的响应，也是对设计美学边界的拓展。

首饰设计是一种小型艺术，运用废墟元素进行首饰设计是一种将历史、记忆与现代审美相结合的实践。废墟美学的融入能够增加首饰的独特性和文化内涵。在首饰设计中，废墟元素的应用可以使首饰呈现出一种历史感和沧桑感。例如，马蒂尔德·莫扎内加的作品被描述为"变废为宝"的当代首饰设计，通过对比具有现代感和艺术感的珠宝，她的创意过程和使用回收材料的方式与废墟艺术的精神相符。一些艺术家的实践虽然不全然聚焦直接将废墟元素应用于首饰设计，但他们各自的工作方法和理念都间接地触及废墟美学的核心，即在废弃与重建之间寻找美，以及对材料的重新诠释与价值重赋。例如，荷兰艺术家丹·罗斯加德的"雾霾净化塔"项目，虽然这主要是大型公共艺术和科技结合的装置，但他将收集的污染物转化为钻石首饰，这种转化过程从某种程度上体现了将环境废墟转化为珍贵物品的概念。再如，扎娜·卡德罗娃以废墟中创作的瓷砖服装雕塑而闻名，其作品展示了废旧材料转化为艺术品的潜力，这种转化的概念同样可能启发首饰设计，尤其是在利用废弃物或再生材料方面。这些思路对首饰设计师来说极具启发性，鼓励他们在创作中探索类似的主题和技术。虽然废墟元素的首饰设计领域不如其他设计领域那么丰富，但越来越多的设计师从一些设计理念和实践中汲取灵感，探索将废墟概念融入首饰设计的各种可能性。一是再生材料首饰。设计师可能会利用城市或工业废墟中的回收材料，如废旧金属、碎瓷片、废弃建筑部件等，通过创意加工将其转变为独特的首饰，这些作品不仅体现了环保意识，还带有强烈的叙事性和时间印记，每一件首饰都承载着其原材料的历史故事。二是遗迹形态复刻首饰。设计灵感可以来源于古代废墟的残垣断壁、破旧的建筑结构或是自然侵蚀形成的肌理，通过贵金属、宝石或其他精细材料模拟这些形态，创造出既古老又现代的首饰作品。例如，模仿罗马柱的纹理、废墟中发现的古老饰品轮廓或是残缺雕塑的线条，以此致敬过往文明。三是废墟抽象概念转化的首饰。

设计师不直接复制废墟形态，而是将其作为一种情感或哲学概念融入设计，如通过不对称、断裂、叠加等设计手法，表达废墟所象征的衰败与新生、时间的流逝与记忆的永恒等主题。四是数字化废墟美学首饰。结合现代技术（如 3D 打印）将数字世界中的废墟景象（如虚拟现实游戏中的废弃城市）转化为可佩戴的艺术品，探索虚拟与现实、未来与过去的边界。五是废墟概念首饰。艺术家设计围绕"废墟之美"主题的系列作品，每个单品都反映不同类型的废墟或废墟的不同层面，通过首饰讲述一系列的故事或探讨一系列的议题。这些探索为废墟元素在首饰设计中的应用，提供了广阔的想象空间和实践指导。

服装设计是一种表现个性和时代精神的艺术，废墟美学的融入能够增加服装的独特性和文化内涵。在服装设计中，废墟元素的应用可以使服装呈现出一种历史感和沧桑感。废墟元素在服装设计中的运用展现了独特的美学和创意，通过破碎、重组、再生等手法，设计师传达了对历史、环境、记忆以及未来的深刻思考。例如，乌克兰艺术家扎娜·卡德洛娃的瓷砖服装雕塑，她创作了一系列装置艺术作品，使用回收的瓷砖碎片创作出模拟衣物的雕塑，这些作品被放置在废墟环境中，探讨了消费主义、废弃与再利用的主题。虽然作品是雕塑而非可穿戴服装，但她的创作灵感可以被服装设计师借鉴，用于创造具有废墟美学的服装。再如，"废土风"穿搭。近年来，"废土风"成为时尚圈的一个流行趋势，设计师和穿搭爱好者通过融合古代与现代元素，创造出具有末世感的服装风格。这类服装往往采用磨损、撕裂、重组的面料，以及暗淡的大地色调，模仿经过时间与灾难洗礼后的服装外观。一些设计师在服装设计中加大对缺陷肌理的运用。设计师利用面料本身的瑕疵、不规则纹理或通过特殊处理制造出仿旧、磨损的效果，这样的设计灵感直接源于废墟中发现的材料，为服装增添一份沧桑感和故事性。此外，一家名叫 Christian Dada 的 "废墟" 主题专卖店设计也值得关注，这个例子虽然不是直接的服装设计，但 Christian Dada 的这家专卖店设计采用了 "废墟" 主题，这种设计理念可以通过改造系列服装的展示环境间接影响服装的呈现方式，营造出一种废墟背景下的时尚氛围。在"闪耀暖暖"游戏中的废墟风套装也是其中一个例子。这款游戏推出的废墟风格套装，通过特殊的配色、材质和设计细节，如金属配件、链条、破旧布料等，展现了废墟美学的魅力，受到玩家的喜爱。这些案例显示了废墟元素如何跨越艺术与时尚的界限，成为激发设计创新的重要源泉。设计师通过这些元素传达对环境、社会及文化议题的反思，同时也满足了消费者对于个性化、故事性和可持续时尚的需求。

舞台美术设计是一种综合性的艺术创作，废墟美学的融入能够增强舞台的氛围和表现力，营造出一种独特的舞台空间。废墟元素在舞台美术的应用中，是一种强有力的视觉语言，它能够创造出独特的时空背景，强化剧情氛围，引导观众情绪，为观众营造特定的历史氛围、情感基调或哲学思考。废墟美学助力舞台美术设计主要体现在这样几个方面。一是在营造历史氛围方面。在历史剧或时代剧中，废墟可以用来重现古代战场、被遗忘的城市、历史遗迹等场景，如古罗马竞技场的断壁残垣、"二战"后的欧洲城市废墟，为观众提供直观的历史背景，增强剧作的时代感和真实感。二是在象征性表达方面。废墟不仅是残破的物质，更是一种精神或情感状态的象征。在现代戏剧或舞蹈中，它可以代表人物内心世界的崩溃、文明的衰落、理想的破灭等，通过视觉上的荒芜和破败，加深作品的哲思和艺术深度。三是在空间转换与层次构建方面。舞台设计师通过废墟元素的不同组合与布局，可以在有限的舞台上创造出丰富的空间层次和视觉焦点。例如，利用倒塌的墙壁、破碎的阶梯、散落的砖石等元素，构建出错综复杂的舞台空间，增加舞台的立体感和动态感。四是在光影效果的运用方面。在废墟场景中，光影的运用尤为重要，通过精心设计的照明，可以强调废墟的质感，营造不同的时间和情绪氛围。例如，利用柔和的侧光突出废墟的轮廓，营造清晨或黄昏的宁静；或者利用强光和阴影对比，表现废墟的阴森与神秘。五是在互动性与沉浸式体验方面。在一些互动剧场或沉浸式表演中，废墟场景还可以成为观众参与体验的一部分，观众可以在废墟中探索、发现隐藏的故事线索，甚至影响剧情的发展，这种设计增强了观众的参与感和体验感。六是在材料与技术的创新方面，在实际制作中，设计师会利用各种材料如聚氯稀、纸板、金属网、LED灯等，结合现代技术如3D打印、投影映射等手段，创造性地再现废墟的质感与细节，使舞台设计既真实又富有创意。现代舞美设计中，废墟元素成为不可或缺的创意元素，不仅增强了舞台表现力，也为观众带来了深刻的视觉与心灵体验。现实中不乏废墟美学应用到舞美中的真实案例。在重现历史事件或古典文学作品的舞台剧中，废墟元素常被用来象征文明的衰落、战争的破坏或时间的无情。例如，在莎士比亚的《罗密欧与朱丽叶》中，设置一个充满废墟的维罗纳城市场景，可以强化剧情中的悲剧气氛和家族纷争后的苍凉感。现代舞剧或音乐剧的一些探索现代城市生活或社会问题的作品中，废墟场景可能代表着废弃的工业区、城市角落或是自然灾害后的景象，如舞台剧《悲惨世界》是一部反映工业化进程中人与环境关系的现代舞剧，通过废墟构建的舞台背景，引发观众对城市发展与人文关怀的思考。在一些概念性的艺术表演或实验剧场中，废墟不仅仅是物理环境的再现，更是一种心理状态或哲学议题的视觉隐喻。比如，一个探讨记忆与遗忘的演出可能在舞台上搭建一个半毁图书馆的场景，用书籍散落、书架倾倒的形象，象征知识的流失与个人记忆的消逝。通过这些实例可以看出，废墟元素在舞台美术设计中不仅仅是视觉效果的堆砌，更是情感、故事和深层意义的载体，它能够极大地丰富演出的内涵，加深观众的体验和引发共鸣。

影视设计作为一种视听艺术，废墟美学的融入能够增强影片的氛围和表现力。废墟元素在影视设计中扮演着重要的角色，它不仅为电影和电视作品增添了视觉冲击力，而且能够深化故事情节、塑造氛围、传达主题思想。废墟元素在影视设计中可以营造出一种独特的影视氛围，其作用主要体现在以下方面。一是场景构建。在科幻、末日、战争、历史等题材的影视作品中，废墟场景经常出现。例如，《疯狂麦克斯》系列电影中的末日废土世界，电影利用荒废的城市、废弃的车辆和残破的建筑，营造出一种绝望而又充满挑战的生存环境。设计师通过模型、微缩景观、计算机生成图像等技术手段，创造出逼真的废墟环境。二是视觉叙事。废墟不仅是背景，它还能够作为叙事元素，反映角色的内心世界或历史变迁。在《蝙蝠侠：开战时刻》中，被遗弃的韦恩庄园象征着主角布鲁斯·韦恩的过去创伤和他决心改变哥谭市未来的起点。三是情绪与氛围营造。废墟场景往往伴随着压抑、悲伤、恐惧或希望的情感。例如，《我是传奇》中在纽约街头空旷的废墟中孤独的幸存者形象，营造出一种孤寂无助的末日氛围。而在《阿凡达》中，潘多拉星球上的废墟则与自然共生，传递出对生态平衡遭到破坏的反思。四是文化与历史的象征。在涉及历史或考古题材的作品中，废墟成为连接过去与现在的桥梁。电影《印第安纳·琼斯》系列中的古老遗址探险，不仅展现了惊险刺激的冒险故事，也传达了对历史文明的敬畏。五是特效与技术创新。随着技术的进步，影视制作中的废墟场景越来越逼真。例如，《权力的游戏》中君临城的毁灭场景使用了先进的视觉效果技术，让观众仿佛亲历了一场史诗般的战争，感受城市的毁灭与重建。六是概念艺术与预视图。在影视项目的前期筹备阶段，概念设计师会创作废墟城市的概念艺术作品，如站酷上的影视使用了废墟城市概念设计，这些设计帮助导演和制作团队提前规划视觉风格和场景构造，确保最终成片的视觉一致性与艺术效果。因此，废墟元素在影视设计中不仅是一种视觉艺术的表现，也是故事叙述、情感传达和文化寓意的重要载体，通过精心设计与技术实现，废墟场景成为影视作品中令人难忘的经典画面。

总的来说，在艺术设计领域，废墟美学被广泛地应用于各个领域，通过表现废墟的残破、衰败、荒凉特征，创造出一种独特的视觉美感。废墟美学的视觉表现不仅能够增加设计的感染力和深度，还可以营造出一种独特的氛围和空间感。

随着艺术设计领域的发展，废墟美学的视觉表现将更加多元和丰富，为人们带来更加独特的视觉体验。

## 五、其他艺术形式

这里我们讨论一下废墟美学的跨界探索问题。随着时代的发展，特别是数字化和人工智能加速了废墟美学进行跨界实验探索的广度和深度，艺术家将废墟的概念、材料和情感价值融入艺术和非艺术领域，通过跨学科的合作与创新，拓展废墟美学的边界，激发新的思考和感受。艺术家的跨界实验探索主要有七个方面。一是科技与数字艺术。利用虚拟现实、增强现实、人工智能等技术，创建沉浸式废墟体验。例如，虚拟重建已消失的历史遗迹，让观众在数字化的废墟中穿梭，体验时间旅行般的感受，或通过算法生成基于废墟的新艺术作品。二是时尚与设计。将废墟的元素融入时尚设计中，如使用回收材料（如旧建筑的砖瓦、金属碎片）设计服装、家具或装饰品，不仅赋予废墟材料新的生命，也倡导可持续的生活方式。三是建筑与城市规划。在城市更新项目中，采用"适应性再利用"策略，将废弃建筑或工业遗址转变为文化中心、创意园区、公园或居住区，保留原有结构和记忆的同时，注入新的功能和活力，实现历史与现代的和谐共存。四是文学与影视创作。废墟作为文学作品的背景或主题，或是在电影、电视剧中作为关键场景，通过文字和影像表达对时间、记忆、失落与希望的深刻探讨，如后末日小说、历史纪录片等。五是音乐与声音艺术。音乐家和作曲家受废墟启发，创作音乐作品，或在废墟现场举行音乐会，利用场地的特殊声学特性，创造出独一无二的听觉体验，如在废弃工厂、教堂或古迹中举办的音乐节。六是社会学与人类学研究。学者通过田野调查、口述史等方法，研究废墟对于社区记忆、身份认同以及城市社会结构的影响，探讨废墟保护、城市记忆与文化传承的社会价值。七是环保与社会活动。废墟美学与环保运动、社区重建项目结合，通过艺术干预提高公众对环境保护、资源循环利用的认识，促进公民参与，如"绿色废墟"计划，将清理废墟与绿化城市相结合。上述这些跨界探索不仅拓宽了废墟美学的表达方式，也深化了我们对废墟价值的理解，促进了文化、科技、社会各领域的交流与合作，为解决现实社会问题提供了一些创新思路。当然，废墟美学的跨界实验探索在行为艺术、声音艺术以及跨社区参与活动中尤其突出。

废墟独特的视觉美学特质引起许多行为艺术家的关注，创造出沉浸式的废墟美学体验，引导人们探讨时间的流逝、记忆、失落、重生以及人类与环境的关系，让观众更加直观地感受到废墟的美感。废墟元素为行为艺术家提供了一个充满象征意义和丰富质感的舞台，成为探索人类经验、社会变迁、历史记忆和环境关系的深刻媒介。废墟在行为艺术中主要运用在六个方面：一是遗址上的行为干预。行为艺术家选择具有历史意义的废墟作为行为艺术的场所，通过身体表演与场地互动，如行走、触摸、静坐或动态行为，来反映人们对历史事件的纪念、对消逝文化的追忆，或对现状的批判与反思。二是废墟再生与互动。一些行为艺术项目鼓励观众参与，通过在废墟空间内的互动体验，如共同建造、拆除或标记，促进公众对废墟价值的认知和对城市更新的讨论，同时探索人与环境之间的新关系。三是声音与光影的实验。行为艺术家在废墟中利用声音装置、光影投射等多媒体手段，结合行为表演，创造出独特的感官体验。声音艺术家可能录制废墟环境中的自然声响，或在废墟中进行现场声音演出，利用废墟的特殊声学特质增强作品的感染力。四是临时装置与环境艺术。在废墟现场搭建临时装置或进行环境艺术创作，这些作品往往利用现场找到的材料，与废墟的原始结构相结合，形成新的视觉符号，引发人们对废墟美学、生态问题和物质循环的思考。五是身体与材料的对话。艺术家通过直接的身体接触和使用废墟中的材料进行表演，如穿戴、搬运或重组废墟碎片，探索身体与物质世界的界限，以及人类对环境影响的反思。六是叙事与记忆重构。在废墟上讲述故事或重新演绎历史事件，利用行为艺术的力量，让观众通过亲身体验重新连接过去与现在，为废墟赋予新的叙事，强调记忆的流动性和重建性。废墟元素在行为艺术中的应用，不仅是对废墟物质形态的再利用，更是对人类情感、文化记忆和存在状态的深度挖掘，体现了艺术对社会、历史和环境的责任感。

在声音艺术中，废墟环境中的声音，如风穿过破败建筑的呼啸、金属结构的吱嘎声等，经过处理后成为声音艺术作品，通过声音探索废墟的空间感和时间感。废墟在声音艺术中的运用是一种创新的实践，它通过声音探索废墟的多重维度，包括空间特性、历史记忆、情感氛围以及与人类活动的关联。废墟在声音艺术中运用的方式主要有六个方面：一是现场录音与声音采样。艺术家深入废墟现场，录制周围环境的声音，如风吹过空洞建筑的呼啸、金属结构的轻轻碰撞、远处城市的回响等，这些声音被采集并编辑成作品，用来营造特定的情感氛围或叙事背景，引导听众进入一个由声音构建的废墟空间。二是声音装置与现场表演。在废墟内部或周围安装声音装置，利用扬声器播放处理过的环境声、历史录音或创作的音乐，与现场的物理结构相互作用，创造出独特的听觉体验。现场表演也可能包含即兴演奏或声音互动，让观众在空间中移动时体验声音的变化。三是声音地图与声音漫步。制作基于废墟地点的声音地图，邀请听众按照特定路线行走，通过耳机接收与他们位置相关的音频内容。这种方式将声音与地点紧密结合，让听众在步行中感受废墟的历史变迁和当下存在。四是声音雕塑。将声音视为一种雕塑材料，通过多声道音频或特定的空间布局，塑造出声音的空间形态，使听者在废墟环境中体验到声音的体积、密度和运动轨迹，以此探索声音与废墟空间结构的相互作用。五是历史与记忆的回响。通过声音艺术再现或重构废墟的历史声音，如过往的生活场景、重大事件的声音档案等，以此唤起人们对场所历史的记忆，探讨时间的流逝和文化的连续性。六是环境声音的再生。利用废墟材料本身的声学特性，如敲击、摩擦或吹动，创造出新的声音作品，这种做法不仅利用废墟作为声音的源泉，也体现了对废墟材料本身潜能的探索和再创造。通过这些方式，声音艺术不仅赋予废墟新的生命力，也为观众提供了超越视觉的感知通道，观众通过声音的引导，深入探索废墟背后的文化、社会和情感价值。

在跨社区参与活动中，废墟作为一种连接不同社区、激发公众参与和文化对话的媒介，一些项目会邀请当地居民参与废墟的再创造，将实践与社区建设相结合，这既是对废墟美学的探索，也是对社区复兴的推动，提升社区凝聚力、提高环保意识、促进历史记忆的传承和城市空间的创造性再生。一般来说，废墟美学主要通过公共艺术项目、历史教育与文化活动、社区花园与绿化项目、记忆与故事收集、教育与科研合作、可持续发展倡议等方式参与跨社区合作。公共艺术项目是比较常见的方式，比如通过在废墟上或周边开展公共艺术创作，邀请艺术家和来自不同社区的居民共同参与，创作反映社区历史、文化或未来愿景的艺术作品，这种活动不仅美化了环境，还促进了社区间的交流与理解。在历史教育与文化活动中，利用废墟作为历史教材，举办讲座、工作坊、展览或文化节庆活动，让参与者了解该地点的历史背景、文化价值及其在社区发展中的角色，这类活动有助于加强社区成员的身份认同和归属感。一些社区花园与绿化项目中，在不破坏原有废墟的基础上，稍加改造并建立社区花园或进行绿化，不仅可以改善环境，还能成为社区居民共同维护的公共空间，促进邻里间的合作与交流，这类项目通常会邀请跨社区的志愿者参与。同时，通过组织跨社区的口述历史项目，收集与废墟相关的个人记忆和故事，以出版物、在线平台或公共艺术装置等形式呈现出来，这样既保存地方历史，也让不同背景的人们通过共同的记忆点建立联系。同时，社区等废墟管理部门与学校、大学等教育机构合作，将废墟作为教学和研究的现场，比如作为考古发掘、城市规划或环境保护的学习项目，这种合作跨越了年龄和专业的界限，促进了知识的共享和创新思维。此外，可持续发展是有利于子孙后代的事情，可以利用废墟作为起点，发起关于城市可持续发展、循环经济和环保生活方式的讨论和倡议，鼓励跨社区合作寻找解决方案，如废物回收利用、绿色建筑设计等，促进环境友好型社区的建设。这些方式使得废墟不仅成为连接社区的桥梁，同时也成为促进社会创新、文化多样性和保障环境可持续发展的平台。

总之，实验艺术作品中的废墟美学主题，通过视觉、听觉等各种形式，以废墟的残破、衰败、荒凉等元素特征引发观众对历史、生命、自然的思考。实验艺术作品中的废墟美学丰富了作品自身的内涵，也为艺术创作提供了更多可能性。

## 第二节　废墟主题与实践

顾名思义，废墟主题的艺术创作活动就是一种以废弃、残破或历史遗迹为灵感和表现对象的实践。这类艺术创作不仅可以跨越绘画、雕塑、摄影、装置艺术、行为艺术、数字艺术等多个领域，还蕴含着深刻的历史、文化、社会及哲学思考。其意义主要表现在六个方面。一是历史与记忆的追溯。艺术家常通过描绘或重构废墟场景，探索过去与现在的联系，唤起对历史事件、文化遗产或个人记忆的反思。例如，摄影师拍摄废弃的工业遗址或战争遗留下的断壁残垣，以此作为时间流逝和社会变迁的见证。二是美学价值的再发现。废墟中蕴含着一种独特的美感，艺术家通过艺术手法，如光影对比、构图安排等，展现废墟的苍凉、凄美或奇异，让观众在残缺中发现美，从而引发对美的新认识和拓展审美体验。三是生态环境与人类关系的探讨。废墟艺术也常常关注自然与文明的关系，特别是人类活动对环境的影响，艺术家通过表现被遗弃的建筑、污染的土地等，批判性地讨论生态危机、城市化进程中的问题以及人与自然的关系。四是社会批判与警示。废墟不仅是物质形态的遗留，也是社会变迁、经济衰落或冲突后果的象征，在艺术创作中，废墟经常被用来作为对社会现状的批判，警示人们关注资源浪费、战争破坏、社会不公等问题。五是再生与希望的象征。尽管废墟本身带有衰败的气息，但不少艺术家在创作中寻找再生的可能性，将废墟转化为新生的象征，通过艺术干预，如种植绿植、进行装置艺术创作等，这传达出对未来的乐观态度和重建的希望。六是跨学科合作。废墟艺术创作往往涉及多领域的知识与技术，如考古学、建筑学、环境科学等，其促进了艺术家与不同领域专家的合作，共同探索废墟的多重意义和价值。总之，废墟主题的艺术创作活动不仅是对物理空间的再现，更是对人类历史、文化、自然环境及社会现象的深刻反思和艺术表达，具有丰富的文化内涵和广泛的社会影响。以下从不同类型废墟角度，具体讨论不同废墟主题的实践。

# 一、遗迹废墟

在一般的理解层面，遗迹的概念是包含了遗址的。遗迹废墟通常指的是历史上遗留下来的、因自然因素或人为活动（如灾害、战争、废弃等）而遭到严重破坏的建筑物或建筑群的残余部分，这些遗迹既包括古城堡、宫殿、寺庙、民居、工业遗址、工事等建筑物，也包括遗址、墓葬、灰坑、岩画、窖藏及古人所遗留下的活动痕迹等，它们见证了过去的文明、文化、技术或历史事件。遗迹废墟不仅仅是石头和瓦砾的堆砌，还常常蕴含着丰富的历史信息、文化价值和考古意义，是研究人类历史发展、社会变迁、文化艺术的重要实物资料。当然，在不同的语境中，遗迹废墟的具体含义可能有所不同，如在电子游戏《我的世界》新加入的"古迹废墟"，它是一个游戏内的结构，玩家可以在探索时发现并从中获取宝藏或了解这个虚构世界的故事背景。而在现实生活中，如长城的某些未修缮部分，或是圆明园的遗迹，则是对真实历史的直接见证，让人们能够直观感受到时间的流逝与历史的痕迹。在考古学中，遗迹废墟通常是指古代人类留下的文化层、建筑基座、遗物堆积等，这些遗迹可以提供关于过去社会生活方式、技术水平、文化特征等方面的宝贵信息。通过对遗迹废墟的研究，考古学家能够了解古代社会的历史情景，理解人类社会的发展和变迁，艺术家则可以通过深度了解废墟的内涵，对艺术创作有新的感悟。

## （一）遗迹废墟的分类

遗迹废墟的分类多样，涵盖了不同类型的地点和遗存，这些分类不仅体现了人类社会发展的不同方面，也是研究历史、文化、社会结构和经济发展的重要实物资料。对遗迹废墟可以大致作如下分类。

1. 遗址

遗址是最广泛的一类，包括人类活动留下的各种场所遗迹。

①城堡废墟：昔日城堡的残留结构。

②宫殿址：古代王宫或重要行政建筑的遗迹。

③村址、居址：古代居民点的遗存。

④作坊址、寺庙址：手工业生产场所和宗教建筑的遗址。

⑤经济性建筑遗存：如山地矿穴、采石坑、窑穴、仓库、水渠、水井、窑址等。

⑥防卫性设施：壕沟、栅栏、围墙、边塞烽燧、长城、界壕及屯戍遗存等。

2. 墓葬

墓葬包括帝王陵墓、贵族墓、平民墓等，以及随葬品和墓室结构。

3. 灰坑

灰坑是古代生活废弃物的堆积处，可以揭示当时的生活方式和经济活动。

4. 岩画

岩画是刻在岩石上的图画，记录了早期人类的宗教仪式、狩猎场景等。

5. 窖藏

窖藏集中了埋藏的陶器、金属器皿等物品，可能是战乱时的隐藏物或祭祀用品。

6. 历史事件发生地

历史事件发生地如战役遗址、重大历史事件的发生地点。

7. 军事遗址与古战场

军事遗址与古战场是古代战争留下的防御工事、战场遗迹等。

8. 废弃寺庙

废弃寺庙是不再使用的宗教建筑及其附属设施。

9. 废弃生产地

废弃生产地如旧矿场、工厂遗址等。

10. 交通遗迹

交通遗迹是古代道路、桥梁、码头、驿站等交通设施的遗迹。

11. 废城与聚落遗迹

废城与聚落遗迹是因各种原因被废弃的城市和村落遗址。

12. 长城遗迹

长城遗迹包括不同朝代修建的长城墙体、关隘、烽燧等。

13. 遗迹化石

遗迹化石虽然主要属于古生物学领域，但也可视为自然历史的一部分，包括生物活动留下的痕迹，如足迹、巢穴等。

**（二）遗迹废墟产生的原因**

遗迹废墟的形成通常涉及多种自然和人为因素，这些复杂因素相互作用，共同塑造了我们今天所见的遗迹废墟面貌，它不仅是过去文明的见证，也是人类历史和自然力量交互作用的产物。以下是遗迹废墟产生的主要原因。

1. 自然灾害

①地震、洪水、火山爆发等自然现象可以直接摧毁建筑物，导致遗迹形成。

②长期的风蚀、水蚀和土壤侵蚀可以逐渐掩盖地表的结构，使之沉入地下。

2. 战争与冲突

①战争中的破坏行为，如纵火、轰炸、拆毁，会直接造成建筑物的损毁。

②屠城、征服战争后，原有人口可能被迫迁移，遗留下的建筑无人维护而逐渐荒废。

3. 环境恶化与生态变化

①自然环境的变化，如河流改道、沙漠化，可迫使人口迁移，留下废弃的聚落。

②气候变化也可能导致农业生产力下降，促使社会经济结构改变，进而遗弃某些地区。

4. 人类迁移

①文化或经济中心的转移，使得原先的重要聚落失去人口和资源支持，逐渐成为废墟。

②人口迁移导致的聚落空心化，长期无人居住和维护的建筑自然衰败。

5. 人为破坏

①人为拆除，如为了新建项目而清除旧建筑。

②盗掘和掠夺，尤其是对贵重材料和文物的盗取，加速了遗迹的破坏。

6. 政策与管理因素

①缺乏有效的文物保护政策和措施，导致遗迹未能得到适当维护。

②城市化进程中的不当规划，如过度开发，可能直接覆盖或破坏遗址。

7. 时间的流逝

即便没有明显的灾难或人为破坏，时间本身也会通过自然风化过程侵蚀建筑物，使之逐渐成为废墟。

### （三）世界著名的遗迹废墟

世界范围内有许多著名的遗迹废墟，它们不仅是历史的见证，也是人类文明的伟大成就。这些遗迹跨越了不同文化和时代，每一处都蕴含着丰富的历史信息和人类智慧，是研究古代文明不可或缺的实物资料。现列举部分世界著名的遗迹废墟如下。

①吉萨金字塔群（埃及）：包括胡夫金字塔、卡夫拉金字塔和门卡乌拉金字塔，以及著名的狮身人面像，是古埃及文明的标志性建筑。

②玛雅古城蒂卡尔（危地马拉）：玛雅文明的重要城市，以其巨大的金字塔神庙而闻名，如提卡尔四号神庙。

③罗马斗兽场（意大利古罗马）：古罗马时期的椭圆形露天剧场，是古罗马建筑技术和工程的杰出代表。

④帕特农神庙（希腊雅典）：古希腊供奉雅典娜女神的神庙，是古典建筑艺术的典范。

⑤佩特拉古城（约旦）：纳巴泰人的古城，以其独特的岩石切割建筑和"玫瑰城"之称闻名。

⑥马丘比丘（秘鲁）：印加帝国的古城，隐藏在安第斯山脉中，被誉为"天空之城"。

⑦吴哥窟（柬埔寨）：高棉帝国的佛教寺庙群，以精细的浮雕和宏大的建筑群著称。

⑧哈特拉古城（伊拉克）：帕提亚帝国的军事重镇，融合了希腊和古罗马以及东方建筑风格。

⑨大莱波蒂斯（利比亚）：北非保存最完好的罗马帝国时期城市遗址。

⑩帕尔米拉古城遗址（叙利亚）：丝绸之路上的贸易中心，曾有壮观的神庙和凯旋门。

⑪南马都尔（密克罗尼西亚联邦）：建在太平洋水面上的古城，由一系列人工岛屿和运河构成。

⑫波托韦洛·圣洛伦索（巴拿马）：西班牙帝国在美洲的军事要塞，见证了海上贸易的繁荣。

⑬婆罗浮屠（印度尼西亚）：世界上最大的佛教纪念性建筑物，由数百万块石块建成。

⑭庞贝古城（意大利）：被维苏威火山爆发掩埋的古罗马城市，保存了许多生活场景。

⑮摩亨佐－达罗（巴基斯坦）：印度河流域文明的重要城市，被人们称为"死亡之丘"。

### （四）中国著名的遗迹废墟

中国同样拥有众多著名的历史遗迹和废墟，这些地点不仅见证了中国悠久的历史，也是宝贵的文化遗产。以下列举的这些只是中国众多历史遗迹中的一部分，实际上，中国各地还分布着众多未列出的古迹、古城遗址、帝王陵寝和古战场等，每一处都承载着丰富的历史文化信息。比较著名的中国遗迹废墟如下。

①故宫：位于北京，是明清两代皇家宫殿，世界上现存规模最大、保存最为完整的木质结构古建筑之一。

②长城：尤其是北京的八达岭长城段，作为中国古代的军事防御工程，是世界文化遗产之一。

③秦始皇陵及兵马俑坑：位于陕西西安，是秦始皇帝陵的一部分，兵马俑被誉为"世界第八大奇迹"。

④苏州园林：如拙政园、留园等，代表了中国古典园林建筑的精华。

⑤承德避暑山庄：又称"热河行宫"，是清朝皇家的夏宫，展示了中国古典园林的壮丽。

⑥中山王墓：位于河北省定州市，是一处重要的战国时期墓葬遗址。

⑦湖南道县玉蟾岩：这里有新石器时代的考古发现，对研究古代文化有重要意义。

⑧成都金沙遗址：展示了古蜀文明的辉煌，以太阳神鸟金饰等文物闻名。

⑨琉璃河遗址：位于北京，是研究西周时期燕国历史的重要遗址。

⑩湾漳墓：位于河北省邯郸市，是一座北齐时期的大型壁画墓。

⑪交河故城：位于新疆吐鲁番，是汉唐时期的城市遗址，被誉为世界上最完美的废墟之一。

⑫海龙屯：位于贵州省遵义市，是明朝土司遗址，被称为"中国的马丘比丘"。

⑬南京下关火车渡口：虽然不是传统意义上的历史遗迹，但作为一个工业遗迹，其废弃的铁路、轮渡、栈桥也成了独特的景观。

## （五）代表画家

在艺术创作中，遗迹废墟常常被作为一种象征和表现手法，艺术家通过描绘废墟来表达对历史的思考、对人类命运的关注，以及对时间流逝和变迁的感慨。废墟在艺术作品中可以象征着衰败、遗忘、孤独、死亡，也可以象征着坚韧、重生、历史的重量和精神的力量。以遗迹废墟为题材的绘画作品和画家众多，涵盖了不同的艺术流派。一些具有代表性的画家及绘画作品有卡尔·巴浦洛维奇·布留洛夫的《庞贝的末日》，这幅画创作于1830年至1833年间，展现了庞贝古城在维苏威火山爆发时的悲壮场景，是废墟绘画的经典之作。威廉·透纳的《罗马遗迹》系列，透纳创作了一系列描绘罗马遗迹的作品，展现了他对光线和大气效果的独到运用，赋予废墟以浪漫主义色彩，以及表达了他对历史遗迹的深刻情感。约翰·康斯太勃尔虽然更广为人知的是他的风景画，但康斯太勃尔的一些作品也涉及废墟主题，如对英国乡村中废弃教堂和城堡的描绘。19 世纪的法国插画家古斯塔夫·多雷创作了许多描绘欧洲城市废墟的版画，如伦敦、罗马的废墟，其作品富有戏剧性和浪漫主义色彩。这些艺术家和他们的作品展示了废墟作为艺术主题的多样性和深度，从历史的沉思到对未来的幻想，废墟激发了艺术家无限的创作灵感。

卡尔·巴甫洛维奇·布留洛夫是 19 世纪上半叶俄国最杰出的画家之一，属于学院派的代表大师。布留洛夫出生于 1799 年的圣彼得堡，成长在一个艺术家庭，他的父亲是一位画家和装饰雕刻家，这为他早期的艺术启蒙提供了良好的环境。布留洛夫自幼展现出了对艺术的浓厚兴趣，10 岁那年便进入圣彼得堡美术学院（也称"帝国艺术学院"）的幼儿班学习绘画。在学院里，他接受了严格的古典艺术训练，但同时也对意大利艺术抱有极高的热情。在帝国艺术学院学习期间，布留洛夫并不完全遵循其导师的传统教学方法，而是逐渐发展出了自己独特的艺术风格。1822 年，布留洛夫前往意大利深造，这次旅行对他的艺术生涯产生了决定性的影响。在意大利，他被古代艺术和文艺复兴时期的杰作深深吸引，这些经历极大地拓展了他的艺术视野，并激发了他对废墟主题的热爱。在罗马，他创作了最为著名的作品《庞贝的末日》（又名《意大利中午》），这幅画描绘了公元 79 年维苏威火山爆发时，古罗马城市庞贝居民逃亡的场景。这幅作品以其宏大的构图、精妙的细节、生动的人物表情和戏剧性的光影效果震撼了当时的艺术界，确立了布留洛夫作为废墟绘画大师的地位，同时也标志着他的艺术生涯迈向高峰。布留洛夫的废墟绘画作品不仅展现了废墟的壮观与沧桑，更通过废墟传达了对古代文明的追忆、对时间流逝的沉思以及对人类命运的深刻关怀。他的画作常常将自然景观与历史遗迹相结合，通过对光线和气氛的精妙控制，创造出既真实又富有诗意的画面。除《庞贝的末日》外，他还创作了其他反映古代文明遗迹的作品，如风俗画《君士坦丁堡的甜水》和《土耳其妇女》等，这些作品同样展示了他对异国风情和古代文化的浓厚兴趣。布留洛夫于 1852 年去世，享年 53 岁。尽管他的生命不算长，但他对俄国乃至欧洲艺术界的影响深远。他的作品不仅推动了俄国绘画向浪漫主义风格的转变，也促进了艺术家对历史题材的深入探索。布留洛夫的艺术成就激励了一代又一代的艺术家，他的废墟绘画作品成了 19 世纪艺术史上的重要篇章，至今仍被广泛研究和欣赏。

威廉·透纳是英国 19 世纪初期最杰出的风景画家之一，被誉为"光之画家"，对后来的印象派画家产生了深远的影响。透纳在英国皇家美术学院接受教育，在年轻时便展露了非凡的艺术才华，15 岁时他的水彩风景画就已经参与公开展览。透纳在 14 岁时被英国皇家美术学院录取，随后在托马斯·马尔顿的工作室学习绘画和透视，这段经历对他早期的绘画风格有着重要影响。他的早期作品已对光线和大气效果有所体现。透纳酷爱旅行，足迹遍布欧洲各地，创作了大量以自然景观和历史遗迹为主题的画作。他的画风经历了从精细描绘到越来越注重光影和气氛的转变，这种风格在他的晚期作品中尤为明显。透纳不仅是一位杰出的水彩画家，同时也是油画家和版画家。他在 18 世纪末至 19 世纪初以历史画为主流的艺术界，以风景画为主导，成功地提升了风景画的地位，使之成为可以与历史画相提并论的重要艺术形式。透纳晚年生活相对隐秘，但他在艺术上的探索更为大胆，对色彩和光线的运用达到了前所未有的高度。他去世后，他人按照其遗愿将大量的画作和草图捐赠给了国家，这些作品现在收藏于伦敦的泰特不列颠美术馆。透纳对废墟主题的描绘体现了他对历史和时间流逝的深刻思考，以及对自然与人类文明关系的探讨。其中，他的作品《丁登修道院：十字和圣坛，瞭望东窗》就是一个很好的例子。这幅作品创作于 1794 年，使用铅笔淡彩技法，现藏于泰特美术馆。这幅画展示了丁登修道院的遗迹，通过废墟的框架望向窗外的风景，巧妙地结合了室内静物的细节与室外开阔的自然景色，体现了浪漫主义对废墟美学的追求——既是对过去的缅怀，也是对自然力量和时间流转的敬畏。透纳在其艺术生涯中，对罗马及其遗迹展现了浓厚的兴趣，创作了一系列描绘这座永恒之城的作品，这些作品不仅展现了罗马的宏伟古迹，还深刻表达了他对光线、色彩和氛围的独到见解，以及对历史与自然相互作用的深刻感悟。比如，《从梵蒂冈远眺罗马》就是透纳对罗马景观的经典描绘之一，它描绘了从梵蒂冈高处俯瞰整个罗马城的壮观景象。在这幅画中，透纳巧妙运用了光线和色彩来表现罗马的古老与现代交融的风貌，夕阳的余晖下或是晨光初照下的城市，都被赋予了一种神秘而庄重的气息。透纳通过对大气效果的精心处理，如雾气、云彩的流动，以及光线在建筑物上产生的柔和或强烈反差，营造出一种超乎现实的美，反映了他对罗马作为历史与艺术中心的浪漫化想象。另一幅作品《古意大利——奥维德从罗马流放》虽然不是直接描绘罗马遗迹，但与罗马的历史紧密相关，讲述了罗马诗人奥维德被流放的故事。透纳在此类作品中，通常会结合历史与自然景观，展现了流放地的自然风光，同时暗含着对奥维德命运的同情和对罗马帝国权力的反思。透纳还创作了其他关于罗马及周边地区的作品，如《现代意大利——皮菲拉瑞》

和《古罗马》，这些作品同样展现了他对罗马古代遗迹与当代城市景观融合的独特视角。在这些画作中，透纳可能会采用不同时间的景象和天气条件来呈现罗马，如利用清晨的第一缕阳光、黄昏的金色光辉或者暴风雨前的阴沉天空，来强化场景的情感深度和视觉冲击力。在所有这些作品中，透纳的艺术特色表露无遗，他对于光影的敏感捕捉、色彩的大胆运用，以及对大气效果的精准描绘，共同构成了他独有的艺术语言。透纳的废墟画作往往不仅仅描绘建筑的残骸，而是通过光影、色彩和构图，传达出一种超越物质衰败的精神氛围，反映了那个时代人们对古典文化的浪漫化想象和对自然界的崇拜。透纳的罗马题材作品不仅仅是对遗迹的简单再现，更是一种情感与思想的投射，是对过去辉煌与现今衰落之间对比的深刻思考，以及对自然与人类文明之间复杂关系的探索，展现了其作为浪漫主义风景画大师的独特魅力。

古斯塔夫·多雷是一位法国著名的插画家、雕刻家和艺术家，以其精细而富有想象力的版画和插图闻名于世。多雷的创作横跨多个领域，包括文学作品的插图、圣经故事、城市风景，以及一些描绘废墟和幻想场景的作品，他的艺术风格对后来的许多艺术家产生了深远的影响。多雷出生于法国斯特拉斯堡的一个中产阶级家庭，从小就展现出非凡的绘画才能。15 岁时，他就开始在巴黎为幽默杂志工作，很快因其才华脱颖而出。他的早期作品多以幽默画为主，但很快转向了更为严肃和宏大的主题。在多雷的职业生涯中，他为众多经典文学作品创作了插图，包括《堂吉诃德》《神曲》《失乐园》等，这些作品使他声名鹊起。1853 年，他为拉伯雷的小说所作的插图赢得了广泛赞誉，标志着其插画事业的正式起飞。多雷擅长使用铜版画技术，创造出细腻且富有层次的画面。他的作品通常采用黑白两色，通过精细的线条和对比的方式，构建出既现实又超现实的氛围。多雷的插画以其细节丰富、构图大胆和叙事性强而著称，能够深刻地传达文学作品的精神。多雷的作品中包含了不少以废墟为主题的插画，这些作品往往展现了他对历史遗迹的深刻理解与浪漫想象。例如，在为一些古典文学作品创作插图时，他描绘了古罗马、希腊或其他历史地点的废墟景象，通过这些画面传达出时间的流逝和文明的兴衰。多雷对废墟的描绘不仅准确捕捉了遗址的物理特征，还赋予它们一种情感上的深度，让观者能够感受到场所的历史厚度和诗意的哀愁。在为《圣经》创作的插图中，多雷涉及一些废墟场景，如耶路撒冷的毁灭，这些作品通过精细的线条和光影处理，展现了灾难之后的荒凉与庄严。除了古代废墟，多雷还描绘了当代城市中的废墟或衰败景象，如工业革命时期欧洲城市的一些角落，这些作品反映了他对当时社会变迁的观察和思考。多雷的作品因其独特的美学价值和对历史的深刻洞察而受到高度评价，他的废墟题材作品尤其体现了他对过去与现在、美与哀愁之间复杂关系的深刻思考。不幸的是，多雷的生命在 51 岁时因肺炎突然结束，但他的艺术遗产却持续影响着后世的插画师和艺术家。

在中国绘画史上，不少画家在作品中融入了对古代遗迹、历史废墟的描绘，以此寄托怀古之情或表达对时事的感慨。例如，在中国古代，最早描绘废墟的绘画作品是五代时期李成的《读碑窠石图》，画面的主体是一块无名的石碑，四周长满了枯木，整个画面散发出苍凉孤寂之情。元朝时期，势力强大的蒙古人统治了汉人，对汉族知识分子的打压，使得汉族的文化开始断裂。面对破碎的山河，这一时期出现了大量诗文与山水画作，这些作品无不体现了废墟美学中的寂寥之感。明末清初的画家八大山人（朱耷），其作品中常有枯木怪石、孤寂的景致，这些可以视为对逝去王朝的一种隐喻，蕴含着对故国废墟的深切哀悼。与八大山人同时期的画家石涛（朱若极），其山水画中常有对自然景观与人文遗迹的融合描绘，反映了一种超脱尘世又不失历史感的审美情趣。元代画家黄公望的代表作《富春山居图》虽然主要展现的是自然风光，但其中也可能暗含对历史变迁和文化遗迹的沉思。20 世纪的国画大师张大千，其足迹遍及国内外诸多名胜古迹，其作品中不乏对古代建筑遗迹的描绘，如对敦煌壁画的研究与临摹，以及对游历过程中的古迹速写等，这些展现了他对传统文化遗产的深厚情感。现代著名画家吴冠中的作品中虽以抽象与现代风格见长，但也有关于江南古镇、老街等带有历史痕迹的景物描绘，间接反映了对过往岁月和文化遗迹的怀念。彭锋虽然不是传统意义上的国画家，但作为一位活跃在当代艺术领域的评论家和策展人，彭锋对于废墟这一主题在艺术中的探讨和评论，反映出当代视角下对历史遗迹的思考和呈现。当代艺术创作中，废墟主题最早出现于 1979 年，在中国美术馆外展览的第一届星星美展，它的出现同时也是中国当代前卫艺术的一个转机。展览中有以圆明园等历史遗物废墟为代表的艺术作品。艺术家希望通过画作来表达自己的期许，展现精神以及文化上的废墟，警醒人们勿忘历史，希望人们能够冲破牢笼，不回避苦难，奔向自由。以上例子表明，尽管直接专注于废墟题材的中国画家可能不如西方艺术家那样集中，但中国画家通过各自的艺术语言和视角，同样表达了对历史遗迹的独特感悟和审美追求。

遗迹废墟的艺术设计案例通常体现一种创新的再利用和再生理念，旨在将历史的痕迹与现代艺术、设计美学相结合，赋予废墟新的生命。例如，英国 RIBA 城市设计获奖作品就聚焦于英国的"锈带"区域，探讨了如何将废弃的工业遗迹转化为具有活力的公共空间。设计策略可能包括将旧工厂、仓库转变为创意工作室、文化中心或者公园，同时保留原有的工业元素，让历史记忆与现代功能共存。再如，上海徐汇区梧桐树下的艺术花园设计。设计师托马索在此项目中利用了新旧交融的理念，将历史建筑的废墟转化为艺术花园，通过对既有材料的巧妙利用和重新诠释，既创造出反映时光之美的空间，又促进了建筑与周边人文环境的和谐共生。伦敦基尤马厩房改造设计案例是由 Piercy & Company 建筑事务所完成的项目，他们将一处旧马厩改造为现代居住空间，保留并强调了原有建筑的工业特色，同时引入了现代设计元素，实现了历史遗迹的功能转换。另一个案例是前羊皮纸厂的废墟改造，该项目位于一个拥有数百年历史的前羊皮纸厂，设计者通过艺术性的改造，将新的设计理念融入摇摇欲坠的砖墙和古老结构中，创造了一个结合历史韵味与现代设计相结合的空间，让历史记忆得以延续。中国的一个设计案例是二砂厂历史重生项目，通过"记忆重生"的设计理念，保留和重塑了厂区内的历史遗迹，同时打造了新的生态景观环境，使这个曾经的工业遗址变成了融合艺术、文化与自然的公共空间。一些艺术家选择在废墟或废旧房屋的墙壁上作画，如模仿经典油画，并在墙上"装裱"，称之为"废墟上的名画展"。这种艺术介入方式不仅为废墟增添了色彩和故事，也引发了人们对艺术与废墟关系的思考。以上这些案例展示了在尊重历史和文化的基础上，通过创意设计和艺术介入，废墟可以转变为富有意义的文化地标、公共空间或艺术展示平台，从而激发社区活力，促进文化的传承与发展。

## 二、灾害废墟

灾害废墟是由于自然灾害如地震、洪水、台风、山体滑坡、火灾等导致的建筑物、设施、遗迹等的破坏和废弃。这些废墟是自然灾害留下的直接痕迹，它们见证了灾害的强度和影响，同时也反映了受灾地区人民的生活状态和灾害对人类社会的影响。自然灾害废墟具有突发性、破坏性、不可预测性等特点。自然灾害通常在短时间内突然发生，对人类社会和自然环境造成迅速而严重的影响。自然灾害具有强大的破坏力，可以摧毁建筑物、基础设施，甚至整个社区和城市。尽管科学技术的发展有助于预测某些自然灾害，但许多灾害仍然难以被精确预测，这增加了废墟形成的可能性。灾害废墟不仅仅是物理空间的破坏，它还象征着人们的失去和痛苦，成为灾难记忆和集体悲伤的象征。灾害废墟的清理和重建过程也是受灾地区人民恢复生活和社区重建的重要标志。同时，灾害废墟的处理和保护是一个复杂的社会工程，涉及历史、文化、伦理、环境等多个方面。在废墟的处理过程中，需要在尊重受灾群众情感和记忆的同时，考虑到废墟的历史价值、环境保护和未来的发展规划。在一些情况下，废墟被保留下来作为灾害教育和纪念的场所，以警示人们关注自然灾害的风险，并提高防灾减灾的能力。

### （一）灾害废墟的分类

灾害废墟的美学实践研究可以从两个角度展开：一是自然灾害所留下的废墟现成物，二是艺术家对这些残留物或是对某一灾难现象进行提炼升华和再创作。第一种废墟现成物存在于还未被发掘的、自然风化的和无人问津的荒地上，而被人所发掘的通常都展示在博物馆与纪念馆。博物馆和纪念馆从某种意义上来说，是一个封闭的复合型空间，它不仅有着现在时的纪念意义，也代表了过去时的死亡意义。灾害废墟可以根据灾害的性质和造成的损害类型进行如下分类。

①地震废墟：主要包括地震中建筑物倒塌形成的瓦砾、混凝土块、扭曲的钢筋以及受损的基础设施如道路、桥梁的残骸。

②洪水废墟：涉及洪水过后的沉积物、被水浸泡损坏的建筑物部件、家具、家用电器以及被冲毁的桥梁、道路的残骸。

③台风、飓风废墟：特点是强风造成的树木倒塌，广告牌、屋顶材料和其他轻质物体的散落，以及部分建筑物的结构性破坏。

④滑坡与泥石流废墟：由山坡失稳导致的土石堆积物，包括土壤、岩石、植被以及被卷入的建筑物残骸。

⑤火山灾害废墟：火山爆发后留下的熔岩流冷却形成的硬壳、火山灰覆盖物以及被热气流和火山碎屑破坏的建筑结构。

⑥干旱与土地退化废墟：虽然不直接形成物理废墟，但会导致植被枯萎、土壤结构破坏，影响人类居住环境和农业生产。

⑦海啸废墟：海啸过后，海边地区的建筑、船只等被巨浪摧毁后留下的残骸，包括浸水的碎片、沉没的交通工具等。

⑧人为灾害废墟（如战争、爆炸）：虽然不属于自然灾难，但同样产生废墟，包括爆炸后的建筑物残余、弹坑、化学污染区域等。

每种废墟类型的清理和恢复方法各不相同，需要专业的评估和处理措施，以确保安全并尽可能地回收利用资源。

### （二）灾害废墟产生的原因

灾害废墟的产生主要受各类自然灾害和某些人为因素的影响，具体包括但不限于以下几种情况。

1. 自然灾害

①地震：强烈的地震能够瞬间破坏建筑物的结构，导致其倒塌，形成大量的瓦砾和废墟。

②洪水与暴雨：洪水可以冲垮河堤、桥梁和房屋，暴雨可能导致山洪暴发和城市内涝，造成物质损坏。

③台风和飓风：强风力能够摧毁房屋屋顶、折断树木，风暴潮还能淹没沿海地区，留下一片狼藉。

④滑坡和泥石流：地质不稳定区域在雨水渗透或地震等因素作用下易发生滑坡和泥石流，掩埋沿途的一切。

⑤火山爆发：火山喷发释放的熔岩、火山灰和毒气能毁灭性地覆盖和破坏周围环境。

⑥干旱与土地退化：虽不直接产生废墟，但长期干旱可导致植被死亡、土地贫瘠，间接促使其他灾害的发生。

2. 人为因素

①战争与冲突：军事行动中的轰炸、炮击等可严重破坏城市和乡村结构，造成大规模的废墟。

②工业事故：如化工厂爆炸、矿井坍塌等，不仅造成人员伤亡，也会产生大量废弃物和结构损坏。

③不当施工与较差建筑质量：不符合标准的建筑在遭遇自然灾害时更容易倒塌，形成废墟。

以上因素均能造成不同程度的灾害废墟，这些废墟不仅影响人类生活，还对环境造成长期的影响，需要通过专业的灾害管理和重建工作来逐步清理和恢复。

事实上，人类历史就是一部认识、改造大自然并与大自然和谐共存的历史。大自然的力量是令人恐惧的，人类历史同时也是一部自然灾害史。自然灾害指对人类社会造成潜在和现实威胁或破坏的自然现象。大多数发生自然灾害的人类生活场地都会形成废墟。不过，蝗虫灾害并不会直接导致废墟产生，所以并不是所有自然灾害都会产生废墟。地震、洪涝灾害、台风都是我国常见的自然灾害。2021年台风"烟花"在我国沿海登陆，波及沿海多个省份，造成了巨大破坏，也形成了废墟。上海莘庄地铁站在台风来时顶棚遭到破坏，如今已经修复。2008年四川地震汉旺镇遗址依然被保护和保留。建筑依然矗立，但是因为地震裂开的墙体和斑驳的墙面显示着其遭受的灾害损伤，也显示着人造建筑和自然景观的交融。

但是，自然灾害产生的破坏很多时候都会在很短时间内恢复。人为灾害产生的废墟亦是如此，随着人类科技发展，人类的力量越来越大，除了战争，各种事故产生的破坏并不亚于自然灾害，只是数量上相较偏少。灾害废墟远远比其他类型的废墟要稀缺，因为它的存量注定是很少的，灾害带来的冲击力一般也会更强，它的破坏力强于常见的人类手段。

### （三）世界著名的灾害废墟

世界范围内，一些因自然灾害或人为因素造成的著名灾害废墟，不仅成了历史的见证，也是人类记忆中不可磨灭的部分。一些著名的灾害废墟案例如下。

①广岛与长崎战争废墟（日本）：1945 年，第二次世界大战末期，美国分别在这两座城市投下了原子弹，造成了巨大的人员伤亡，导致城市毁灭，遗留下来的废墟成了反核武器的象征。

②切尔诺贝利核爆炸废墟（乌克兰）：1986 年发生的切尔诺贝利核电站事故，是史上最严重的核灾难之一，导致整个普里皮亚季城被废弃，成了一个鬼城，废墟中充满了放射性污染。

③卡特里娜飓风废墟（美国，新奥尔良）：2005 年，卡特里娜飓风袭击美国墨西哥湾沿岸，特别是新奥尔良遭受严重洪水灾害，大量房屋被损毁，城市大范围成为废墟。

④印度洋海啸废墟（印度尼西亚、斯里兰卡、泰国等）：2004 年印度洋大地震引发的巨大海啸，对印度尼西亚、斯里兰卡、泰国等多个国家沿海地区造成了广泛破坏，留下无数房屋和设施的废墟。

⑤日本东北大地震与海啸废墟（日本，宫城县、福岛县等）：2011 年，日本东北部发生强烈地震并引发巨大海啸，导致福岛第一核电站事故，以及宫城、岩手等地的大规模破坏，形成了广泛的灾害废墟。

⑥庞贝古城地震废墟（意大利）：虽然不是现代灾害，但庞贝城因公元 79 年的维苏威火山爆发而被火山灰掩埋，直到近代才被重新发现，是一个保存相对完好的古代灾害废墟。

⑦海地地震废墟（海地，太子港）：2010 年海地发生里氏 7.0 级地震，首都太子港及周边地区遭受严重破坏，大量建筑物倒塌，城市变为废墟。

这些废墟不仅是灾难的遗迹，也是人类坚韧不拔、灾后重建能力的证明，许多地方已经变为纪念场所或进行了重建。

### （四）中国著名的灾害废墟

中国历史上经历过多次自然灾害，其中一些灾害留下了深刻的历史印记和著名的灾害废墟，以下是其中一些著名的例子。

①圆明园战争废墟（北京市）：虽然圆明园的毁坏主要是由于1860年第二次鸦片战争中英法联军的焚烧和掠夺，但它作为中国历史上的一次重大灾难事件的记录者，废墟至今仍保留，提醒人们勿忘国耻，珍惜文化遗产。

②汶川地震废墟（四川省）：2008年5月12日，四川汶川发生8.0级地震，造成大量房屋倒塌和人员伤亡，尤其是映秀镇、北川县等地，这里成为地震废墟的代表，震后的重建工作也展示了中国抗震救灾和重建的能力。

③唐山地震废墟（河北省）：1976年7月28日，唐山发生7.8级强烈地震，几乎将整座城市夷为平地，成为20世纪全球最惨重的地震灾害之一，虽然如今唐山已重建为现代化城市，但地震遗址公园和纪念墙等保留了当时的记忆。

④丁戊奇荒废墟（华北地区）：发生于清朝光绪年间的特大旱灾饥荒（1875—1878年），影响了山西、直隶（今河北）、陕西、河南、山东等省，导致大量农田荒芜，村庄成为废墟，是清代最严重的自然灾害之一。

⑤云南鲁甸地震废墟（云南省）：2014年8月3日，云南省昭通市鲁甸县发生6.5级地震，导致房屋倒塌，道路中断，形成大量废墟，特别是在龙头山镇等地，灾后重建工作展示了社会各界的共同努力。

⑥九寨沟地震废墟（四川省）：2017年8月8日，四川省阿坝藏族羌族自治州九寨沟县发生7.0级地震，虽然九寨沟以其自然风光闻名，但地震还是造成了部分景区设施损坏和一些居民区破坏。

这些废墟不仅见证了自然灾害的破坏力，也见证了人民面对灾难的坚强与重建家园的决心。

### （五）世界以灾害废墟为题材的艺术作品或项目

艺术家以自然灾害废墟创作了大量主题艺术作品。克莱夫·贝尔在《艺术》中指出："一切审美方式的起点必须是对某种特殊感情的亲身感受，能够唤醒这种感情的物品，我们称之为艺术品。"[①] 自然灾害废墟作为美术创作的题材，可以激发艺术家对于灾难、人类命运、自然与文明关系的深刻思考。摄影、电影和电视剧、绘画、雕塑、数字虚拟等艺术均可以表现自然灾害废墟。许多摄影师记录了自然灾害造成的废墟，通过照片传达出废墟的凄美和荒凉，以及它所承载的历史

① 贝尔. 艺术 [M]. 周金环，马忠元，译. 北京：中国文艺联合出版公司，1984.

和人类情感。在影视作品中，自然灾害废墟被用作背景来营造特定的氛围，通过自然灾害废墟来增强故事的戏剧性和紧迫感。艺术家也会采用绘画或雕塑形式来创作自然灾害废墟的场景，以此表达对灾难的哀悼、对生存的反思，或者对自然力量的敬畏。在遭受地震破坏的城市和乡村，有时会出现艺术家利用废墟材料创作的艺术作品。这些作品可能会以街头艺术、装置艺术或雕塑的形式出现，用以纪念灾难中的受害者，反思灾难带来的社会变化，或者表达对未来的希望和重建的愿望。在数字艺术和虚拟现实领域，艺术家和设计师利用计算机技术创造自然灾害废墟的场景，为观众提供沉浸式的体验。艺术家通过不同的媒介和技术，创造出具有深度和影响力的艺术作品，从而使观众能够对这些灾难性事件有更深刻的理解和感受。

灾害废墟作为一个深刻且具有视觉冲击力的主题，在美术史上激发了许多艺术家的创作灵感，一些世界著名的灾害废墟题材的美术作品或相关艺术项目如下。

①庞贝古城壁画：虽然不是严格意义上的单一美术作品，庞贝古城壁画作为灾难后留存的艺术品，展现了古罗马时期的生活景象，同时也是火山灾害后果的直接见证。

②约翰·马丁的《庞贝与赫库兰尼姆的毁灭》：这是一幅19世纪英国画家约翰·马丁创作的大型油画，展现了维苏威火山喷发时对庞贝和赫库兰尼姆两座城市的毁灭性打击，是灾难主题艺术的典范。

③卡斯帕·大卫·弗里德里希的风景画：弗里德里希是德国浪漫主义画家，他的许多作品如《废墟上的修道院》等，虽然不一定直接描绘特定灾难，但通过对废墟和自然景观的描绘，传达了对时间、历史和自然力量的沉思。

④“幻想风景画”：这是一种流行于18世纪末至19世纪的欧洲绘画风格，艺术家创作了一系列以古迹废墟为背景的风景画，它们往往充满诗意和浪漫情怀，反映了那个时代艺术家对古代文明衰落的兴趣。

⑤东京幻想（作品集）：这是一个现代的例子，日本画师“东京幻想”创作了一系列以废墟化的东京为题材的插画作品，细腻地描绘了未来末日景象中的东京，获得了高度评价。

⑥“废墟里的名画展”：虽然这不是单指一件作品，而是艺术展览的概念，但这种形式将名画复制品置于真实的废墟环境中展出，创造了一种独特的观赏体验，探讨了艺术、历史与现实之间的关系。

⑦摄影作品《西班牙流感幸存者》：这是以自然灾害废墟为题材的美术创作案例，摄影师尤金·史密斯的这件作品拍摄于1918年，西班牙流感大流行期间，

史密斯在纽约的废墟中捕捉了一位幸存者的孤独身影。尽管这不是一次自然灾害，但流感的暴发对全球造成了巨大的破坏，与自然灾害有相似的影响。在这张照片中，一位妇女坐在纽约市街道的一堆尸体旁边，她的身份不明，表情痛苦，她的存在突出了疾病流行带来的悲剧和荒凉。史密斯通过这张照片传达了对人类苦难的同情和对生命的尊重，同时也展现了自然灾害对人类社会的影响。

这些作品跨越了不同的时代与风格，共同之处在于它们都以废墟为媒介，传达了对自然力量、历史变迁、人类命运的深刻思考和情感表达。

### （六）中国以灾害废墟为题材的美术作品

中国在面对自然灾害和社会事件时，艺术家常以创作为载体，记录历史、传递情感、鼓舞人心，特别是近年来，面对公共卫生事件以及历史上的自然灾害，中国艺术家创作了不少以灾害废墟为题材的美术作品，具体如下。

①杨重光，杨重光在童年时期经历了三年的自然灾害，房屋坍塌将他掩埋，他将这些痛苦的记忆用装置艺术再现的形式重组，带自己回到过去，与自我和解，弥补童年的创伤，让生命得以重生与升华。

②《热血五月·2008》，这是一个著名的以自然灾害废墟为题材的油画创作案例，中国写实画派艺术家集体创作的大型油画《热血五月·2008》描绘了2008年汶川地震后的废墟景象，展现了自然灾害给人类社会带来的破坏和人们的抗争精神。这幅画由26位中国写实画家共同创作，他们以数千份灾区图片为依据，经过提炼主题、探讨画面构思后，分组进行创作。这幅长约30米的巨幅油画在8天内完成，展现了画家对灾区人民的关爱和对生命的尊重。在这幅画中，废墟的景象被精细地描绘出来，传达出地震带来的破坏以及人们对生活的渴望和重建的决心。画中的废墟元素不仅表现了自然灾害的残酷，也彰显了人类社会的坚韧和勇敢。这幅《热血五月·2008》不仅是一件艺术作品，更是一种精神表达，它传递了灾难中的人类情感和生命力量，展现了人们在面对自然灾害时的团结意识和抗争精神。

### （七）灾害废墟设计案例

灾害废墟的设计与其他废墟设计的方式会有所不同，这是由灾害废墟产生的原因决定的。一方面，面对突如其来的灾害，自然灾害的不可控性导致人们产生无力的悲凉感。另一方面是灾后重建和经济恢复，灾区旅游是新兴的一种旅游方式，也是灾后重建重要考虑因素。灾害废墟的体验主要是受灾记忆和重建精神。

自然灾害的不可抗拒，加之巨大的破坏和人员伤亡都会给废墟带上悲剧色彩。但是设计为生活服务，倡导正能量，必须进行正面引导，灾害废墟的设计需要照顾正向和负向两方面的体验效果。灾区旅游对灾区发展、社会教育都有很重要的意义。比如，灾害遗迹型公园有很强的科学教育价值，自然灾害遗址和废墟不仅是科普科学知识的最佳场所，又因为重大灾难对人类历史有很大的影响和纪念意义，地震受灾的遗址也是人文遗址。所以，尽管利用灾害废墟的形式相同，但是关于自然灾害的设计和利用在内容上是以纪念灾害、祭奠逝者、黑色旅游、文化教育等为主。[1] 例如，2008 年汶川大地震让无数家庭一夜之间生离死别、家破人亡。其纪念馆通过废墟残留物纪念地震灾难，使无形的回忆依附在实质性的废墟上，将地震灾害的记忆保存下来，供人们进行悼念的同时也表现了国家强大的凝聚力和人民顽强的生命力。[2] 自然灾害后的废墟设计往往融入了对灾后重建、纪念意义以及生态环境恢复等多重考量。一些将自然灾害废墟转变为有意义的设计案例如下。

①映秀地震遗址纪念园（中国四川）。2008 年汶川大地震后，映秀镇作为重灾区，部分区域被保留为地震遗址纪念园。其中包括"5·12"汶川特大地震纪念馆和漩口中学遗址等，这些地方通过保护性设计，既保留了灾难的记忆，也成了教育与纪念的场所。

②日本"3·11"地震海啸记忆公园（日本宫城县）。2011 年日本大地震及海啸后，宫城县的一些受灾地区建立了记忆公园，如宫城县气仙沼市的"希望之丘"公园，将海啸过后的船只残骸作为纪念碑，并通过景观设计体现了灾后重生的主题。

③纽约世界贸易中心遗址（美国纽约）。虽然不是自然灾害，但"9·11 恐怖袭击事件"后的废墟重建是一个标志性的案例。重建后的世界贸易中心综合体内包含了纪念馆、博物馆和新的摩天大楼，其中"倒影池"和"自由塔"成为对逝者缅怀与城市复兴的象征。

④意大利阿马特里切地震艺术装置（意大利）。2016 年意大利中部地震后，艺术家在受损严重的阿马特里切小镇利用废墟材料创作一系列艺术装置，旨在抚慰人心，同时提醒人们关注灾后重建的重要性。

⑤基督城大教堂广场（新西兰基督城）。2011 年基督城地震破坏了市中心的大教堂，随后的重建计划中，大教堂遗址被暂时转化为一个公共空间，周围安装

---

[1] 杨洪波. 环境设计中"废墟之美"的情感体验研究 [D]. 上海：上海师范大学，2022.

[2] 王书颖. 废墟美学在绘画中的语言研究：以安塞姆·基弗为例 [D]. 武汉：湖北美术学院，2022.

了临时艺术品和纪念装置，成为社区聚集和反思的地方。

⑥苏格兰农舍改造项目（苏格兰）。虽然不是直接自然灾害案例，但提到废墟利用，苏格兰有一所建在古老农舍的石砌废墟之上的私宅，展示了如何在尊重历史痕迹的同时赋予建筑新生，这种设计理念同样适用于自然灾害后的环境再生。

这些案例展示了在灾难之后，通过创意设计和深思熟虑的规划，废墟不仅可以得到重生，还能成为社会记忆、文化传承和生态环境改善的重要载体。

## 三、战争废墟

### （一）战争废墟的特点

战争废墟是指在战争冲突过程中，因炮火、爆炸、军事行动或其他战争行为导致建筑物、城市区域或历史遗迹处于被严重破坏和遗弃的状态，包括被炮弹击中的房屋、被炸弹摧毁的桥梁、被火焰喷射器烧毁的教堂，以及被战斗车辆碾过的街道等。这类废墟通常呈现出建筑物倒塌、街道残破、基础设施损坏的景象，周围可能散布着未引爆的军械、破损的武器装备以及个人物品。战争废墟不仅仅是战争暴力对物质破坏的证据，也是战争悲剧、人类苦难和历史变迁的有力见证。战争废墟往往承载着深刻的历史和情感意义，在艺术和文学中，战争废墟常被用作象征，代表着破坏、失去和绝望，同时也象征着坚韧、复苏和重建。战争废墟的描绘可以帮助人们理解战争的深远影响，以及它对人类生活和社会结构的长期影响。在现实世界中，战争废墟的清理和重建是和平进程的重要组成部分，它不仅涉及物质层面的修复，还包括对心灵和社区的重构。战争废墟的纪念性重建，如纪念馆和纪念碑的建立，既是缅怀战争受害者，也是教育和提醒世人的重要方式。战争废墟的特点如下。

①物理破坏：建筑物结构崩塌，道路、桥梁断裂，自然景观被改变。

②人类活动痕迹：废墟中可能遗留有战斗人员和无辜平民的生活用品、防御工事等。

③安全隐患：存在未爆弹药、有毒物质泄漏等风险，对人类回归或重建构成威胁。

④心理与情感象征：代表了战争的残酷、人们的损失与哀悼，对幸存者及后代具有深远的心理影响。

⑤历史记忆：作为历史事件的实物证据，对于研究战争史、人类学及文化记忆具有重要价值。

在艺术、文学及电影等领域，战争废墟常被用作战争后果描绘、人性探讨、和平与冲突主题的背景设置。此外，一些战争废墟经过改造成为纪念地或博物馆，以警示后人战争的恐怖，促进和平。

### （二）战争废墟的分类

战争废墟可以根据不同的标准进行分类，主要包括以下几种方式。

1. 按破坏程度分类

①轻微受损：建筑结构基本完整但有轻微损伤，如弹痕、窗户破损。

②中度受损：部分结构受损，可能有墙体倒塌或严重裂缝，但仍可辨认原貌。

③重度受损：建筑大部分坍塌，仅剩框架或部分残垣断壁。

④完全摧毁：原建筑几乎不存在，仅剩废墟或地基。

2. 按地点类型分类

①城市废墟：包括住宅区、商业区、行政区等城市建筑群的破坏。

②农村废墟：乡村、农田及小规模聚落的破坏。

③军事设施废墟：如兵营、堡垒、军事基地等的损毁。

④文化遗产废墟：历史遗迹、宗教建筑、古迹等因战争受损。

3. 按战争性质分类

①地面战争废墟：直接由地面战斗造成的破坏。

②空袭废墟：飞机轰炸导致的城市或军事目标毁灭。

③核战争废墟：核武器爆炸产生的独特且毁灭性极强的破坏。

4. 按时间阶段分类

①即时废墟：战争正在进行或刚结束时的即时状态。

②长期废墟：战争结束后长时间未被清理或重建地区的状态。

5. 按用途分类

①居住区废墟：民宅、公寓楼等居住场所的破坏。

②工业废墟：工厂、仓库、基础设施的损毁。

③公共设施废墟：学校、医院、公园等社会服务设施的破坏。

每种分类都有其特定的研究意义，有助于人们从不同角度理解战争的影响、评估损失并规划重建工作。

战争废墟是历史的伤痕，它见证了人类冲突的惨烈与后果，一些著名的战争废墟如下。

①柏林墙遗址（德国）：虽然不是典型的战争废墟，但柏林墙作为冷战的象

征，在 1989 年倒塌后留下的部分墙体和检查站成为了历史的见证。

②广岛和平纪念公园（日本）：在原子弹爆炸后的废墟上建立起来的公园，包括原爆圆顶馆，是核战争破坏力的象征和和平祈愿的场所。

③奥斯威辛集中营（波兰）：纳粹德国在"二战"期间建立的死亡集中营，现在作为博物馆和纪念地，保留了众多战争时期的遗迹。

④敦刻尔克海滩（法国）：虽然沙滩本身不会留下永久废墟，但敦刻尔克大撤退的地点象征着战争的紧急与撤离的痕迹，附近有相关的博物馆和纪念设施。

⑤珍珠港（美国夏威夷）：1941 年日本袭击珍珠港后，"亚利桑那"号战舰纪念馆建立在沉没的"亚利桑那"号战舰之上，成为纪念太平洋战争爆发的场所。

⑥凡尔登战役遗址（法国）：第一次世界大战中最具破坏性的战役之一，留下了深深的战壕、弹坑和纪念碑，如杜奥蒙要塞和凡尔登纪念馆。

⑦斯大林格勒（今俄罗斯伏尔加格勒）："二战"期间斯大林格勒保卫战的战场，城市几乎被夷为平地，现在的伏尔加格勒拥有多个纪念这场关键战役的博物馆和纪念碑。

⑧诺曼底登陆海滩（法国）：盟军在 1944 年 6 月 6 日的历史性登陆地点，尽管海滩已恢复常态，但仍有博物馆和纪念设施记录了这场战役。

⑨吴哥窟（柬埔寨）：虽然更多是因为时间和自然因素而非直接战争破坏，但吴哥王朝的废墟也反映了历史上多次战争的影响。

⑩胡马雍陵（阿富汗喀布尔）：在阿富汗战争中，塔利班政权对这座 16 世纪莫卧儿帝国的陵墓造成了严重破坏，虽然后来有所修复，但仍可见战争的痕迹。

这些废墟不仅是战争的物质证明，也是人类历史、记忆与和平愿望的重要组成部分。

### （三）世界战争废墟的艺术作品

表现战争废墟的艺术作品跨越了多个时代和媒介，一些世界著名的作品以各自的方式深刻反映了战争的破坏性与人性的复杂性，具体如下。

①毕加索的《格尔尼卡》：这幅 1937 年的油画是对西班牙内战期间格尔尼卡镇遭到轰炸的直接反映。毕加索运用立体派风格，展现了一幅破碎、混乱的战争景象，这幅画成了反战艺术的标志性作品。

②弗朗兹·马克的《蓝色骑手》系列：虽然并非直接描绘战争废墟，但马克在第一次世界大战期间创作的《蓝色骑手》系列，以抽象形式表达了对战争的批判和对自然和谐的向往，反映了战争对艺术家心灵世界的破坏。

③安塞姆·基弗的系列作品：德国艺术家安塞姆·基弗的作品经常涉及战争、历史和记忆的主题。他的许多画作、装置艺术和雕塑，如使用铅、灰烬和照片拼贴的作品，探索了"二战"后德国的废墟景象以及集体记忆。

④谢尔盖·帕拉杰诺夫的电影《彩色雨》：这部电影通过诗意的影像和非线性叙事，展现了战争对人的精神和物质世界的双重破坏，虽然不直接聚焦废墟画面，但它营造了战争后心理废墟的氛围。

⑤约瑟夫·博伊斯的《我爱美国，美国爱我》：虽然这个行为艺术作品不是直接描绘战争废墟，但博伊斯的很多作品都反映了他对"二战"的反思，特别是他通过艺术来治愈战争带来的创伤。

⑥克里斯托·克劳德和珍妮－克劳德的《包裹德国国会大厦》：这个装置艺术项目通过将柏林的国会大厦暂时包裹起来，象征性地触及了战争记忆和重建的主题，虽然直接关联不大，但反映了对历史废墟和重建的思考。

⑦摄影集《战争之后》：这不是单一作品，而是一个持续的摄影项目，集合了多位摄影师的作品，专注于记录战争结束后社会的恢复与重建过程，其中包括许多表现战争废墟转化为日常生活空间的图像。

这些作品通过艺术家各自的艺术语言，触动人心地表达了战争的破坏性及其对人类社会和自然环境的长远影响，同时也反映了艺术家对和平与希望的追求。

**（四）中国战争废墟的艺术作品**

中国艺术史上有许多作品深刻反映了战争的残酷及废墟场景，尤其是近现代历史中的重大冲突，如抗日战争。以下列举中国近代著名画家及其表现战争废墟的艺术作品。

①高剑父与高奇峰同为"岭南画派"代表人物，他们用"折中派"或"新国画"来彰显自己的艺术革命精神。介绍高剑父必须先介绍他所处的背景。19世纪上半叶，中国处在新旧政权更迭的动荡时期，在西方自由、民主、科学的现代思想强烈冲击下，中国绘画面临从传统向现代转型的革命。从"美术革命"到"洋画运动"的兴起，在"中西融合""写生""写实"等理念的推动下，一些艺术先驱如李铁夫、冯钢百、李叔同、刘海粟、林风眠、颜文樑、高剑父、徐悲鸿等人创办上海美专、苏州美专等西式艺术院校，为我国传统的绘画发展带来了鲜活气息。早年的高剑父受传统书画的影响，运用传统"撞水""撞粉"等技法来描绘光影的变化。1906年高剑父东渡日本，通过吸收西方绘画的技术来尝试对传统书画做出改变，掀起建立"新国画"的艺术革命。高剑父的《南印度古刹》《缅甸佛塔》是吸收

了西方造型手段来表现出本国遗产的尝试，而日军侵华以后创作的《白骨犹深国难悲》《文明的毁灭》等作品，则是用彻底折断的十字架、架下的百合花等废墟形象表达对战争创伤的激烈控诉。《东战场的烈焰》是高剑父废墟题材的巅峰之作，这幅画为记录上海淞沪战争时东方图书馆被炸毁的事件，是吸收了新闻摄影的素材而创作的。画面形象触目惊心：有碎砖乱瓦间的残壁、倾斜倒塌的电线杆、拱形的窗户或者门框、残骸后面袅袅升起的硝烟、炸毁的高耸入云的残壁、燃烧城市并遮蔽天空的浓烟等。高剑父的印章"乱画哀乱世也"点明主题，抒发作者悲愤沉痛之情。

②关山月。高剑父的弟子关山月也于1938年广州沦陷后创作了一批与废墟有关的作品。关山月追随其师高剑父"为国难写真"的创作理念，他"'再现式'描绘了《寇机去后》，昔日和平的秩序已然被破坏殆尽，敌寇战机空袭摧残的城市已然仅有断壁残垣，对日寇行径的愤慨终将化作力量，照亮和平的渴求"。[1]《从城市撤退》则是用干湿混合的笔法，将苍茫和厚重感表现得淋漓尽致。画面中大部分难民都是背负行李，举家仓皇离开城镇，逃往郊外安全地带，但实际上，黑烟四起的城镇破败不堪，建筑上是敌机盘桓的空域，而野外茫茫然，这种"环境"的墨色嬗变要比更细致的"人物"更能吸引观众的注意。[2]《中山难民》中则是身临其境的速写之感。远景中隐藏都市，而中景上倒塌着房子，而最前面的是衣衫褴褛、赤脚席地坐、流离失所的老人和稚童。废墟的空间造就苦难人的困境，整个画面空间充满悲天悯人的冷寂和渺小人物的无助之感。《侵略者的下场》展现的是日寇覆灭的场景：前景的树干枯折倒劈、铁丝网在交错着。远处象征死亡的乌鸦和血红欲滴的天空慢慢摧毁深厚积雪和倾轧的车域，而带刺钢丝网络悬浮的钢盔与"红膏药"旗则显然是中心的暗示。这幅作品的出色之处在于更加成熟地用去经验化和反叙事的视觉结构，策略性地把一些具备象征意义的图像元素如雪景、枯枝、天空安排在一个方形平面里。枯折的树干和残留的帽子显然比一个敌人更加耐人寻味。因此，这些激活了作品的开放性，这样多变而成熟的手法使画家更为成熟，为观者增添了更多的思考性。[3]

③方人定也是一位岭南画派的代表性画家，他在1931到1937年期间完成了《雪夜逃难》《风雨途中》《战后的悲哀》和《到田间去》，这些作品都是以普通人

---

[1] 丁则智. 废墟题材在现代中国画中的表现：以水墨人物画为主分析 [D]. 南京：南京艺术学院，2022.

[2] 同上。

[3] 同上。

生活的视角来看待命途多舛的战后生活，采用直白写实的平凡者视角来展现废墟故事。①

④徐悲鸿的《愚公移山》。这幅画作主要象征中华民族坚韧不拔的精神，其创作背景与抗日战争时期的民族抵抗紧密相连，展示了在艰难环境中不懈奋斗的主题，间接反映了战争带来的挑战与废墟般的困境。

⑤吴作人的油画作品。吴作人作为中国近现代著名的油画家，他的许多作品反映了战争时期的社会现实，如《流民图》等，虽然具体描绘战争废墟的作品较少直接提及，但其作品中蕴含的苦难与抗争精神，与战争背景下的社会风貌密切相关。

这些作品不仅是中国艺术史上的重要组成部分，也是中华民族经历战争苦难、追求和平与复兴的历史见证。

**（五）战争废墟的艺术设计领域**

战争废墟非常具有艺术设计和利用价值。战争废墟承载的历史记忆往往是痛苦的、绝望的、残酷的，战争废墟的艺术设计使得现代人能够较好地缅怀过去，体会和平的珍贵。战争废墟艺术设计既要突出战争主题，也要树立和平理念。战争废墟设计作品包括艺术设计、艺术、建筑或摄影领域内的那些以战争废墟为主题或灵感来源，通过不同形式展现的作品。这类作品往往不仅仅是记录历史的影像，而且通过创造性的方式来反映战争的破坏、人类的韧性、和平的珍贵等主题。战争废墟主题可以应用在建筑设计、景观设计、公共艺术等多个领域，具体如下。

①罗伯特·卡帕的摄影作品。虽然不是设计作品，但卡帕作为摄影记者，其在西班牙内战期间拍摄的《战士之死》等照片，成了记录战争废墟的经典，深刻影响了后来的战争摄影风格。

②安塞尔·亚当斯的"原子废墟"系列。亚当斯拍摄的广岛和长崎原子弹爆炸后的景象，展现了核战争的恐怖后果，这些照片成了反对核武器强有力的证据。

③柏林墙艺术。柏林墙倒塌后，残留的墙体成为艺术家的画布，上面的涂鸦和壁画不仅是对冷战分裂的纪念，也是对自由和统一的庆祝，是战争废墟转化为艺术的典范。

④美国国家"二战"纪念碑。位于美国华盛顿特区的国家"二战"纪念碑通过水景、雕塑和石碑等形式，纪念参与第二次世界大战的美国军人，虽然不是直接展示废墟，但通过纪念性设计传达了对战争的反思。

---

① 丁则智. 废墟题材在现代中国画中的表现：以水墨人物画为主分析 [D]. 南京：南京艺术学院，2022.

⑤和平公园。在日本广岛原子弹爆炸圆顶屋周围建立的和平纪念公园，结合了原子弹爆炸遗迹与现代设计理念，成为全球和平教育与反核武器的标志性地点。

⑥哭墙。虽然更多地关联宗教而非单一战争事件，但耶路撒冷的哭墙作为古代战争遗迹，经过时间的洗礼，已成为犹太人朝圣之地和世界文化遗产，其修复和保护工作本身也是一种设计。

⑦圆明园。圆明园是清朝皇家园林，被誉为"万园之园"。圆明园遗址位于中国北京市海淀区清华西路 28 号，占地约三百五十公顷，其中水面面积约占一百四十公顷。这座曾经被誉为"万园之园"的大型皇家园林始建于康熙末年（1722 年），集合了中国传统建筑艺术之精华，同时也融入了西洋建筑风格，是世界园林艺术史上的重要组成部分。然而，圆明园的命运多舛。1860 年，英法联军入侵并纵火焚烧圆明园，导致其遭受严重破坏。1900 年，八国联军再次入侵北京，圆明园的剩余建筑和古树名木几乎被完全毁灭。此后，圆明园长期处于废弃状态，遗址遭受进一步的掠夺和自然侵蚀。中华人民共和国成立后，政府开始重视圆明园遗址的保护与修复工作。具体保护措施包括：第一，绿化与环境改善。自 1956 年起，对圆明园遗址进行了有计划的绿化工作，有效改变了其荒芜的面貌。第二，遗址整修与恢复。1983 年启动了遗址的整修工程，包括修筑围墙、园门、园路、桥涵，以及疏浚福海等；1987 年，长春园的万花阵景区得以恢复，福海和两处山形水系也基本恢复到原貌。部分建筑物在原址按照原样进行了修复。第三，遗址公园建设。圆明园遗址的东半部已建成遗址公园，并向公众开放，成为国内外游客凭吊历史和游览的场所。而西洋楼遗址的西半部则保持了残垣断壁的原貌，以此警示后人铭记历史。第四，文物保护单位确立。1979 年，圆明园遗址被列为北京市重点文物保护单位；1988 年 1 月 13 日，升级为第三批全国重点文物保护单位，这进一步提高了其法律保护地位。第五，学术研究与规划。制定并实施《圆明园遗址公园规划》和《圆明园遗址保护专项规划》，在遵循国际文化遗产保护原则的基础上，对遗址进行科学管理和合理利用。第六，国际合作与交流。圆明园遗址的保护工作也注重国际间的交流与合作，借鉴国际先进的文化遗产保护经验和技术，提升保护与管理水平。通过这些措施，圆明园遗址得到了较好的保护与管理，不仅作为历史的见证被妥善保存，也成了一个具有教育意义的公共空间，供人们了解历史、缅怀过去，同时促进了文化遗产保护意识的提升。圆明园的毁灭成了中国近代史上的一大痛处，也成了后世艺术家创作的重要题材。圆明园作为中国历史上著名的皇家园林，其宏大的规模、精美的建筑和丰富的文化内涵，一直是艺术家创作的重要题材。在文学领域，法国著名作家维克多·雨果在其信

件中高度评价了圆明园的艺术成就与历史价值，并谴责了英法联军的暴行。中国现代作家杨五计在其作品《紫禁城序》中，以深情的笔触纪念了圆明园这一艺术瑰宝。在绘画领域，《圆明园四十景图》就是最著名的一套描绘圆明园的作品，由宫廷画师沈源和唐岱在乾隆元年（1736年）绘制，共包含四十幅画作，每幅都展现了圆明园内一个景点，如《正大光明》《勤政亲贤》《九洲清晏》等，是研究圆明园建筑布局和园林艺术的珍贵资料。另外，意大利传教士兼宫廷画家郎世宁曾为清朝皇室创作了一系列反映宫廷生活的画作，其中包括描绘圆明园景象的画作。例如，描绘不同月份活动的系列画作，如《正月观灯》《二月踏青》等，虽然直接以圆明园命名的作品较少，但其作品中反映了当时皇家园林的风貌。当代艺术家和插画家也不断创作有关圆明园的作品，如小红书上分享的插画，展现了乾隆在圆明园的生活场景，包括《大水法》《马首》《秋菊》《冬季过上元节》等元素，还有《正大光明殿》《元宵节的花灯与烟火》等，体现了对圆明园历史文化的现代诠释。另一组精品工笔彩绘圆明园四十景高清组图：这套作品是对传统《圆明园四十景图》的重新演绎，采用工笔彩绘技法，细致入微地再现了四十个景点的辉煌，通过现代技术手段让古典美景焕发新生。这些作品不仅记录了圆明园的自然美景和建筑艺术，也承载了人们对这段历史的情感记忆和文化反思。圆明园的毁灭和记忆融入了无数后续的艺术创作和文学作品中，成为反思历史、文化身份和艺术遗产保护的重要主题。

## 四、生活废墟

从字面意思上，生活废墟是不难理解的，它形成于家庭、社区、城市或更广泛的环境，是现代生活快速消费的结果。但是，生活废墟的内涵却更复杂一些，至少包含物质、空间、文化、心理四个层面。物质废墟包括日常生活中的废弃物品，如塑料瓶、纸张、金属罐、电子产品、家具等，这些物品在使用后被丢弃，形成了生活和消费过程中的物理废墟；空间废墟则是那些被遗弃或未被充分利用的空间，如废弃的房屋、商店、工厂、停车场等，这些空间可能因为城市发展、经济变化或其他原因而被闲置；文化废墟理解起来要更困难一些，它涉及社会和文化层面，那些随着时间流逝而被遗忘或不再流行的文化现象、价值观、语言、艺术形式等均可以视为文化废墟，它是社会变迁和文化更迭的反映；心理废墟则比较抽象，指的是个人或集体心理的创伤和记忆的废墟，如自然灾害、战争或社会冲突后，人们可能会留下心理创伤，这些创伤在心理层面上形成了废墟。无论是实体的还是抽象的生活废墟，人们面对它们时往往会采取不同的应对策略。一些人可能会选择清理和整理，以此作为一种重新开始的仪式，象征着告别过去，迎接新生。另一些人则可能通过艺术创作、写作或是心理咨询等方式，来探索和转化这些废墟，从中找到意义，实现自我成长和疗愈。在某些文化和哲学视角下，生活废墟也被视为一种创造力的源泉，鼓励人们在废墟之上重建生活，赋予生活新的形态和意义。

**（一）生活废墟的分类**

严格意义上讲，"生活废墟"这个概念虽然不是正式的垃圾分类术语，但如果我们将其理解为家庭或个人生活中产生的废弃物或不再使用的物品，我们可以根据常规的生活垃圾分类原则来对其进行归类。通常，生活垃圾可以分为以下几类。

1. 可回收垃圾

①废纸：包括报纸、杂志、书籍、办公用纸、纸板箱等，但注意纸巾和卫生纸因为水溶性强而不属于此列。

②塑料制品：饮料瓶、塑料袋、塑料容器、塑料玩具等。

③玻璃：酒瓶、调料瓶、玻璃杯等。

④金属：易拉罐、食品罐头、铁锅、铝箔等。

⑤布料：旧衣服、床上用品、鞋子、毛绒玩具等，但应保持干净以利于回收。

2. 厨余垃圾

①食材废料：蔬菜果皮、剩饭剩菜、茶叶渣、咖啡渣等。

②过期食品：变质的面包、水果、肉类、奶制品等。

③花卉绿植：修剪的枝叶、凋谢的花朵、枯萎的盆栽植物等。

④中药渣及其他生物质废弃物。

3. 有害垃圾

①废电池：干电池、充电电池等含有重金属的电池。

②废荧光灯管：节能灯、日光灯管等。

③过期药品：药品及其包装。

④油漆桶、农药瓶、化学溶剂等含有有害化学成分的废弃物。

⑤温度计、血压计中的水银。

4. 其他垃圾

①砖瓦陶瓷：破损的碗碟、瓷砖等。

②卫生纸：使用过的纸巾、厕纸。

③烟蒂：吸烟后的烟蒂。

④尘土：扫帚、拖把等清扫出来的尘土。

⑤快递包装中的塑料填充物、一次性餐具（如果当地政策不将其归入可回收类别）。

### （二）生活废墟产生的原因

生活废墟的产生通常与多种因素相关，涉及社会经济、人口结构、生活习惯、资源利用效率等多个层面。生活废墟产生的主要原因如下。

①城市人口增长：随着城市化进程加速，城市人口不断增长，更多的消费需求产生，从而导致生活废墟总量直线增加。人口密度越高，生活废墟的产生量通常也越大。

②城市经济发展水平：经济快速发展时期，居民购买力增强，消费模式多样化，商品和服务的消费量增加，随之而来的是包装材料、一次性用品等废墟的大量产生。当经济发展到一定阶段，其增长速度可能会放缓，但总体上生活废墟量仍呈上升趋势。

③居民收入与消费结构的变化：随着居民收入的提高，消费习惯和结构发生变化，对高质量、便捷性产品的需求增加，这往往伴随着更多包装材料和一次性产品的使用，如外卖包装、快递盒、塑料袋等，导致生活废墟量显著增加。

④燃料结构与地理因素：不同地区的能源使用习惯和地理条件也会影响生活废墟的产生。例如，北方地区因冬季取暖需要，燃煤产生的灰烬等固体废物较多。而特定地理位置可能影响生活废品的种类和处理方式。

⑤管理水平与政策导向：城市管理水平的高低直接影响废墟的收集、分类、运输和处理效率。有效的管理可以促进生活废墟减量、资源回收和无害化处理，反之则可能导致废墟堆积。此外，政府政策、法律法规的制定和执行力度，如垃圾分类政策的制定和执行，也对生活废墟的产生和处理有直接影响。

⑥消费文化与社会风气：一次性消费文化盛行，快速消费和过度包装现象普遍，加之社会对即时满足的追求，都促使生活废墟量上升。社会对环保意识的普及程度也影响个人消费行为和废品处理方式。

⑦家庭结构与生活习惯：家庭成员数量、年龄结构、生活习惯（如烹饪习惯、购物习惯）等，也会影响生活废墟的类型和数量。例如，大家庭可能产生更多的食物残余和生活用品消耗，而独居者可能产生更多包装废弃物。

⑧技术进步与产品更新换代：科技快速发展促使电子产品、家电等快速迭代，

产生大量电子废弃物。同时，技术进步也可能带来更高效的资源利用和废物处理方法，若处理不当，则技术进步与产品更新换代同样会加剧生活废墟问题。

总之，生活废墟的产生是多因素共同作用的结果，了解这些原因有助于采取针对性措施，减少废墟产生，促进资源循环利用和环境保护。

### （三）世界著名的生活废墟

提到生活废墟，通常我们不会直接联想到世界著名地点，因为这一词汇更多指向日常生活中产生的废弃物而非具有历史或文化意义的地点。不过，如果我们从广义上将其理解为那些曾经充满生活气息而今被废弃的地方，可以考虑一些著名的废弃城市或地区，这些地方往往由于自然灾害、战争、经济衰败、环境灾难等被人们遗弃，成了某种意义上的生活废墟。生活废墟的例子有很多，比较著名的如下。

①普里皮亚季（乌克兰）：1986年切尔诺贝利核电站事故后，整个城市在数小时内被疏散，遗留下的住宅、学校、游乐场等成为时间凝固的象征，是世界上最著名的废弃城市之一。

②福岛禁区（日本）：2011年日本福岛第一核电站事故后，周围区域因辐射污染而被遗弃，包括多个城镇和村庄，成为现代生活废墟的实例。

③端岛（日本）：也被称为"军舰岛"，曾是一个繁华的煤矿社区，20世纪70年代因煤矿关闭而被废弃，留下大量的公寓楼和工业设施。

④底特律的一些区域（美国）：由于经济衰退和人口外迁，底特律的部分区域出现了大量的废弃房屋和空置土地，成为城市衰退的标志。

⑤卡曼斯科（纳米比亚）：20世纪初曾因钻石热潮而繁荣，随后迅速衰败并被沙丘吞噬，现已成为一处旅游景点，展示着自然重夺城市的景象。

⑥格拉纳达（西班牙）：在西班牙内战中被毁，战后在附近重建了新镇，而旧镇出于战争纪念被保留下来，成为废墟。

这些地点虽然不一定是传统意义上由日常生活废弃物形成的废墟，但它们作为人类活动戛然而止的遗迹，展现了人类历史和自然力量的交互作用，某种程度上反映了生活的中断和文明的变迁。

### （四）中国著名的生活废墟

在中国，所谓的生活废墟更多指的是那些基于各种原因被废弃的城市或地区，这些地方曾经有过繁荣的生活痕迹，但由于经济转型、资源枯竭、自然灾害、政策变动等因素而逐渐被人遗忘。在中国，一些较为知名的被废弃或部分被废弃的地区如下。

①甘肃玉门老城区：这里曾是中国最早的石油工业基地，随着石油资源的枯竭，人口大量外迁，许多建筑被废弃，成了一座"石油鬼城"。

②甘肃阿克塞老县城（博罗转井镇）：由于饮用水源中放射性元素超标，居民被迫搬迁，老县城被废弃，留下了许多空置的建筑。

③青海曲麻莱旧城：具体废弃原因不详，但可能与生态环境变化、自然灾害或者经济活动转移有关。

④三门峡市下辖的张湾村：因三门峡水库的建设，部分村落被淹没或废弃，居民迁移，留下了水下的"鬼村"。

⑤湖北省十堰市郧阳区郧阳古城：历史上多次因水患导致居民迁移，古城部分区域被废弃，后来又因丹江口水库的建设而大部分沉入库区。

⑥罗布泊周边的楼兰古城遗址：虽然严格意义上属于历史遗迹而非现代生活废墟，但其作为古丝绸之路上的繁华城市，因自然环境恶化而废弃，展示了人类聚落与自然环境关系的变化。

需要注意的是，这些地点有的具有一定历史价值，有的则是现代经济和社会变迁的结果，它们不仅反映了环境、经济和社会问题，同时也成了研究历史、文化和城市规划的重要对象。

**（五）与生活废墟有关的艺术作品**

当然，生活废墟也是常见的艺术、文学、设计创作主题，并且生活废墟的利用对生态环境保护和社会生活建设具有非常大的意义和价值，它既是一种废物再利用的方式，也是保护生态环境的重要手段。事实证明，生活废墟的可利用价值是很高的，设计是改善生态和社会环境的必要手段。以生活废墟为艺术创作素材的案例遍布各个艺术领域，生活废墟作为一种独特的美学主题，激发了众多艺术家的创作灵感。例如，法国艺术家及钢琴师罗曼·蒂埃里创作的摄影作品《钢琴安魂曲》系列，拍摄了被遗忘在废墟中的钢琴，通过镜头展现了一种废墟与音乐之美相结合的独特氛围，反映出时间的流逝与美的消逝。艺术家丹尼尔·阿尔沙姆以其创造的"未来考古学"概念而闻名，他的作品经常涉及将现代物品以侵蚀或晶体化的形态呈现，仿佛是从未来的废墟中挖掘出来的，用以探索时间、记忆与物质的关系。一些匿名或知名的街头艺术家（如班克斯）在世界各地的废弃空间（如工厂、仓库、旧城区），通过壁画和装置艺术，将生活废墟转变为公共艺术作品，评论社会现象，留下对历史、当下与未来的深刻思考。在装置艺术中，艺术家常常使用废旧物品和垃圾来创作装置艺术，这些作品在视觉上冲击力强，同时也引发了观众对消费文化、环境问题等的思考。例如，美国艺术家杰夫·昆斯的一些作品使用了充气玩具、塑料池等日常物品，虽然不一定直接与生活废墟相关，但也体现了对现代生活消费废料的再利用。一些摄影师通过拍摄废弃的房屋、工厂、汽车等，捕捉它们被时间遗忘的瞬间，展现了生活中的废墟之美。在电影布景设计制作中，布景设计师可能会使用生活废墟作为电影场景的一部分，以此来增强故事的真实感和情感冲击力。例如，电影《末日崩塌》中的废墟场景就是对地震后生活废墟的再现。在建筑设计中，一些建筑师在设计中融入了废墟元素，创造出既具有历史感又符合现代使用需求的空间。例如，意大利建筑师伦佐·皮亚诺在设计巴黎蓬皮杜艺术中心时，就考虑到了与周围废弃工业区的对话。在城市雕塑艺术中，雕塑家有时会使用废弃的材料来创作雕塑作品，这些作品不仅是对材料的再利用，也是对生活废墟的一种艺术转化。美国艺术家克里斯·库克西创作的复杂雕塑作品常融合废墟元素，通过精妙的细节和错综复杂的结构，表达了对现代社会矛盾和心理状态的深刻反思。当然，生活废墟作为绘画题材来反映历史变迁、社会问题和人类情感的例子很多，如20世纪初的超现实主义运动中，不少艺术家通过梦境般的画面探索内心世界，其中不乏对废墟和荒凉场景的描绘。例如，萨尔瓦多·达利的部分作品，虽非直接以生活废墟为主题，但其创造的超现实景观中往往包含了废墟元素，引人深思。籍里柯的作品与生活废墟有一些关联，他的画作中常常出现空旷的广场、长影和废弃的建筑，营造出一种神秘且富有哲学意味的空间。乔希·凯斯的作品也主要以超现实主义的动物题材为主，但这些动物常常被置于荒废的城市环境中，如《废墟中的动物》系列，这样的设定隐喻了自然与文明之间的关系，展现了人类活动消失后的世界景象。浪漫主义画家卡斯帕·大卫·弗里德里希的一些作品中经常出现的废墟、古迹等元素，如《废墟上的僧侣》，反映了对过去辉煌的沉思以及人类在自然面前的渺小，这些情绪同样与生活废墟题材的精神内核相契合。此外，作为建筑师身份的卡尔·弗里德里希·申克尔，他的绘画作品中也体现了对废墟美学的兴趣，尤其在他的旅行素描和构想图中，展现了他对历史废墟的深刻理解和艺术化再现。这些艺术作品从浪漫主义的沉思到超现实主义的梦境，再到当代艺术的社会批判，艺术家各自以不同的媒介和视角，探索了废墟的美学价值，反映了艺术家对时间、记忆、人类文明、自然力量及其现代性影响的深刻思考。

在中国，废墟艺术作为一个独特的艺术领域，近年来也吸引了许多艺术家的关注，他们利用废弃的工厂、旧城遗址等作为创作背景或材料，创作出了一系列富有深意的作品。例如，吴亮的《朝霞》作品通过"废墟艺术"探讨了记忆与时间的关系，虽然直接描述为"朝霞"，但其作品中所体现的"废墟艺术"概念，反映了创作者对当下社会及个人历史的深刻思考。杨重光 2022 年在合肥老机电厂的废弃空间中进行了艺术创作，他利用这些见证了城市变迁的建筑残骸，通过绘画等方式，探讨城市发展与记忆留存的主题。刘锡龙 2023 年在河源得嘉花园举办的展览中，以"闪光的墙——废墟名人雕刻与装置艺术作品"展示了其在废墟上创作的名人雕刻与装置艺术作品，其中包括李叔同等著名人物的雕像，将文化记忆与物理空间的废墟结合，创造出独特的艺术景观。在 2015 年西安的一个"中法艺术家合作涂鸦"项目中，中法艺术家合作在废墟上进行涂鸦创作，展现了跨文化的艺术交流，以及城市废墟上的艺术生命力。一些艺术家选择在生活废墟中创作城市废墟绘画，如约瑟夫·赖特将美女等传统绘画题材与现代城市废墟环境结合，创造出独特的视觉效果和社会寓意。这些实践不仅美化了废弃空间，也引发了公众对于城市发展、文化遗产保护，以及人与环境关系的广泛讨论，展现了废墟艺术的多样性和深度。

生活废墟的设计再利用是一种绿色低碳的生活方式，同时，对生活废墟的巧妙利用也是一种连接习俗、地域、人文等本土文化的有效方式。生活废墟经过艺术设计手段可以成为艺术景观设施，如拜斯比公园中就使用了废弃的电线杆作为景观构成元素形成了一处阵列景观，十分整齐的阵列式景观本身具有秩序感和冲击力，日常可见的废弃电线杆会让观者倍感亲切。生活废墟也经常在建筑改造中使用，如乡村咖啡馆在改造中巧妙利用原来的农村房屋，朴实且粗糙的砖石留下了地域本土气息，保留废墟遗址的咖啡馆更加受欢迎。生活废墟完全可以转化为艺术创作的素材，通过不同的艺术形式和手法，对废墟进行再创造和重新解读，赋予废墟新的意义和价值。艺术家和设计师有时也会以生活废墟为题材，创作出具有社会意义和美学价值的作品，以此来引发公众对废墟问题和环境保护的反思。例如，位于葡萄牙皮库岛的 E/C House-Sami 建筑工作室，这个项目没有拆除原有的废墟，而是巧妙地将新建筑融入旧结构中，创造了一个新旧融合的居住空间，体现了对历史遗迹的尊重与创新利用。再如，设计灵感来源于"向死而生"理念的"羊皮纸作品"，设计师未拆除废墟，而是设计了一个"建筑中的建筑"，让新建筑在历史层次中自然浮现，展现了废墟与新建部分的和谐共生关系。在苏格兰古老农舍改造设计案例中，设计师在苏格兰偏远乡村的一处古老农舍废墟上重建了一座私宅，保留了原有石砌结构的同时，让新建筑能够享受壮丽的自然风光，实现了传统与现代的融合。在末世向废墟建筑室内摄影中，通过一系列摄影作品，聚焦废墟建筑的内部，运用镜头捕捉废墟中的光影、纹理与空间感，营造出浓厚的末世氛围，这些作品不仅是艺术表达，也为设计者提供了灵感来源。另一个名为《重获新生》的设计项目也是通过昆虫视角重新设计废墟，保护与改造老房子，使之与城市扩张相协调，体现了可持续发展和文化传承的理念，旨在找回并重塑记忆。这些作品展示了废墟设计的多样性，从实际居住空间的改造到艺术创作，再到摄影和微型景观制作，每一个项目都是对废墟价值的重新定义和利用，体现了人类创造力与环境之间的互动。正确的管理和回收利用生活废墟，不仅有助于减少环境污染，还能节约资源，促进可持续发展。同时，生活废墟的正确处理，也有助于解决社会发展、经济发展和城市规划等多方面存在的问题。

### 五、工业废墟

工业废墟是因工业生产活动而产生的废弃物、废料、废水、废气以及被破坏的环境区域。我们知道，工业大生产推动人类社会迅猛发展，但与此同时，工业活动对环境也产生诸多负面影响，这些影响可能给人类生存带来不可挽回的后果。客观上，工业废墟关联着环境破坏、资源耗竭、文化遗产丧失、健康风险等方面内容。工业生产过程中产生大量废弃物，如固体废物、液体废物和气体废物等，这些废物往往含有有害物质，如果不经过妥善处理，会对环境造成污染。工业活动往往也会对周边的自然环境造成破坏，如空气污染、水污染、土壤污染、噪音污染等，这些污染会对生态系统产生负面影响，导致生物多样性的丧失和生态平衡的破坏。工业生产同时需要耗费大量的资源，如矿物资源、水资源等，过度的工业开发会导致资源的枯竭，对未来的可持续发展产生威胁。同时，一些工业遗址具有历史、文化价值，但由于工业废墟的堆积和环境破坏，这些遗址可能会遭到严重损毁，导致文化遗产的丧失。此外，工业废墟中含有的有害物质可能对人体健康产生威胁。例如，废弃的工厂附近土壤和水源可能受到污染，影响周边居民的饮用水安全和食品安全。为了应对工业废墟问题，我国政府采取了一系列措施，如加强环境监管、推动工业废墟资源化利用、加大环保投入等。此外，社会各界也需要提高环保意识，共同参与工业废墟的治理和环境保护工作。

在研究工业废墟之前，让我们先简单关注一下工业的发展历程。世界工业发展史可大致分为四个阶段，每个阶段都伴随着技术革新和社会结构的深刻变化。第一次工业革命（18世纪60年代至19世纪40年代）的标志是机械化生产开始普及，以蒸汽机的广泛应用为特征，标志着人类从农业社会向工业社会过渡，给社会的影响是纺织业首先实现机械化，随后蒸汽动力被广泛应用于交通（如蒸汽火车和轮船）和采矿等领域，极大提高了生产效率，促进了城市化进程。第二次工业革命（19世纪下半叶至20世纪初）的标志是电气化和大规模生产成为主流，内燃机、发电机、电灯、电话等发明推动了工业生产和社会生活的电气化，给世界的影响是德国和美国在这次革命中迅速崛起，化学工业、钢铁工业和汽车制造业得到飞速发展，标准化生产和流水线作业成为可能，进一步加速了全球一体化和经济全球化的进程。第三次工业革命（20世纪中叶至21世纪初）的标志是信息技术和电子计算机的广泛应用，自动化和数字化生产系统出现，互联网技术的普及彻底改变了生产、交流和生活方式，给社会的影响是信息技术革命使得信息处理和传递速度极快，服务业和知识经济发展迅速，全球经济进一步整合，跨国公司成为全球经济的主导力量。第四次工业革命（21世纪初至今）也称为工业4.0或智能化时代，特点是人工智能、物联网、大数据、云计算、机器人技术、3D打印等先进技术的融合应用，给社会的影响是这次革命正在模糊物理、数字和生物世界的界限，推动个性化和定制化生产，以及更加灵活高效的供应链管理，同时也给就业结构、教育体系和社会治理带来挑战。每个阶段的工业革命都是前一阶段技术积累的结果，并为下一阶段的创新奠定了基础。这一连串的变革不仅重塑了世界经济格局，也深刻地改变了人类社会的面貌。

中国工业发展的过程可以大致分为萌芽期、初步发展期、短暂繁荣期、困境与调整期、新中国成立后的工业化时期、改革开放与快速发展期这几个阶段。萌芽期（19世纪六七十年代）是指在鸦片战争之后，随着西方列强的入侵，中国的自然经济开始解体，为资本主义的发展提供了条件；外商企业的在华活动和洋务运动的开展，特别是民用工业的创办，如江南制造总局、轮船招商局等，标志着中国近代工业的兴起。初步发展期（19世纪末）是在甲午战争失败后，清政府为了增加税收，放松了对民间设厂的限制，民族资本主义获得初步发展；帝国主义的资本输入加剧了自然经济的解体，同时为民族工业的发展提供了市场空间。短暂繁荣期（1912—1919年）是第一次世界大战期间，欧洲列强忙于战争，减少了对华的商品输入，为中国民族工业提供了发展机遇；民族工业迎来了发展的"黄金时期"，纺织、面粉等行业迅速扩张，民族资产阶级力量壮大。困境与调整期

（20世纪20年代至20世纪40年代）是一战结束后，外国商品重新涌入中国市场，加上国内政局动荡，民族工业遭遇困境；抗日战争期间，大量民族工业内迁，生产条件艰苦，但仍保持一定生产，支撑着战时经济。新中国成立后的工业化时期（1949年以后）是在新中国成立初期，通过第一个五年计划（1953—1957年），在苏联援助下，重点发展重工业和基础设施，奠定了工业化的基础；接下来的几十年，经历了社会主义改造、"大跃进"运动、"文化大革命"等时期，工业发展道路曲折，但仍在某些领域取得了显著成就，如国防工业和基础工业。改革开放与快速发展期（1978年至今）是自1978年改革开放以来，中国工业进入快速发展轨道，逐渐形成了较为完整的工业体系；从20世纪80年代的乡镇企业兴起，到90年代的市场经济体制建立，再到加入世界贸易组织后全面融入全球经济，中国成了"世界工厂"。近年来，中国正从"中国制造"向"中国创造"转型，强调创新驱动发展战略，推动高端制造、智能制造、绿色制造发展，致力于构建现代化产业体系。每个阶段都反映了国内外政治经济环境的变化对中国工业发展的影响，以及中国在适应这些变化中不断探索和调整的发展路径。

那些曾经用于工业生产、制造、加工等活动的场所或区域，在工业活动停止后，种种原因如企业倒闭、产业升级、环境污染整治、自然灾害或战争毁损等，导致这些地点被遗弃，这些场所上的建筑物、设施设备等遭到严重损坏或自然侵蚀，失去了原有的功能和用途，因而形成了荒废的状态，随着社会的发展，工业废墟逐渐形成。工业废墟的形成原因是什么呢？一般情况下，其形成原因主要有七个方面。一是产业结构调整与升级。随着技术进步和市场需求的变化，一些传统产业或落后产能被淘汰，工厂关闭或迁移，遗留下的厂房和设备逐渐废弃，形成工业废墟。二是经济转型。在国家或地区经历经济体制转型期间，如从计划经济转向市场经济，很多国有企业因无法适应市场竞争而倒闭，留下大量空置的工业设施。三是环境政策与法规。环境保护意识的提升促使政府出台更严格的环境保护法规，一些高污染、高能耗的企业被迫关闭或搬迁，其原有场地因污染问题难以再利用，形成工业废墟。四是自然灾害与事故。自然灾害如地震、洪水等，或者重大安全事故，也可能导致工业设施严重损坏而废弃。五是战争与冲突。战争和军事冲突直接破坏工业设施，战后的废弃工厂和设备成为工业废墟的一部分。六是投资失败与经营不善。企业因投资决策失误、资金链断裂或经营管理不善等原因破产，其设施未能得到有效重组或利用，最终荒废。七是资源枯竭。一些依赖特定自然资源的工业区，如矿山、油田等，当资源枯竭后，相关工业活动停止，留下大量的废弃设施。这些废墟不仅包括废弃的工厂、仓库、矿井，还有相关的生产设备、污染物残留等，它们可能对环境造成长期影响，同时也造成土地资源的浪费。

### （一）工业废墟产生的原因

#### 1. 技术革新与产业升级

随着科技的进步，新的生产技术和工艺不断涌现，老旧的技术和设备逐渐被淘汰。例如，从蒸汽动力到热力、电力驱动的转变，使得依赖旧技术的工厂变得过时。计算机和自动化技术的应用也迫使许多传统制造业进行变革，无法适应新技术要求的工厂最终被废弃。

#### 2. 能源与原材料结构变化

（1）资源枯竭

对自然资源的过度开采导致某些关键原料（如煤炭、石油、矿石）日益稀缺，依赖这些资源的工业活动难以持续。

（2）新型能源与材料的替代

新能源技术的发展和新材料的应用，降低了对传统能源和原材料的依赖，使一些基于旧有资源的工业部门失去竞争力。

（3）产业结构调整

国家和地区为适应全球经济变化，会对产业结构进行优化调整，如将产业从劳动密集型转向资本和技术密集型。这一过程可能导致低效、污染严重的传统产业被边缘化乃至淘汰。

（4）城市规划与环境政策

①城市规划：为了改善城市环境，提升居民生活质量，政府可能会重新规划城市空间，将位于市中心或居民区附近的工厂迁往郊区或关闭。

②环境保护政策：严格的环境保护政策限制了高污染、高能耗的工业活动，迫使一些不符合环保标准的工厂关闭。

（5）市场需求变化

消费者偏好的变化、国际贸易环境的变动等因素会影响产品需求，进而影响相关工业企业的生存。无法适应市场需求变化的企业最终可能走向衰落。

（6）经济危机与企业经营不善

经济周期波动、金融危机、企业经营不善等因素也会导致企业破产或停产，留下空置的工业设施。

（7）环境污染与修复成本

长期的工业活动可能造成严重的环境污染，如土壤污染、水体污染等，修复成本高昂，有时甚至超过企业继续运营的价值，导致企业放弃原有场地。

综上所述，工业废墟的产生是多因素综合作用的结果，既包括技术革新、产业结构调整等积极发展，也涉及资源枯竭、环境污染等负面因素。

**（二）工业废墟的分类**

1. 按照形成原因分类

（1）经济转型废墟

随着产业结构调整或经济模式变化，一些传统工业因失去竞争力而关闭，留下的工厂和设施成为废墟。

（2）自然灾害废墟

地震、洪水、飓风等自然灾害破坏了工业设施，使其无法继续使用，而形成了废墟。

（3）战争废墟

战争期间或战后遗留下来的被破坏的工业遗址。

（4）环境灾害废墟

因环境污染事件或长期累积的工业污染，导致区域不再适合人类活动和生产，从而形成的废墟。

2. 按照原行业类型分类

（1）冶金工业废墟

此类废墟包括钢铁厂、炼铜厂等金属冶炼和加工场所留下的废墟。

（2）化工工业废墟

化工厂、制药厂等化学制品生产场所，可能含有大量有害化学物质的废墟。

（3）矿业废墟

采矿、煤炭开采等活动结束后遗留的矿坑、选矿厂和废弃物堆放地。

（4）机械制造废墟

机械加工厂、汽车制造厂等重工业设施的废弃场地。

（5）轻工业废墟

纺织厂、食品加工厂等较轻型工业的遗弃厂房和设施。

3. 按照环境影响和危险程度分类

（1）无害废墟

对环境和人体健康影响较小的工业遗存。

（2）有害废墟

有害废墟是含有有害物质，如重金属、有毒化学品，对环境和人体健康构成威胁的废墟。

（3）放射性废墟

放射性废墟是核工业或使用放射性物质的工业活动中遗留的，含有放射性污染的废墟。

4.按照再利用潜力和现状分类

（1）待修复废墟

待修复废墟是具有较高再开发价值，但需进行环境治理和结构修复的废墟。

（2）自然恢复废墟

自然恢复废墟是已经自然演变成生态区或绿地，部分或完全被自然重新占据的废墟。

（3）文化保留废墟

文化保留废墟指具有历史文化价值，被保护或改造成博物馆、纪念地等的工业遗址。

以上四种分类并非固定不变，实际上，一个工业废墟可能同时符合多个分类标准，并且随着时间的变化和人为干预，其性质和用途也可能发生变化。

## （三）世界知名的工业废墟

世界范围内存在众多著名的工业废墟，它们或是见证了历史的变迁，或是因特殊事件而被遗弃，一些较为知名的工业废墟如下。

①普里皮亚季（乌克兰）：因1986年切尔诺贝利核爆炸而废弃的城市，包括未完工的核电站冷却塔和其他工业设施，是世界上最大的"鬼城"之一。

②哈德逊河谷工业区（美国纽约州）：曾是美国工业革命的心脏区域，包含多个废弃的工厂和码头，如奥尔巴尼的图潘尼工厂和波基普西的东曼哈顿项目。

③克虏伯钢铁厂（德国埃森）：作为德国重工业象征的庞大钢铁厂，见证了两次世界大战和德国工业的崛起与衰落，现在部分区域已转化为文化和艺术中心。

④底特律（美国密歇根州）：作为汽车工业的摇篮，底特律的许多汽车工厂和相关设施在经济衰退和产业转移中被废弃，成为城市衰败的象征。

⑤西伯利亚工业区（俄罗斯）：苏联解体后，西伯利亚地区遗留了大量的工业废墟，包括废弃的矿场、工厂和军事设施，是世界上最大的工业废墟区域。

⑥贝尔法斯特船坞（北爱尔兰）：曾是世界上最大的干船坞，建造了包括泰

坦尼克号在内的多艘著名船只，现部分区域被改造为旅游景点和历史展览馆。

⑦锦丝镇（意大利）：这座位于托斯卡纳的小镇曾是丝绸生产的中心，后因产业转移而衰败，留下了许多废弃的丝绸厂和机械。

⑧日本端岛（军舰岛）：因煤炭资源枯竭和开采成本上升，这个曾是日本重要煤矿产区的小岛被废弃，留下了一座座混凝土建筑遗迹，成了著名的"鬼岛"。

⑨卡赞斯基矿山（俄罗斯）：一个巨大的露天铜矿，因资源枯竭和环境问题而关闭，现在是一个巨大的水坑，周围是废弃的工业设施。

这些地点不仅是工业历史的见证，也启发了关于城市更新、文化遗产保护和可持续发展的讨论。

### （四）中国著名的工业废墟

中国的工业废墟分布广泛，它们不仅承载着中国近现代工业发展的记忆，也是城市变迁和社会转型的见证。中国一些较为著名的工业废墟如下。

①首钢老厂区（北京）：位于北京市石景山区，随着首都城市功能的调整和环保要求的提高，首钢集团搬迁，留下了庞大的钢铁生产基地，部分区域已改造为冬奥组委办公区和冬奥场馆。

②杨树浦水厂及周边工业区（上海）：作为中国最早的现代化自来水厂，杨树浦水厂见证了上海乃至中国近代工业的发展。周边的纺织厂、造船厂等工业遗迹也是上海工业废墟的重要组成部分。

③太原钢铁厂旧址（太原）：作为中国重要的钢铁基地之一，太原钢铁厂的部分旧址在产业升级和城市更新中被废弃，留存了丰富的工业遗产。

④重庆钢铁厂旧址（重庆）：重庆钢铁厂的前身是汉阳铁厂，搬迁后留下了大量工业建筑，现部分区域已改造为文化艺术区和旅游景点。

⑤武汉"汉阳造"文化创意产业园（武汉）：原为中国近代最早的兵工厂——汉阳兵工厂，后转型为集创意设计、艺术展示、文化交流于一体的综合性文化产业园区。

⑥杭州"丝联166"创意产业园（杭州）：由原杭州丝绸印染联合厂改造而成，保留了旧工业时代的厂房结构和设备，是艺术工作室、设计公司和特色餐饮的集合地。

⑦沈阳铁西区工业遗产群（沈阳）：作为中国东北老工业基地的代表，铁西区拥有众多大型国有企业旧址，如沈阳重型机器厂、沈阳机床厂等，部分区域已转型为工业遗产公园和文化区。

⑧广州红砖厂创意园（广州）：原为鹰金钱罐头厂旧址，通过改造保留了20世纪中期的苏式建筑风貌，现为艺术、设计和休闲的综合园区。

⑨青岛啤酒厂旧址（青岛）：作为中国最早的啤酒厂之一，部分旧址在企业扩张和城市更新中被保留下来，成为展现青岛啤酒文化历史的博物馆和旅游景点。

⑩抚顺煤矿遗址（抚顺）：作为中国最大的煤炭生产基地之一，抚顺的许多煤矿在资源枯竭和产业升级后被废弃，留下了大量的工业遗迹。

这些工业废墟通过保护、改造和再利用，不仅保留了历史记忆，也为城市文化生活增添了新的活力。近年来，许多地方开始探索工业遗产的保护与再利用，将其转化为文化空间、创意产业园区或公共空间，赋予其新的生命力。

### （五）工业废墟的价值

工业废墟具有较大的历史价值、社会价值及美学价值。

#### 1. 工业废墟的历史价值

工业废墟的历史价值主要体现在以下几个方面：一是工业废墟见证工业发展历程。工业废墟作为过去工业活动的实物证据，记录了一个地区乃至国家的工业化历程，见证了技术进步、经济发展模式的演变和社会结构的变化，对于研究工业历史、理解现代化进程具有重要意义。二是工业废墟承载着特定时期的工作记忆和生活故事，反映了那个时代的技术水平、设计理念、劳动状况和社区生活情况，有助于维护集体记忆，增强社会的文化认同感和历史连续性。三是工业废墟反映了社会经济的兴衰起伏，通过分析其形成原因，可以洞察到产业结构、经济政策、国际竞争等更广泛的社会经济动态。四是工业废墟可以作为鲜活的历史教材。工业废墟可以用于教育公众，尤其是年轻一代，关于工业文明的成就、局限及其对环境和社会的长期影响。在很多情况下，工业废墟被改造成艺术中心、创意产业园区、博物馆或文化场所，这种再生不仅保留了历史痕迹，还激发了新的创意和文化表达，促进了文化产业的发展。此外，在城市化快速推进的背景下，工业废墟作为城市记忆的载体，帮助居民建立对城市的认同感和归属感，促进对地方特色文化的维护和对城市个性的塑造。因此，合理保护和再利用工业废墟，不仅是对过去的尊重，也是对未来的投资，能够为社会的多元发展贡献力量。

#### 2. 工业废墟的社会价值

工业废墟作为城市历史的一部分，保留了城市的发展记忆，为居民提供了与过去连接的纽带，增强了社区的文化认同感和历史延续性，有助于塑造独特的城市形象。工业废墟可以作为实地教学和科研的宝贵资源，可以用于历史、建筑、环境科学等多个领域的教学和研究，让学生和研究人员直观了解工业技术的发展、环境影响及社会变迁，促进学术探索和社会教育发展。工业废墟有助于社区活化与复兴，通过再利用工业废墟，例如将其转变为艺术工作室、展览馆、公共休闲空间等，可以激活周边社区，促进社会交往，带动当地经济与文化发展，实现社区的复兴。工业废墟可促进可持续发展理念普及，工业废墟的改造利用展示了从"废弃"到"重生"的过程，强调了资源节约和环境友好的理念，提高了公众对循环经济和可持续发展重要性的认识，鼓励创新的环保实践。工业废墟项目的规划和开发往往涉及广泛的社区参与，这不仅为不同群体提供了表达意见和参与决策的机会，还能提高社会包容性，确保城市发展成果惠及更广泛的社会群体。此外，工业废墟特有的沧桑美和历史感，能够激发人们的情感共鸣和产生审美体验，工业废墟成为现代城市中独特的风景线，增加了城市的文化景观和美学多样性。总之，工业废墟的社会价值不仅关乎历史文化的传承，还涉及教育、社区发展、环境责任、社会包容性等多个维度，是推动社会全面进步和可持续发展的重要资源。

　　3. 工业废墟的美学价值

　　首先，工业废墟展现了时间的痕迹和自然侵蚀的力量，形成了一种独特的"废墟美学"，这种美学强调不完美、沧桑、岁月的沉淀，以及人类活动与自然环境相互作用的结果，激发人们对过往辉煌与现时寂寥的深刻反思。其次，工业废墟具有对比性与张力，旧工业时代的庞大机器、粗犷的建筑材料与周围自然环境或新兴的城市风貌形成鲜明对比，营造出强烈的视觉冲击力和艺术张力，吸引艺术家和摄影师前来寻找灵感，创作出富有表现力的作品。再次，工业废墟具有原始与真实的美感，未加修饰的工业结构、裸露的砖墙、锈迹斑斑的金属部件，呈现出一种未经雕琢的真实美，这种原始质感让人感受到工业生产的本质和力量，与现代精致设计形成反差，吸引寻求真实感体验的受众。此外，工业废墟具有复古与怀旧情绪。工业废墟常能勾起人们的怀旧情绪。它们作为历史的见证，让人们在快速消费与变化的现代社会中找到一丝稳定感与连续性，满足了人们对过往时光的情感寄托。最后，工业废墟具有创新与再创造可能性，在艺术与设计领域，工业废墟成为创意的温床，激励人们对其进行再创造，将废旧的工业空间转化为艺术展览空间、文化活动场所或创意工作坊，这种转化本身也是一种美学实践，展现了人类的创造力和对空间的重新诠释。值得注意的是，工业废墟具有环境与人文对话的可能，工业废墟常常成为探讨人与环境关系的舞台，其美学价值不仅在于视觉形态，更在于它所引发的对人类行为、工业化进程与自然生态之间关系的深层次思考。总之，工业废墟的美学价值在于它能够触发多重感官和情感的体验，既是时间与历史的见证，也是现代社会文化创新和艺术表达的重要源泉。

西方有很多有名的工业题材画家。虽说工业象征着一个时代的精神，但历史的洪流总是滚滚向前的，工业废墟亦是社会变革必不可少的遗留物。工厂设施中看似杂乱无章的结构，却有着内在的关联，众多的器械与钢筋结构在视觉通透的空间中相互排列、遮挡、穿插，形成众多不同的点、线、面构成元素。机械的各个组成部分，包括箱体、轮轴，甚至是一个螺母、一根铁丝都富有变化，不同粗细的钢筋、管道在错综复杂的交织中形成不同的图形结构，这些废弃的设施虽然经过时间的流逝已经废墟化，但依然可以感觉到其中的秩序轮廓，复杂的空间结构关系在视觉心理层面上产生关联。① 艺术家注意到工业废墟这种激动人心的形式美感，创作了一些与以往截然不同的新作品。工业废墟作为绘画主题，吸引了许多绘画艺术家探索其美学、历史和社会意义。例如，珍妮纺纱机的出现使英国最早进入工业化阶段，直接导致英国社会发生巨大改变，大量艺术家的目光聚焦工业生产中，其中之一就是约瑟夫·赖特。

约瑟夫·赖特是 18 世纪英国最重要的画家之一，其以对科学、工业革命时期的技术进步以及自然现象的描绘而著称。他出生并主要生活在英格兰的德比，他选择将自己的基地保留在家乡，这在当时是不寻常的，因为大多数英国艺术家都集中在首都。赖特出生于德比的一个富裕家庭，从小展现出了对艺术的兴趣。他在当地接受了一些基础艺术教育，之后前往伦敦学习，并受到了当时一些著名画家的影响，如托马斯·庚斯博罗等。回到德比后，赖特开始了自己的职业生涯，他的画作很快因其精细的光线处理和对主题的深刻洞察而受到赞赏。这一时期，他创作了许多描绘科学实验、工场景象以及夜景的作品，这些作品不仅记录了那个时代的科技进步，也反映了启蒙时代对于理性、科学探索的推崇。赖特的工业题材绘画，如《气泵里的鸟实验》，展示了科学演示的戏剧性瞬间，同时捕捉了观众的各种反应，从好奇到惊恐。这些作品在当时是非常新颖的，它们不仅展示了科学原理，也探讨了科学与人性的关系，以及科技进步对社会的影响。尽管赖特的名声和影响力在 18 世纪末有所下降，部分原因是他的风格不再符合新古典主义潮流，但他的作品在他去世后再次被重视，并对后来的浪漫主义画家产生了影响。赖特的工业题材绘画作品《气泵里的鸟实验》是他最著名的作品之一，该作品描绘了一项科学演示，即用真空泵抽走空气使鸟窒息的场景。这不仅是对科学实验的记录，也是对观众情感反应的深刻探索，体现了科学发现与人类情感

---

① 周鹏宇. 废墟美学下的工业痕迹 [D]. 黄石：湖北师范大学，2023.

之间的复杂关系。赖特的《黑尔斯沃思铁厂》展现了铁匠铺内工作的场景，烟雾缭绕中工人在锻造金属，光线集中于火光和劳作的人们，突出了工业劳动的力量和工业革命期间手工艺的重要性。赖特的《炼铁厂》类似于《黑尔斯沃思铁厂》，这幅画也表现了铁匠工作的场景，强调了光线和阴影的对比，以及工业生产中的活力。约瑟夫·赖特的作品不仅在艺术上独树一帜，而且在历史和文化意义上也极为重要，是工业革命时代英国社会、科学和文化的视觉记录。

阿道夫·冯·门采尔是 19 世纪德国最杰出的画家之一，以其广泛的创作领域、精湛的技艺和对德国社会生活深刻而真实的描绘而闻名。门采尔的艺术生涯跨越多个领域，包括油画、素描、版画、粉彩画和水彩画，尤其以其工业题材的作品在艺术史上占有一席之地。门采尔出生于德国勃兰登堡的波茨坦，成长在一个艺术家家庭。他的父亲是一名雕刻师和版画家，门采尔早期便在家中学到了绘画和印刷技术的基础。尽管他从未接受过正规的艺术教育，但通过自学和实践，门采尔迅速成长为一位多产且技艺高超的艺术家。他的职业生涯始于插图和书籍设计，最为人知的是为颂扬普鲁士国王腓特烈大帝的史书《腓特烈大帝传》创作的大量木刻插图。这些创作为他赢得了声誉，也奠定了其作为历史画家的基础。门采尔对德国工业革命时期的工业场景有着浓厚的兴趣，他的一些代表作深入地描绘了这个时代的工业生产和工人生活，这些作品在当时欧洲画坛中是十分罕见的，展现了他对现代生活的真实观察和深刻理解。《轧铁工厂》是门采尔最著名的工业题材作品之一，描绘了一个繁忙的钢铁厂内部景象，展现了工人在巨大的机器和熊熊炉火间劳动的场景。此画作生动地描绘了工业化进程中人与机器的关系，以及工业化对社会结构的影响。《波恩—波斯坦铁路》展现了 19 世纪铁路运输的兴起，不仅记录了技术进步，也反映了技术如何改变人们的日常生活。门采尔的工业题材作品不仅仅是对场景的再现，更蕴含着对时代变革的深刻思考和对社会的关怀。他通过对光线和氛围的精准把握，赋予画面强烈的现场感和动态效果，使得观者能够感受到那个时代特有的节奏和力量。门采尔不仅是一位历史画家，更是一位记录了德国从封建社会向工业社会转型过程中的社会风俗和工业景观的艺术家。他的工业题材作品不仅艺术价值极高，同时也是重要的历史文献，为后世提供了珍贵的时代见证。门采尔对细节的专注、对光影的掌握以及对普通劳动者生活的真实描绘，使他成为德国乃至世界艺术史上不可或缺的大师之一。

20 世纪中后期，社会的工业化程度不断加深，工业取代农业成为经济的主体，提高了社会的生产水平，这些对于社会和个人的影响也逐渐加大。照相机的产生，极大地削弱了艺术作品的记录功能，促使艺术家的创作实现由写实绘画到当代绘画的转变。德国当代艺术家安塞姆·基弗的艺术创作深深植根于历史、文化、哲学以及个人记忆之中，特别是对于第二次世界大战及其对德国及全球影响的反思。在他的作品中，工业废墟作为一个核心题材，承载了多重意义和深刻的象征性。基弗的工业废墟题材绘画不仅仅是对废弃场所的再现，也是历史的痕迹和对过去的沉思以及对未来的想象。这些废墟常常被视为对战争破坏、文明的衰落与重建、记忆与遗忘等主题的探讨。通过这些作品，基弗试图挖掘隐藏在历史表象之下的深层含义，挑战并重新诠释集体记忆。基弗在表现工业废墟时，采用了多样化的创作手法和材料，包括混合媒介绘画、装置艺术、雕塑和摄影等。他经常在画布上使用沙子、金属碎片、灰烬、干花、铅块和其他自然材料，这些物质性的元素不仅增强了作品的质感，也使得画作本身成为时间与历史沉积的象征。基弗的画作因此具有强烈的物质性和三维效果，观众可以直观感受到作品中所蕴含的重量与深度。1991年至1993年间，基弗的旅行经历，特别是在墨西哥、中国和澳大利亚等地的见闻，进一步丰富了他对不同文明废墟的理解。这些旅行中的所见所感，促使他在1996年之后创作了一系列描绘文明遗迹的作品，这些作品中不仅包含了对纳粹德国建筑遗迹的反思，还融入了对其他古代与现代文明废墟的比较和对话。基弗的工业废墟作品常常被解读为对德国身份、历史责任以及文化重建的探索，它们既是对战争及其后果的直接反映，也是对文化和精神复兴可能性的探讨。通过这些废墟，基弗提出了一种超越破坏与消逝的美学，寻找在绝望中生长的希望和创造力。因此，基弗的工业废墟题材绘画不仅是对物理空间的描绘，更是对历史、记忆、时间和存在的深刻哲学思考，他的艺术创作通过对废墟的视觉呈现，引导观众进入一个既具体又抽象、既个人又普遍的思考空间，从而激发人们对于过去、现在与未来之间复杂关系的思考。

涉及工业废墟题材创作的画家还有荷兰现代画家文森特·迪克斯特拉，虽然文森特·迪克斯特拉的作品更为人所知的是色彩运用而非工业废墟主题，但他的艺术实践或许也间接反映了现代环境下的某些景象，包括可能涉及的工业景观。墨尔本的街头艺术家罗恩，以在废墟或废旧建筑物上绘制女性肖像而知名，虽然他的作品核心是人物，但这些肖像往往设置在废弃的工业环境中，为废墟增添了生命力和故事性。这些艺术家通过各自独特的视角和技巧，捕捉了工业废墟的美感、沧桑感以及体现了对过去与未来的沉思，他们的作品不仅是视觉艺术的展现，也是对人类文明进程的深刻反思。

工业废墟作为绘画主题，在中国艺术家的创作中也占有一席之地，它不仅反映了中国快速工业化和城市化进程中的遗存与变迁，也表现了艺术家对时代记忆、环境问题和社会发展的深刻思考。关良、崔国泰、王家增、陈卫闽、冯大康等画家均有很多工业废墟题材绘画作品。

关良的《轧钢厂》是一幅具有鲜明时代特征和艺术价值的油画作品，创作于20世纪50年代。关良，作为中国近现代画坛上的重要人物，是第一代著名油画家之一，不仅对中国的油画发展作出了巨大贡献，还对艺术教育领域有着深远的影响。他既学习过西方现代主义绘画，也深受印象派影响，回国后还受到中国传统绘画大师如吴昌硕、黄宾虹等的作品熏陶，形成了独特的艺术风格。《轧钢厂》这幅作品，从主题上来看，反映了20世纪中叶中国社会主义现代化建设的热潮。轧钢厂作为工业化的象征，展现了国家在经济建设方面的成就与决心。关良在描绘这一主题时，并没有采用纯粹的写实手法，而是融入了自己的艺术理解和感受，使得作品在反映现实的同时，也带有一定的艺术夸张和情感色彩。画面中，常包含大型机械设备、繁忙的生产线以及工人劳动的场景。关良通过色彩、线条和构图，表现了工业场景的氛围，同时可能也隐含了对劳动者精神的颂扬以及对时代变迁的思考。在2018年的保利春季拍卖会上，《轧钢厂》估价在70万元至120万元人民币之间，这不仅体现了关良作品的艺术价值，也反映了市场对其作品的历史和文化意义的认可。这幅作品不仅仅是对特定历史时期工业场景的记录，更是艺术家个人风格与时代背景相结合的产物，具有较高的艺术研究和收藏价值。

崔国泰是一位专注于工业题材的中国当代画家，他的作品深刻地体现了人文关怀与历史沉思。他的工业绘画作品《旧都》以一座巨大的火车头为主体，画面上隐约透露出的红色痕迹，既似棕红色的锈迹，又仿佛是凝固的血迹，这不仅展现了物体物理上的老化，也是时间流逝与历史创伤的象征。崔国泰使用毛质偏硬的画刷，使得画面质感硬朗而不乏细腻的情感表达，通过这种独特的视觉语言，他为冰冷的工业废墟谱写了一曲充满诗意的挽歌。他的工业绘画作品《解放号机车》聚焦"解放号"机车这一具有时代标志性的工业符号，记录了工业时代的斑驳锈迹和衰颓之态，同时也巧妙地暗示了这些工业遗迹曾经所承载的力量与辉煌。崔国泰通过描绘物质世界的短暂无常，不仅保留了过去工业化的记忆，而且向观者发出了对未来的警示，提醒人们思考发展与遗弃、进步与代价之间的关系。崔国泰的艺术创作深受个人经历的影响，他出生于中国老重工业基地沈阳，对那些见证了新中国发展历史的工业建筑有着深厚的感情。2000年后，他开始集中创作工业题材的作品，这些作品不仅仅是对过去工业景观的简单记录，更是通过对废墟与衰败的刻画，表达了对工业化进程的现代性反思，以及对逝去时代的怀旧情绪。崔国泰在绘画艺术中巧妙地融合了中西方绘画技巧，形成了自己独特的表现手法，作品在技法上达到了高超的水平，既是对现实的忠实记录，也是对情感与记忆的深刻挖掘。尽管其作品可能对某些观众造成理解上的挑战，但正是这种深度与复杂性，使得崔国泰的绘画作品成为探讨现代社会变迁与文化记忆的有力载体。

王家增是一位中国当代艺术家，以其深刻反映北方工业城市废墟主题的油画作品而著称。生于1963年的他，深受中国工业化进程的影响，这在他的艺术创作中留下了深刻的烙印。王家增的艺术教育背景扎实，1992年毕业于鲁迅美术学院版画系，并在中央美术学院完成了油画技法的研修，此后长期在鲁迅美术学院及中国人民大学艺术学院担任教授，他的学术与创作生涯紧密相连。王家增的油画作品往往以灰暗沉郁的色调呈现，这不仅是一种视觉风格的选择，更是对所描绘场景情感氛围的精准捕捉。他的画布上，北方大工业城市的废墟成为主角，这些场景包括废弃的工厂、锈迹斑斑的机器、空旷的厂房，以及那些似乎被时间遗忘的角落。通过这些元素，王家增探讨了工业化进程中人与环境的关系，以及在快速现代化背后的遗弃与重生。在他的作品中，工人、铁盒子、厂房等不仅是现实的再现，更是象征性符号。这些符号承载着对历史的记忆、对现状的思考以及对未来的预言。王家增擅长通过这些具象的物体表达抽象的概念，如时间的流逝、文明的兴衰、个体在庞大社会结构中的渺小与挣扎。王家增的油画《工业日记107》，这幅作品尺寸为200cm×140cm，使用布面丙烯，于2006年完成。它属于王家增"工业日记"系列的一部分，通过冷色调和细腻的笔触，展现了一个废弃工业场景的静谧与苍凉，让人感受到时间的停滞与过去的回响。《工业日记16》同样尺寸为200cm×140cm，采用布面丙烯创作，于2006年完成。此作品延续了他对工业废墟的深入观察，通过构图和光影处理，传达出一种对过往辉煌与现今衰落对比的深刻感慨。《迹象22》这幅布面油画创作于2018年，尺寸为100cm×80cm，展示了王家增对于工业元素的抽象化处理，通过线条与色块的交织，构建出一种超越具体实物的精神景象，引导观者进入一个充满象征意义的空间。《铁盒子里的人》系列是王家增艺术探索中的一个重要组成部分，于2008年在北京高地画廊展出。该系列包含了多件围绕"铁盒子"这一象征性元素的油画，通过这一意象探讨现代社会中人的地位与状态，以及个体在工业化、城市化进程中的孤独感与封闭感。这些作品共同构成了王家增对工业废墟主题的艺术探索，每一件都是他对时代变迁、人类活动痕迹及自然和社会影响的深刻反思。通过这些画面，观众可以感受到艺术家对历史的尊重、对现实的批判以及对未来可能性的微妙暗示。尤其值得关注的是，王家增在其创作中受到了法国哲学家吉尔·德勒兹的"褶皱"理论影响。这一理论强调了空间与时间的动态性、连续性和不可预测性。在"物的褶皱"系列作品中，王家增尝试将德勒兹的哲学思想转化为视觉语言，通过对工业废墟复杂结构的描绘，展现事物内在的多重性和潜在的生命力，即使是在看似荒芜的景象中也能发现生机与希望。王家增的艺术创作不仅仅是对物理空间的再现，更深层次地反映了他对社会变迁、环境问题以及人类命运的深刻关怀。他通过作品提出问题，但同时也意识到解决问题的主体在于更广泛的社会力量，特别是政府。这种态度让他的艺术不仅仅停留在美学层面，更具有强烈的社会批判性和人文精神。综上所述，王家增的工业废墟题材油画创作是其对时代变迁深沉思考的产物，通过独特的艺术语言和哲学视角，展现了工业化时代背景下复杂的情感与思考，激发观众对过去、现在与未来之间联系的深刻思考。

中国城市化进程中，农民大批涌入城市，乡村成为留守老人或儿童的生活空间，一些房屋甚至由于长期空置而垮塌，灌木野蛮生长，村落变成废墟，也有一些有文旅价值的村落被投资开发建成网红打卡地，或者被返乡民工投入资金盖起了小洋楼。很多油画艺术家开始表现改革开放以来中国农村和城乡接合部物质和精神生活的巨大变化。例如，四川美术学院陈卫闽的作品可看作对民间文化元素的成功借用，他的画是对当代中国农村生活面貌的真实写照：整齐划一的房屋、小汽车、重工业工厂、自来水投诉电话号码、爱普森广告、国航飞机以及漫天的标语口号——气球拉着的"美容美发"、阳台上写着的"扫除文盲奔小康"、围墙刷上的"想致富何必走四方，当老板创业在家乡"。这些民间生活元素以拼贴的形式组合成一幅幅异彩纷呈的生活图卷，生动地描绘了城乡接合部急于"赶时髦"产生的不伦不类的生活风貌，表现出画家对当代中国都市化进程中城乡接合部的文化矛盾甚至"异化"现象的关注。尤其值得研究的是，画家独特的用色方式以及寓巧于拙的造型和笔触，还有各种并置的图像符号元素，形成充满诙谐而又令人反思的主观世界。冯大康也是中国较早关注城市化进程中废墟题材的画家之一，他长期倾注于探索建筑废墟的深刻文化意涵和独特的审美价值，创作了大量以《家园》命名的系列废墟题材油画作品。冯大康的《家园》系列不仅仅是对物理空间的再现，更是对过往岁月、集体记忆与个人情感的深刻表达。画面中，废弃的家园、半腐朽的建筑结构被细致入微地描绘，每一块砖石、每一根木梁都透露出时间的痕迹和生活的温度。冯大康运用丰富的色彩层次和光影对比，营造出一种既苍凉又温馨的氛围，引发观者对于"家"、记忆与变迁的深思。在他的废墟题材作品中，冯大康特别关注那些被遗忘或即将消失的人造结构，如老工厂、旧民居等，这些场所往往承载着一代人的生活记忆和城市的历史变迁。通过细腻的笔触，他描绘了这些场所的残破之美，将废墟的荒凉转化为艺术的静谧与庄重，赋予它新的生命和意义。冯大康在实践中不断探索油画语言的边界，他的废墟作品不仅是对现实场景的再现，更是一种情感与技术的结合。通过对光线、色彩和构图的精心安排，他使废墟景象超越了现实的局限，成为一种富有象征性和哲理性的视觉表达，引人联想。冯大康的废墟题材作品因其独特的艺术风格和深刻的社会文化内涵，受到了高度认可和广泛赞誉。这些作品不仅在艺术界内产生了重要影响，也引发了公众对城市化进程、文化遗产保护等问题的关注和讨论，促进了人们对"废墟美学"的更深层次理解和欣赏。综上所述，冯大康的废墟题材作品不仅是视觉艺术的佳作，也是文化记忆和社会变迁的见证，通过他的画笔，那些逝去的家园和被遗忘的角落得以在艺术的殿堂中获得永恒生命。

涉及工业废墟题材的中国画家还有被称为"江门仔"的艺术家陈科，他利用"刀痕"等手法在画布上记录和表达他对故乡工业废墟的感受，他的作品不仅仅是对物理空间的描绘，更是对情感和记忆的挖掘，展现了从具象到抽象的转变。著名当代艺术家杨重光在合肥老机电厂进行了废墟艺术创作。他利用这些废弃的工业遗址作为画布，创作了一系列富有力量和历史深度的作品，通过艺术手法探讨了工业遗产与城市记忆的关系。刘锡龙以废墟名人雕刻与装置艺术闻名，刘锡龙往往结合工业废墟的背景，创造出具有强烈视觉冲击力和深刻寓意的艺术装置。他的美学实践跨越多种媒介，旨在探讨现代性、历史与文化身份等议题。除了上述几位艺术家，还有许多中国画家和艺术家对这一领域有所探索，尽管他们的名字可能没有广泛流传。例如，一些年轻艺术家和学生也会选择将工业废墟作为写生或创作的对象，通过油画、水彩、摄影等多种形式，记录和反思中国城市化进程中被遗忘的角落和边缘地带。此外，中国的艺术院校和独立艺术项目有时会组织废墟考察和创作活动，鼓励艺术家深入这些曾经繁忙、如今沉寂的工业现场，让他们从中汲取灵感，创作出反映时代变迁和文化思考的作品。这些作品往往不是局限于传统意义上的绘画，而是融合了装置艺术、雕塑、行为艺术等多种现代艺术形式。

工业废墟的改造设计在全球范围内催生了一系列著名作品，这些项目不仅仅是对废弃空间的物理重塑，更是文化和创意的再生。国内外已有很多工业废墟改造的案例，如德国鲁尔工业区、美国的苏荷 SOHO 艺术区、英国谢菲尔德市 KELHAM 岛屿工业博物馆、法国北部城市鲁贝市的 la Pisine 艺术博物馆、广州红砖厂创意园、深圳 F518、上海的莫干山路创意产业园、北京 798 艺术区等，这些老旧工业厂房在经过艺术化改造后，废弃的工业建筑群转型为大型工业艺术区或拉动文旅的网红打卡地。

在国外，著名的工业废墟设计改造案例也较多。例如，西雅图煤气场公园位于美国西雅图，是工业遗址改造的早期范例，原是一个大型煤气制造厂，现已成为一个独特的城市公园，设计师设计保留了部分原有的工业结构并将其作为雕塑般的景观元素，同时融入绿地、观景台和休闲设施。北杜伊斯堡景观公园原为德国一个钢铁厂，现已成为世界上最大的工业遗址公园之一，改造中设计师通过保留原有结构如高炉、煤气罐等，并将其转变为观景台、攀岩墙等，创造性地将工业遗迹与自然景观相结合，展现了后工业时代景观设计的新方向。丹佛城北公园，位于美国科罗拉多州丹佛，原本是工业仓库和铁路用地，现在转型为充满活力的艺术区，集画廊、工作室、餐厅和公共艺术空间于一体，展示了后工业时代的城市再生。雪铁龙公园位于法国巴黎，原址为雪铁龙汽车工厂，现在是一座现代化的城市公园。设计结合了生态恢复和现代景观理念，设有广阔的草坪、喷泉和两个巨大的温室，是工业遗址向绿色空间转变的成功案例。伦敦泰特现代美术馆由一座废弃的河畔发电站改造而来，是全球最知名的现代艺术博物馆之一，外部设计保留了原有建筑的工业特征，如高耸的烟囱，内部则被重新设计成展览空间，展示了从发展工业到发展文化的华丽转身。柏林滕珀尔霍夫机场公园原为柏林滕珀尔霍夫机场，机场停运后被改造成欧洲最大的城市公园之一，保留了跑道和停机坪，供市民休闲、运动和文化活动使用，是城市空地再利用的创新实践。这些项目不仅为城市提供了新的公共空间，还促进了文化、艺术和社区生活的发展，成为工业遗产保护与再利用的国际典范。

在中国，随着城市化进程的加快和产业结构的调整，许多老旧工业建筑因不再适应现代生产需求而被废弃。然而，这些见证了国家工业化历程的建筑遗产，在近年来的城市更新浪潮中被重新审视，通过创意改造成了新的城市文化和生活空间，一些国内工业废墟建筑室内改造项目案例值得注意。北京798艺术区位于北京市朝阳区，原为国营798厂等电子工业老厂区，2000年初，逐渐转型为艺术区，保留了原有的包豪斯风格厂房建筑，内部空间被改造成画廊、艺术家工作室、设计公司、时尚店铺、咖啡厅等，改造中保留了工业时代的粗犷美感，原有建筑与现代艺术和设计完美融合，成为文化和创意产业的聚集地、北京乃至中国的文化创意地标，同时也是亚洲最大的当代艺术区之一。上海M50创意园位于上海普陀区，前身是上海春明粗纺厂，自2000年起逐步改造，改造中保留了大量旧工业元素，如高耸的烟囱、锈迹斑斑的铁轨等，现在是上海重要的艺术聚集地，拥有众多画廊、艺术工作室、设计事务所等，体现了历史与现代的和谐共存。广州红砖厂原为广州鹰金钱罐头厂，建于 1956 年。2010 年开始改造，广州红砖厂保留了红砖结构的苏式建筑风貌，成为集创意办公、展览展示、文化艺术、休闲娱乐于一体的广州文化创意地标，经常举办各类艺术展览和文化活动。成都东郊记忆位于成都市成华区，前身为成都国营红光电子管厂，2007 年开始规划，将旧厂房改造为文化产业园区，改造中保留了大量工业遗迹，如苏联援建的车间、烟囱、蒸汽机车等，现为集合音乐演艺、艺术展览、商业休闲等功能的综合文化区。北京郎园文化创意园位于北京东四环，原为北京无线电器材厂，经过改造，成了集办公、艺术、餐饮、娱乐为一体的综合性文化创意园区，园区内既有保留工业风格的建筑，也有现代建筑，形成了新旧交融的独特景观，是北京知名的文艺青年聚集地。这些改造项目不仅保留了城市的历史记忆，还赋予了老建筑新的生命力，成为推动城市文化发展和社区活力的重要力量。每个案例都展现了创新设计与历史遗产结合的魅力，是工业遗产活化利用的成功典范。

"工业景观和普通景观的区别就在于景观构成重点是工业生产的要素，其中有大量的工业机器。工业废墟在工业景观中代表了一种强烈的情感，比起崭新的工业机器，不常见的工业废墟抹去了棱角和坚硬的气质，变得'虚弱'和'苍老'，被使用过的痕迹也更具有人文气息。"[1] 工业废墟景观改造方面有许多优秀的案例，这些项目不仅复兴了城市空间，还为公众提供了独特的文化和休闲场所。例如，岐江公园（原粤中造船厂）位于广东省中山市，由原造船厂旧址改造而成，设计保留了船坞、轨道、龙门吊等工业元素，融入现代景观设计理念，创造了一个既保留工业记忆又适合市民休闲的文化公园，是中国最早一批成功的工业遗产改造项目之一。长春水文化生态园位于吉林省长春市，由长春市第一净水厂改造而来，改造中将净水设施和泵房等工业构筑物转化为教育展览、文化活动空间，同时构建了大面积的生态绿地和水系，实现了从工业废弃地到生态文化公园的转变。上海 1933 老场坊位于上海市虹口区，原为宰牲场，建于 1933 年，外部的设计保留了独特的伞形柱、廊桥、旋梯等建筑结构，内部空间被重新设计为艺术中心、时尚秀场、餐厅、创意办公室等，成为上海的文化创意产业集聚区。

首钢工业园区位于北京市石景山区，在中国现代工业史上具有举足轻重的地位，在 2008 年北京奥运会期间逐步减产，直至 2010 年正式结束了其生产任务，成为一处巨大的工业遗址。锈迹斑斑的高炉、焦炉，破败残缺的厂房、车间，纵横贯通的运输轨道、桁架，布满尘灰的杨柳树，干涸荒废的浓缩池、泵站，矗

---

① 杨洪波. 环境设计中"废墟之美"的情感体验研究 [D]. 上海：上海师范大学，2022.

立眼前的冷却塔、烟囱、洗涤塔昭示着往昔辉煌的工业历史。首钢集团搬迁后留下了庞大工业遗址，对其改造保留了高炉、冷却塔等大型工业构筑物，它们转变成了公园内的特色景观，同时引入冬奥组委办公区、冬奥训练场馆等新区域，成了一个融合工业遗产保护、体育赛事、文化活动和生态恢复的多功能园区。首钢园区的核心价值在于顺应城市更新的功能定位，成为一处带有历史叙事和集体记忆的归属，以及充满商业价值、文化创新和社会活力的新型都市空间。设计团队将张扬首钢的"废墟之美"，贯穿于设计过程并制定出首钢景观设计的五大方略：在功能重组方面，场地在保留工业建筑和构筑物主要特征的基础上，通过修复、改造、加建等织补方式，实现建筑功能的重组，因此，场地内的景观空间规划与建筑空间的新功能和都市更新的内在需求也保持一致性和互惠关系。在记忆重构方面，从抽象形式和意向拼贴两个层面入手，捕捉工业遗址中消逝已久的场所精神和集体认同感，抽象形式是一种关于场地痕迹的间接提炼，首先厘清历史与记忆的本质存在着根本的差异，然后架构起历史与记忆之间的桥梁，通过主动体验方式实现记忆的重构；而意向拼贴是在给工业废墟赋形的过程中，或以一种疏离的、与原有场地无关的形式与之对话，或采取某种连续的、与原场地有关的形式，努力实现一个预设的整体图景。除此之外，还存在一种对抗性的、与原有基质矛盾的形式，以构成特定的意向冲突，达成记忆的重构。在视觉建构方面，为了满足观者对废墟之美的"视觉体验"，设计者通过构建园区内部和园区外部之间的视觉关系，来最大限度地激发观者对废墟崇高、惊奇与怀旧的情感体验。在最小干预方面，首钢的场地氛围（具有强烈保存原有之物的内在诉求）与干预性行为（具有激进破坏原有肌理的现实倾向）之间存在着最大程度的矛盾，而且首钢场地本身蕴含着各种不可测的因素，如地下管道铺设的复杂性等，因此设计者采取一种"最小干预"的设计原则和方法：一是最大限度地保留首钢遗址以及场地信息，保护场地内的大多数乔木，对少部分乔木进行移植和拔除；二是为保留下来的原炼钢设备和设施注入新的程序；三是以强有力且简洁的几何形式控制空间的结构和布局，尊重原有的空间秩序。在生态技术方面，通过雨水收集和植物修复，一方面处理工业遗址潜在的土壤污染，另一方面保持场地的可持续性，最终将整个地块打造成一处低维护的城市开放空间。[①] 这个案例展示了在尊重历史和生态的前提下，通过创新设计手法，工业废墟可以被赋予新的功能和意义，成为城市可持续发展的一部分。

---

① 陈跃中，刘剑，慕晓东. 废墟审美下的设计策略：首钢园区冬训中心与五一剧场地块景观设计解析 [J]. 中国园林，2020，36（3）：33-39.

## 六、其他废墟

综合性废墟类型众多，如生活历史遗迹废墟、战争历史遗迹废墟、受到自然灾害破坏的历史遗迹废墟、工业历史遗迹废墟等。其实大多数废墟都有着两种以上的废墟属性，如一处工业生活区的遗迹接受过战火和灾害洗礼。具体的废墟分类需要因时因地制宜，根据具体的情况进行判定。遗迹废墟可以是过去的民居，作为文化遗产也是古代人民生活的场所，如江南传统村落中的废墟。这样的特性取决于形成废墟的材料——各类人造建筑、构筑物以及附属的人造物，这些物质本身承载了人们的情感和思念。"记忆场所可以是象征性的、仪式性的，可以是日常性的或者偶发性的。"[1]因为功能的相通性，变成废墟之后有相关联的属性，如工业园区中的居住区域变成废墟就有生活和工业的双重记忆，又或者承载着相同类型记忆的人造物，因为各式各样的原因变成废墟，但是留下了相似的记忆，所以单纯从情感体验的角度来说，对废墟种类进行限定是没有意义的，严格来说废墟大多是综合性的，但是对于环境设计而言，对废墟分类是很有意义的，这是设计师对文脉的积极思考。[2]

# 第三节　废墟美学的跨媒介实践

废墟美学作为一个跨学科的概念，近年来在艺术、建筑、文学、电影等多个领域得到了广泛的关注和实践。这一美学理念不仅关注废墟本身的历史痕迹和物质形态，更深层地探讨了时间、记忆、消逝与重生的主题。

在绘画等视觉艺术创作中，艺术家通过对废弃工厂、旧建筑、遗迹等的描绘，不仅捕捉了废墟的物理状态，更传达了一种超越物质的审美体验和哲学思考。使用无人机拍摄的废墟照片、在废墟现场进行的行为艺术表演等，都是废墟美学的典型体现。在装置艺术与环境艺术中，艺术家常直接在废墟地点创作，利用现场材料进行装置创作，如用废旧金属、碎石等构建临时性或永久性的艺术作品，使观者在特定的空间中感受时间的流逝与自然的侵蚀。在现代建筑与城市规划的再生设计中以及在一些城市更新项目中，建筑师和规划师倾向于保留部分废墟结构，将其融入新建筑设计中，形成独特的"废墟美学"空间。比如，北京的798艺术区、德国的鲁尔工业区改造项目，都是将工业废墟转化为文化艺术空间的实践。

---

① 吴春涛. 自然灾害景区的开发和管理 [M]. 成都：四川大学出版社，2018.
② 杨洪波. 环境设计中"废墟之美"的情感体验研究 [D]. 上海：上海师范大学，2022.

在影视与文学创作的叙事媒介中，电影、电视剧和文学作品常常借助废墟作为叙事背景，营造特定的氛围，探讨历史、记忆与人性等主题。比如，《疯狂的麦克斯》系列电影通过末日废墟场景，探讨人类文明的衰落与重建。在越来越多的数字技术与虚拟现实中，随着增强现实、虚拟现实技术的发展，废墟美学的跨媒介实践将更加丰富多元。人们可以虚拟游览已消失或难以到达的废墟，甚至参与互动式艺术创作，体验沉浸式的废墟美学。废墟美学的未来实践将更加注重可持续性和对生态环境的保护，艺术家和设计师将更多考虑如何在不破坏自然环境的前提下，利用废墟进行创作，促进生态修复与人文价值的共生。废墟美学的跨媒介实践将进一步促进公众参与和社会互动，成为社区重建和文化认同构建的重要工具。艺术家和设计师通过工作坊、公共艺术项目等形式，激发居民对本地历史的记忆与共鸣，共同探索废墟的再生路径。越来越多的学术研究，将继续深化对废墟美学理论的探讨，跨学科的合作将更加紧密，如艺术、建筑学、人类学、社会学等领域的学者，将联合研究废墟美学的社会意义、心理影响及文化价值，推动理论与实践的相互启发与创新。

综上所述，废墟美学的跨媒介实践正处在快速发展之中，其未来将在技术、生态、社区参与等多个维度实现更深层次的融合与发展，不仅作为艺术表现的手段，更成为推动社会进步和文化传承的重要力量。

## 第四节　本章小结

废墟美学在绘画及设计等艺术领域中的实践不仅是对物理废墟的艺术再现，更是对时间痕迹、历史记忆与人类情感的深刻探索。这一美学理念跨越传统界限，渗透到多个艺术门类，展现出多样化的表达形式和深远的文化意义。在绘画领域，艺术家运用油画、水彩、素描等多种方式，不仅描绘废墟的物理形态，更通过色彩、光影等元素传达废墟的情感与精神。一些艺术家采用超现实手法，将现实废墟与想象元素结合，创造出既熟悉又陌生的视觉体验。许多作品聚焦工业化、战争、自然灾害等造成废墟的社会背景，通过绘画提出对环境破坏、历史遗忘等问题的反思，引发观众对于人类行为和文明进程的思考。在产品设计、室内设计及景观设计中，废墟美学被用来指导废弃材料的再利用，以及旧空间的创造性转化。例如，利用废旧物品制作家具，或者将废弃工厂改造成创意工作室，这既保留了历史痕迹，又赋予空间新的功能和生命。随着数字技术的发展，设计师开始在虚拟世界中构建废墟景观，探索数字化废墟美学。这些虚拟环境不仅用于游戏、电影制作，也成为实验性艺术展示的新平台。未来，废墟美学在绘画与设计领域的实践将更加注重与其他艺术形式（如音乐、舞蹈、戏剧）的跨界合作，通过多媒体装置、交互艺术等形式，创造全方位、多感官的艺术体验。人工智能、增强现实、虚拟现实等技术的应用，将使得废墟美学的艺术表达更为丰富和沉浸化。例如，通过虚拟现实技术，观众可以在真实环境中叠加虚拟的废墟艺术作品，体验虚实交织的美学空间。随着全球对可持续发展重视程度的提高，废墟美学的实践将更加侧重于环境的可持续性方面，倡导废物利用和生态恢复，通过艺术手段促进人与自然和谐共生理念的传播。未来的废墟美学项目将更加注重与社区的互动，通过公众参与，激活社区活力，促进社会记忆的共享与文化身份的构建。艺术家和设计师将扮演桥梁角色，连接过去与未来、个人与集体，使人们共同探索废墟再生的无限可能。总之，废墟美学在绘画及设计等艺术领域的实践不仅是一种视觉上的探索，更是一种对社会、文化和自然环境深思熟虑的表达。随着科技的进步和社会的发展，其未来实践将更加多元化，成为推动艺术创新、社会责任感提升和环境保护的重要力量。

# 第五章 废墟美学与现代社会

本章阐述了废墟美学与现代社会的相关内容，主要分为四个部分，依次是废墟美学与历史记忆、废墟美学与消费社会、废墟美学与后现代性、本章小结。

## 第一节 废墟美学与历史记忆

"古建筑今天已成了废墟，但我们能够体会出这类作品的建造凝结了整个时代、整个民族的生命和劳动。"[①] 在废墟美学的语境下，废墟不仅是一个物理空间，更是一个承载着集体记忆的载体。废墟承载着特定历史时期的社会、文化和个人记忆，通过对废墟的再现和解读，人们能够重新连接过去与现在，产生对历史事件的记忆和反思。

废墟美学中的废墟不仅仅是指物理意义上的残破建筑和荒凉景象，更是一个象征着过去和现在的交汇点。废墟所承载的集体记忆是通过废墟的残破特征、荒凉景象和衰败元素来体现的。这些特征元素，如破败的墙壁、废弃的家具等，都成了艺术家表达历史、文化和个人记忆的有力工具。通过再现和解读废墟，人们能够重新连接过去与现在。废墟的存在让人们有机会重新审视历史事件，思考历史的进程和人类的命运。例如，英国女摄影师雷贝卡·里茨菲尔德以其对前苏联地区的探索而闻名，她深入废弃的营房、医院、实验室等地，用镜头捕捉那些见证了苏东剧变后遗留下的空壳建筑。这些照片不仅仅是视觉上的震撼，更是对一个时代终结的沉思，反映了历史变迁中被遗忘的故事。德国摄影师克里斯蒂安·里希特专注于拍摄欧洲各地的废墟，他在七年间探访了超过 1000 座废墟，其中有许多是东德时期的遗存，里希特的作品中，废弃的教堂、豪宅和剧院透露出一种末日般的孤寂美。丽贝卡·巴斯利的废墟摄影始于 2012 年，她在全球范围内记录了超过 500 个废墟地点，通过镜头挖掘并展现这些被遗弃空间中的独特美感。她的作品不仅展示了废墟的物理状态，而且更深层次地触及时间、记忆与人类存

---

① 黑格尔. 美学 [M]. 寇鹏程，译. 重庆：重庆出版社，2016.

在的议题。英国摄影师玛特·埃米特是一位屡获殊荣的艺术家，以其拍摄的具有衰败艺术之美的作品而闻名，埃米特的作品中，被遗忘的废墟成了探讨历史、自然侵蚀与人类文明关系的媒介，他于 2016 年被评为"Arcaid 年度建筑摄影师"。这些摄影师的作品不仅令人赞叹于废墟景象的视觉冲击力，更深层次地激发了观众对于时间、历史记忆以及人类文明变迁的思考。

废墟美学不仅是一种视觉表现形式，更是一种情感和思想的传达。废墟所承载的集体记忆，唤起了人们对历史事件的记忆和反思。废墟美学通过对废墟的再现和解读，使人们能够重新连接过去与现在，思考历史与现实的联系。这种思考和反思，不仅能够加深人们对历史的理解，也能够引发人们对现实的思考和对未来的展望。废墟美学的实践不仅仅局限于艺术领域，也在社会和城市规划中发挥了重要作用。通过对废墟的再利用和改造，废墟美学为城市的发展和社区的重建提供了新的思路和可能性。通过对废墟的重新诠释和创造，废墟成了城市的一部分，唤起了人们对历史的记忆和让人们产生了对未来的希望。例如，西雅图煤气厂公园就是利用废墟美学进行社区重建的典范。这个公园位于美国华盛顿州的西雅图市，原本是一个运营于 19 世纪末至 20 世纪中期的煤气制造厂。随着技术进步和能源需求的变化，煤气厂最终在 1956 年停止运营，留下了一片工业废墟。在 20 世纪 70 年代初，景观设计师理查德·哈格提出了一个创新的方案，建议保留煤气厂的部分结构，将其转变为公共公园，而不是完全拆除。这一方案体现了对废墟美学的尊重，即在不破坏原有工业遗迹的基础上，赋予它新的生命和功能。由于场地存在土壤污染问题，重建过程中进行了大量的土壤清理和环境修复工作，确保公园对公众无害。这一步骤展示了在利用废墟的同时，兼顾环境保护的重要性。公园的设计巧妙地将原有的工业结构融入自然景观之中，如巨大的煤气罐被保留下来，经过安全处理后，成为公园的标志性景观。此外，设计师还创建了一个人造山丘，顶部设有一个旋转木马，游客可以在此处俯瞰整个公园和周围的湖景，同时也能近距离观察到工业遗址的细节。西雅图煤气厂公园不仅是一个观赏性的景点，它还成了当地居民休闲、运动和举办社区活动的空间，如草坪区域供人们野餐、放风筝，以及设置了多条步行和自行车道，鼓励健康生活方式。这个废墟改造项目产生了良好的社会影响：西雅图煤气厂公园的成功转型，不仅为城市增添了一处独特的公共空间，还促进了周边社区的发展，提升了地区的生活质量；它成了全球范围内工业遗产再利用的范例，展示了如何通过创意和设计，将过去的工业遗迹转化为具有教育意义、文化价值和生态意识的城市绿洲；此项目激起了更多关于如何在城市更新中平衡历史保护、环境保护与社区需求的讨论，推动了废墟美学理念在全球范围内的传播和应用。所以，西雅图煤气厂公园的重建不仅是一个环境改善项目，更是一个文化和美学的再生工程，完美诠释了废墟美学在社区重建中的应用价值。

总之，废墟美学与记忆之间存在着紧密的联系。废墟作为集体记忆的载体，承载着特定历史时期的社会、文化和个人记忆。通过对废墟的再现和解读，人们能够重新连接过去与现在，产生对历史事件的记忆和反思。废墟美学的实践不仅丰富了艺术创作的内涵，也为城市的发展和社区的重建提供了新的思路和可能性。废墟美学与记忆的结合，使人们能够更深入地思考历史的进程和人类的命运，同时也为未来的发展提供启示和灵感。

# 第二节　废墟美学与消费社会

废墟美学与当今消费社会之间存在着复杂而微妙的关系，这种关系可以从多个维度进行解读，从正向来看，有五个方面的作用。一是对消费主义的反思。在快速消费和不断追求新奇的社会背景下，废墟美学提供了一种对过往的凝视和对现代消费模式的反思途径。废墟作为曾经辉煌、现在废弃的象征，提醒人们物质繁荣的短暂性和不可持续性，它以一种静默而强大的方式质疑着现代社会的消费逻辑，促使人们思考物品的价值、生命周期以及消费行为对环境和社会的长远影响。二是文化记忆与身份认同。在消费社会中，个人和集体的身份往往通过消费行为和所拥有的物品来构建，然而，废墟美学强调的是非物质的文化记忆和历史连续性，它通过展示过去的痕迹，帮助社会成员建立超越物质消费的深层文化认同，废墟成了连接过去与现在的桥梁，让现代人能够在快速变化的世界中寻找到根和归属感。三是可持续发展与再生利用。面对资源日益紧张和环境污染日趋加重的现状，废墟美学倡导的不仅是对历史遗迹的欣赏，更是对废弃资源再利用的探索，在消费社会中，这种理念鼓励人们重新审视废弃物品和空间，将其视为潜在的再生资源，例如，将旧工厂改造成艺术中心或商业综合体，不仅减少了新建项目的环境负担，也为城市增添了独特的文化韵味。四是情感与审美体验的多样性。消费社会往往强调标准化和同质化的商品与体验，而废墟美学则提供了多样化的审美体验和情感共鸣，废墟以其独特的历史背景、不完美的形态和岁月留下的痕迹，激发人们的情感反应。例如，怀旧、敬畏或反思，丰富了当代社会的审美领域，满足了人们对于深度情感体验的需求。五是社会批判与觉醒。废墟美学有时也被视为对消费社会过度开发，忽视环境保护和社会公平问题的一种批判。通过对废墟的呈现，艺术家和社会评论者能够揭示隐藏在消费主义背后的社会矛盾和环境危机，促进公众意识的觉醒，鼓励更加负责任的消费行为和可持续发展的实践。综上所述，废墟美学与消费社会之间存在一种动态的对话，它既是对现代消费模式的反思与批评，也是对可持续发展和文化传承的探索与呼唤。通过这种美学视角，我们可以更好地理解消费主义的局限，同时寻找更加和谐的人类发展路径。

当然，从反向来看，在消费社会，废墟美学也面临被消费化的危险。这一现象可以从以下几个方面看出端倪。一是商业化的利用。随着废墟美学逐渐进入公众视野，一些商家和品牌开始将其作为一种营销策略，将其包装成吸引消费者的新鲜元素。比如，将废弃工厂改造为咖啡馆、餐厅或购物场所，利用废墟的独特氛围作为卖点，吸引寻求新鲜体验和文化消费的顾客。这种做法虽然有助于历史遗迹的保护和再利用，但也可能使废墟被简化为一种商业装饰，失去其深层的文化和历史价值。二是旅游产业的推动。废墟作为旅游景点，其吸引力日益增加，尤其是那些具有历史意义的地点，常被纳入旅游线路中，成为所谓的"废墟旅游地"，虽然这促进了地方经济的发展和文化遗产的保护，但过度商业化可能导致原真性的丧失，废墟变成纯粹的拍照背景，其背后的历史故事和文化意义被边缘化。三是文创产品的开发。废墟美学被融入各类文化创意产品中，如摄影集、明信片、装饰品等，商品化的过程将废墟的美学价值转化为可交易的商品，满足了市场对独特文化符号的需求，然而，这种转化也可能导致废墟的象征意义被浅薄化，成为快速消费文化的一部分。四是社交媒体的影响。社交媒体平台上，废墟的照片和视频因其独特视觉效果和情绪渲染力而广受欢迎，成为一种流行的分享内容，用户通过分享这些内容来表达个性和审美趣味，但这也可能催生出一种"打卡文化"，使得访问废墟成为一种炫耀性的社交行为，而非深入的理解和体验。五是消费主义的同化。在消费社会的大背景下，一切都可以被商品化，废墟美学也不例外。当废墟美学成为时尚潮流的一部分时，其原有的批判性和反思性可能被消费主义的逻辑同化，变成另一种形式的消费对象，从而削弱了其社会批判和文化反思的力量。总之，废墟美学在商品时代的消费化趋势，既反映了文化与经济互动的复杂性，也提出了如何在保护历史遗产、促进文化传承与应对消费社会挑战之间的平衡问题。要避免废墟美学被过度消费化，需要社会各界共同努力，保持对废墟美学本质的尊重，促进其健康、可持续发展。

废墟美学与消费社会之间的正向与反向作用关系，会在一定时间和范围内，存在不同程度的相互交织，共同影响着我们对文化、历史和环境的认知。废墟美学通过展示被消费社会遗弃或遗忘的建筑物和场所，对现代社会的过度消费和物质主义提出批评，它警示我们注意资源的有限性和环境的脆弱性，促使人们认识持续消费模式的不可持续性。废墟美学重新评估了旧物与历史遗迹的价值，强调时间沉淀的美，促使社会重视文化遗产的保护和历史记忆的传承，而非仅仅追求短期的商业利益。面对消费社会的同质化审美，废墟美学提供了另类的审美体验，鼓励人们欣赏非传统意义上的美，如残缺、沧桑和未完成之美，丰富了人们的审美视野和文化体验。一方面，废墟美学激励了城市再生和创意产业的发展，许多废弃的工业遗址被改造为艺术中心、文化空间或创意园区，不仅为消费社会提供了新的消费场所，也促进了经济的多元化和可持续发展。另一方面，在快速消费的社会背景下，废墟美学帮助构建和维护社会记忆，增强社区归属感和身份认同感，通过保护和活化废墟，使社会能够更好地理解历史轨迹，促进文化的连续性。此外，废墟美学的推广促使人们更加关注环境保护和资源的循环利用，推动了绿色消费和可持续生活方式的形成。在消费社会中，它作为一种环保意识的催化剂，引导公众和企业采取更加负责任的行为。综上所述，废墟美学与消费社会之间的正向与反向作用形成了复杂的互动关系，既是对消费社会某些负面内容的抵抗和批判，也是对社会进步和文化创新的推动。通过这种动态的相互作用，废墟美学为社会的全面发展提供了新的可能性。

## 第三节　废墟美学与后现代性

在当今文化语境中，废墟美学与后现代性之间存在着密切的关系。废墟的残破、混杂、多元等特征与后现代文化的解构、多元、碎片化等特征相呼应，这使得废墟美学在后现代语境中成为一种重要的文化现象和审美趋势。

后现代性是一种广泛的文化、哲学和社会理论概念，它涉及对现代性原则和假设的批判、解构和超越。现代性通常与启蒙时代以来的理性主义、科学进步、工业化、线性历史观、普遍真理和大叙事（即广泛接受的历史和社会发展解释框架）相关联，而后现代性则对这些提出了挑战，强调以下几个核心特征：一是怀疑普遍真理与大叙事。后现代理论质疑存在绝对的、普遍适用的真理和解释体系，认为知识和真理都是在特定文化和历史背景下构建的，强调相对性和情境性。二是去中心化与反权威。它拒绝任何单一权威、中心或主导话语，认为权力和知识是分散的和多元的，存在于各种话语实践中。三是对元叙事的批判。后现代主义批评那些试图解释一切历史和社会进程中的宏大理论或大叙事，如进步论、理性主义。四是断裂性与异质性。强调历史和社会的断裂性、不连贯性以及文化的异质性，认为社会是由众多小叙事和不同的经验碎片组成的。五是语言与文本性。受到解构主义影响，后现代性认为现实是通过语言和符号构建的，因此现实本身是文本性的，可被不断地解读和重写。六是消费主义与模拟。在后现代社会中，符号和形象的消费变得比实际商品更重要，真实与复制、模拟之间的界限变得模糊。七是主体性的消解。后现代性挑战了现代性中稳固、独立的主体概念，认为主体是由社会和文化构建的，是流动的和多元的。八是审美与日常生活的融合。艺术与日常生活之间的界限变得模糊，生活中的方方面面都可能成为表达审美的场所。九是全球化与地方性。后现代性发生在经济全球化的背景下，但同时强调地方文化的特殊性和多样性，以及全球与地方力量之间的动态交互。概括地说，后现代性代表了对现代性基本假设的深刻反思，它揭示了现代性的局限，并探索了在后现代条件下人类经验、知识和社会组织的新形式。

废墟美学与后现代性在理论、文化、艺术和社会等多个层面上相互影响、交织共生，主要体现在六个方面。一是对传统的解构与重构。后现代性强调对传统叙事、权威和大叙事的解构，而废墟美学通过对废弃建筑和历史遗迹的重新解读，同样挑战了传统的审美观念和历史叙述，废墟不再仅仅是衰败的象征，而是成为多元解读和重新建构历史、文化记忆的空间，这与后现代主义对线性历史观的怀疑和对碎片化、异质性叙事的偏好相呼应。二是多元性与混杂性。后现代文化强调多元性、混杂性和异质性，废墟美学在这一框架下展现出对不同历史时期、风格和功能的并置与融合，废墟空间常常是新与旧、自然与人工、本土与外来元素的混杂体，这种混杂性正是后现代文化特质的体现，反映了经济全球化和文化多元背景下的社会现实。三是反讽与怀旧。后现代艺术和文化中常见的反讽手法在废墟美学中表现为对现代性追求完美、进步叙事的讽刺，以及对废墟本身的怀旧，废墟不仅暴露了现代文明的脆弱和短暂，也激起了对过去时光的浪漫化想象，这种怀旧情绪与后现代对过去片段的重新拼贴和重构的特性相契合，形成一种复杂的情感体验。四是空间与权力。后现代理论关注空间的生产与权力关系，废墟美学则通过展示废弃空间的转变，反映了社会变迁、权力转移和身份认同的流动性，废墟不仅是物质空间的遗存，更是社会关系、权力结构和集体记忆的载体，其再生过程往往伴随着权力的重新分配和社会空间的再组织。五是消费文化与批判。

在后现代消费社会中，废墟美学亦成为一种批判工具，针对消费主义的无限扩张和文化商品化，它提醒人们关注物质消费背后的历史、环境和社会成本，同时也提供了对消费主义进行文化抵抗的可能，通过展示废墟的美学价值，提倡更为深度和可持续的消费观。六是创意再生与身份构建。后现代文化鼓励创新与实践，废墟美学在此背景下成为城市再生和身份构建的重要手段，通过对废墟的创意性改造，不仅赋予城市新的活力，也为居民提供了表达集体记忆和个人身份的空间，这种再生过程体现了后现代对创造性、差异性和流动性的追求。综上所述，废墟美学与后现代性之间存在深刻的互文性，它们共同探索了历史、记忆、空间、权力、消费和文化身份等多重维度，反映了当代社会复杂多样的面貌。

废墟美学与后现代性之间既存在相互呼应的关系，又不能仅仅将废墟美学视为一种审美趋势。一方面，废墟美学的残破和混杂特征与后现代文化的解构特征相呼应。后现代文化强调对传统审美和文化的解构，追求对权威性和中心化的消解。废墟的残破和混杂状态恰恰体现了这种解构的特征。废墟美学通过展示废墟的残破和混杂状态，呼应后现代文化对传统审美和文化的挑战，表达对权威性和中心化的质疑。另一方面，废墟美学的多元特征与后现代文化的多元特征相呼应。后现代文化强调多元性和多样性，追求不同文化、价值观和审美观的共存。废墟美学通过展示废墟的多元特征，体现了这种多元性。废墟美学中的废墟不再只具有单一的象征，而是包含了多种意义和解读的载体。这种多元性使得废墟美学成为后现代文化中的一种重要审美趋势。废墟美学在后现代语境中的地位和作用不容忽视。废墟美学的存在不仅为艺术家提供了一种独特的创作素材，也为观众提供了一种新的审美体验。废墟美学的残破、混杂和多元特征使得废墟成了一种具有后现代特征的文化现象。废墟美学在后现代语境中，不仅是对传统审美的挑战，也是对人类存在和历史的反思。然而，废墟美学的后现代性也引发了一些问题。废墟的残破和混杂状态可能导致文化浅表化和消费化。废墟美学的多元特征可能导致文化的碎片化和分散化。因此，在探索废墟美学的后现代性时，我们需要保持对文化深度和连续性的关注，避免将废墟美学仅仅视为一种审美趋势。总之，废墟美学与后现代性之间存在着密切的关系。废墟美学的残破、混杂和多元特征与后现代文化的解构、多元、碎片化等特征相呼应，这使得废墟美学在后现代语境中成为一种重要的文化现象和审美趋势。废墟美学的存在不仅为艺术家提供了独特的创作素材，也为观众提供了新的审美体验。

# 第四节　本章小结

　　废墟美学在现代社会中扮演着多重角色，它不仅是艺术与文化领域的一种独特表现形式，也反映了现代社会对于历史、记忆、身份以及环境的复杂态度。在快速发展的现代社会中，废墟作为过去物质的残留，成为连接现在与过去的重要纽带。它展示了时间的流逝与文明的变迁，提醒人们反思历史，理解自身文化的连续性与断裂性，从而增强了现代人对文化遗产的尊重与保护意识。废墟美学作为一种艺术概念，影响了建筑、摄影、文学、电影等多种艺术领域。艺术家和设计师常从废墟中汲取灵感，创造出既反映现实又超越现实的作品，探讨现代性背景下的美、衰败与再生主题。这种审美趋势挑战了传统美感标准，拓宽了美的定义范畴。废墟常常被视为现代性负面后果的象征，如战争破坏、环境退化、过度消费后的遗弃等。通过废墟美学的视角，现代社会的矛盾与危机得以暴露，促使人们对现代生活的本质、价值观、环境伦理等问题进行深刻反思。在一些社群中，探索和记录废墟成了他们共同的兴趣与活动，如废墟探险、废墟摄影等，这不仅促进了个体间的情感共鸣与经验分享，也构建了一种基于共同兴趣的社群身份。废墟成了一种社会交往的新媒介，加强了现代社会中人与人之间的联系。在某些情况下，对废墟的再利用与改造体现了可持续发展的理念，即将废弃空间转变为具有功能性和美感的新场所。这种实践不仅减少了资源消耗，也展现了创意与创新，是现代社会应对环境挑战的一种积极策略。总之，废墟美学不仅是一种审美趋势，更是现代社会文化、经济、环境等多个维度相互作用的结果，它促使我们找到重新评估价值、意义与未来的发展路径。

# 第六章　废墟美学实践的要素与策略

　　废墟美学实践涉及艺术家如何运用废墟元素来创造艺术作品，以及如何通过这些作品传达特定的审美观念和情感。艺术家通过探索、保护和再创造，赋予废墟新的文化、历史和艺术价值。第一，废墟美学实践对废墟原有的历史背景和文化记忆表示尊重，这意味着艺术家在创作或改造过程中，要深入了解废墟的过去，保留其历史痕迹，避免破坏原有的历史信息。第二，废墟美学实践重视审美的再发现，废墟美学强调在破败与残缺中发现美，通过艺术手段如摄影、装置艺术、雕塑或表演，揭示废墟独特的美学价值，艺术家常利用光线、阴影、纹理等元素，捕捉废墟的诗意与苍凉美。第三，废墟美学实践注重叙事与象征。废墟不仅是物质的存在，更是故事和象征的载体。废墟美学实践常常围绕废墟的叙事性展开，通过作品讲述场所的故事，反映社会变迁、人类情感或自然与文明的关系，使观众产生共鸣。第四，废墟美学艺术实践也注重互动与参与，鼓励观众直接参与，通过互动体验加深对废墟的理解和感知。通过邀请观众进入、触摸或互动，或通过导览、工作坊等形式，使人们主动探索和学习。第五，废墟美学艺术实践重视可持续性与再生理念，在废墟美学的实践中，考虑环境的可持续性至关重要，这涉及使用环保材料、促进生态恢复或通过艺术项目激活废弃空间，使之成为社区的积极资产，促进社会和经济的再生。第六，废墟美学实践重视批判与反思，艺术作品常蕴含对消费社会、现代化进程中问题的批判与反思，如对资源浪费、环境破坏和文化同质化的批判与反思，通过废墟这一媒介，艺术家提出对当前发展模式的质疑，促进人们与社会对话。第七，废墟美学实践重视跨界合作，其往往需要跨学科合作，结合历史学、建筑学、社会学、环境科学等领域的知识，以及加强与地方政府、社区团体的协作，共同探索最佳的保护与利用方案。总之，废墟美学实践不仅创造出了独特的美学体验，也促进了人们对历史的保护、对环境的责任以及对社会文化的深刻思考。

# 第一节　废墟美学实践的要素

## 一、反思性

废墟美学的反思性是指这种美学形式所具有的对现实社会、历史文化和环境问题进行思考和批判的能力。废墟美学作为一种独特的审美视角和文化现象，关注的是废弃、破损、残缺的物体或场所所蕴含的美学价值和深层意义。废墟美学不仅仅关乎视觉上的美感，更是一种深刻的文化反思与哲学探索。其反思性特征体现在多个维度。一是时间与历史的反思。废墟作为时间流逝和历史变迁的物质见证，促使人们反思过往文明的辉煌与衰落，思考人类社会的兴衰更替，它如同时间的化石，让观者在残垣断壁间追溯历史，对人类历史的连续性和断裂性进行深思。二是文化和记忆的重建。废墟不仅仅是物质形态的残留，更是文化记忆和集体认同的载体，通过对废墟的审美，人们在心理和情感层面上重建过去，重新记起被遗忘的历史片段，从而对自身文化的根源、身份和归属感进行反思。三是自然与人文关系的审视。废墟美学还反映了人与自然关系的变化。自然力量如风化、侵蚀，或是人为因素如战争、遗弃，导致建筑的毁灭，展现了自然恢复力与人类文明之间的动态平衡，这促使我们反思人类活动对自然环境的影响，以及思考如何在尊重自然的基础上发展文明。四是现代性与进步叙事的批判。在现代化进程中，对新奇和进步的不断追求往往伴随着对旧事物的抛弃，废墟美学通过展示曾经辉煌、如今荒废的景象，对这种线性进步观提出质疑，促使我们反思现代性的代价，包括环境破坏、文化同质化等问题，以及对"进步"概念本身进行再定义。五是审美观念的拓展。传统美学往往强调完整、和谐与完美，而废墟美学则挑战了这一标准，让人们在不完整、破碎中发现美，拓宽了审美的边界。这种转变促使我们反思美学价值判断的标准，认识到美可以是复杂多样的，包括哀伤、苍凉乃至毁灭的美。综上所述，废墟美学的反思性不仅体现在对时间和历史、文化记忆、自然与人文关系、现代性与进步叙事以及审美观念的深入思考上，也鼓励我们以更加全面和深刻的角度审视人类文明的轨迹及其对当前和未来的影响。

废墟美学实践重在对其反思性的探索。废墟美学实践通过引导人们关注废墟背后的历史、社会和环境意义，激发人们对废墟现象的思考和反思。废墟美学实践提升人们对社会现象的批判意识。例如，城市化进程中的拆迁问题、环境破坏等，艺术家通过创作表达对社会问题的关注，引发公众对这些问题的思考。废墟美学实践引发人们对历史的反思。废墟作为历史的见证，承载着丰富的历史文化信息，废墟美学的创作常常引发人们对历史的反思，让人们思考历史的发展脉络和遗产的传承。废墟美学实践提倡环保意识，艺术家通过艺术创作表达对抗击环境破坏、倡导可持续发展的呼唤。这种反思性有助于提高公众的环保意识。废墟美学实践引发人们对人类命运的反思。废墟美学还关注人类命运问题，艺术家通过作品表达对人类未来发展的思考，废墟作品常常带有一种超越时空的维度，引导人们思考人类社会的长远未来。废墟美学实践探索人类情感与心理。废墟美学作品常常具有强烈的情感色彩，反映了艺术家和观众内心的情感体验，这种反思性有助于人们了解和探讨自己的情感和心理状态。废墟美学的艺术实践引领时代审美观念。废墟美学的反思性还体现在对传统审美观念的挑战和突破上，废墟美学作品往往打破了常规的审美规范，引导人们重新审视美和艺术。通过废墟美学的反思性，人们可以更深入地理解废墟背后的意义，反思社会、历史、文化和环境问题，从而促进个人和社会的可持续发展。

## 二、悲剧性

悲剧具有较高的美学价值。悲剧作为一种文学和艺术形式，自古以来就在人类文化中占据着核心地位，它以其独特的美学价值吸引着无数创作者和观赏者。第一，悲剧通过展现人物的不幸遭遇、道德冲突和不可避免的毁灭，使观众或读者经历强烈的情感波动，包括悲伤、同情、恐惧和怜悯等，这种情感的深度体验，能够深化个人的情感世界，促进共情能力的发展。第二，悲剧经常围绕着道德选择、正义与邪恶、自由意志与命运等主题展开，促使观众对这些基本的伦理问题进行反思；通过悲剧中人物的抉择与结果，观众得以审视自身价值观念，理解复杂的人性和社会规则。第三，悲剧通过展示美好事物的毁灭，突显出生命的脆弱与宝贵，在毁灭与失去中，人们更能体会到存在的价值，以及珍惜眼前人和事的重要性。悲剧中的牺牲和奋斗往往强调了即使面对必然的失败，也要坚持原则和保持尊严的高尚品质。第四，悲剧之美在于其强烈的情感冲击力和艺术张力，这种"毁灭的审美"让观众在安全的距离外体验到极致的悲痛，同时又能从中获得某种审美愉悦，悲剧的震撼力在于它能触动人心，激发出人们对生活的深刻理解和感悟。尽管悲剧常常以人物的失败和死亡告终，但它也展现了人性的伟大与光辉。悲剧英雄的抗争、牺牲和不屈，体现了人类超越苦难、追求理想的精神，这种对超越性的追求，使得悲剧成为一种激励人们面对困难、勇于担当的美学表达。

第五，悲剧作品往往反映特定历史时期的社会矛盾、道德观念和文化特色，成为观察和理解一个时代精神面貌的窗口。通过悲剧，我们可以窥见历史的沧桑变化，以及人类在不同文明阶段面临的共同困境。第六，亚里士多德提出的"净化说"认为，悲剧能够通过情感的宣泄达到净化心灵的效果，观众在悲剧体验中释放负面情绪，从而达到心灵的平静和道德的提升，实现情感和精神上的平衡与和谐。总之，悲剧的美学价值在于它能激发深刻的情感共鸣、提供道德反思的平台、彰显生命的意义、带来美学上的震撼与享受、促进精神的超越与升华、反映历史文化的深度，以及通过情感的净化作用，促进个体的心理健康和社会道德提升。

残缺美是废墟美的哲学前提，废墟美学的悲剧性特质与生俱来。理由有六：一是废墟就是时间的见证。它诉说着过往的辉煌与没落，唤起人们对消逝文明和历史事件的回忆，这种对过往的怀念与哀悼，展现了时间不可逆转的残酷性，以及人类努力与自然或历史力量抗衡的徒劳感。二是废墟之美，在于它展现了美与毁灭的并存。曾经的宏伟建筑或艺术品，如今只剩下残缺的碎片，这种由完整至破碎的转变，引发了人们对美的短暂性与不稳定性的深刻思考，废墟之中又孕育着新生，自然界逐渐覆盖和重构这些空间，展示出生命力的顽强与自然循环的哲学。三是废墟本身寓意着人性与社会的悲剧。废墟常常是战争、灾难、社会动荡的直接产物，它见证了人性中的恶与善、强权与抵抗、繁荣与衰退，对废墟的审美，不仅仅是对物质形态的欣赏，更是对人类行为、社会结构及其后果的深刻反思，揭露了文明进步背后的阴影。四是废墟美学催生审美观念的颠覆。传统美学倾向于追求完美与和谐，而废墟美学则挑战了这一标准，它在不完整和破败中寻找美，这种反差构成了审美经验中的悲剧性，它迫使观者重新定义美的概念，认识到缺陷与伤痕同样具有美学价值，从而引发观者对审美标准的深刻质疑。五是废墟美学关注文化身份与丧失的记忆。废墟的悲剧性还体现在对文化记忆的抹除，随着历史遗址的消失，与其相关的文化身份、故事和传统也随之淡去，对文化遗产造成不可挽回的损失，这种文化断裂感，让人感到深深的遗憾与失落。六是废墟美学研究自然与人类关系的悲剧。废墟美学还反映了自然与人类活动之间紧张的关系，自然灾害造成的废墟提醒人们自然力量的不可抗性，而人类过度开发等行为导致了废墟，这显示了人类活动对自然环境的破坏，引人深思。综上所述，废墟美学的悲剧性特质不仅体现在对物质形态的直接感知上，更体现在更深入地对时间、历史、人性、文化、自然以及审美理念的深刻反思上，触发了人们对存在本质、价值判断及未来发展道路的深度思考。

废墟美学实践重在对悲剧性特质的探索。"荒涂无归人，时时见废墟。"古代诗人就经常以废墟为题材作诗咏叹悲伤没落的心理感受，可见废墟在视觉上的破败与荒凉可以更深层次地触及人类情感等多方面的内容，因此探索废墟美学的悲剧性特质在艺术创作实践中是比较重要的。理由之一，废墟是历史悲剧的见证。废墟往往是战争、灾难、时代变迁等不幸事件的结果，它作为沉默的见证者，记录着人类历史上的悲剧与痛苦，这些遗迹如同历史的伤疤，让人直观感受到文明的脆弱与人性的矛盾，激发起人们对过往苦难的同情和对和平的渴望。理由之二，废墟是时间与消逝的哀歌。废墟是时间流逝的象征，它展示了即便是最辉煌的文明与建筑也无法逃脱被岁月侵蚀的命运，这种对消逝之美的欣赏，实际上是对生命有限性、一切终将归于尘土的悲剧性认识，引发人们对存在本质、时间价值和生命意义的深刻反思。理由之三，废墟暗示理想与现实的断裂。许多废墟曾承载着建造者的梦想与希望，但最终未能逃脱被遗弃或被毁坏的命运，这反映了理想与现实之间存在巨大鸿沟，这种断裂不仅是物理空间的，也是精神层面的，映射出人类在追求完美与永恒过程中遭遇的挫败与无奈。理由之四，废墟暗示文化记忆的消逝。废墟不仅仅是物质结构的残余，它还是文化身份与集体记忆的重要组成部分，当这些遗迹逐渐消失或被遗忘时，随之而去的是一个民族、一个时代文化传承与历史记忆的消逝，这种文化的消逝具有深刻的悲剧色彩，让人痛惜文明成果的不可逆损失。理由之五，废墟揭示美的悲剧性。在废墟美学中，美并非单纯来源于形式的和谐与完美，而是源自残缺、破败中的力量与哀愁，这种美带有一种悲壮感，它让人在哀叹与惋惜中体会到一种超越性的价值，即在绝望与毁灭中仍能发现生命的尊严与坚韧。理由之六，废墟预见对未来的警示。废墟作为过去的镜像，也向我们展示了可能的未来——如果人类继续忽视自然、继续战争或延续社会不公，更多辉煌成就可能会重蹈覆辙，变成明日的废墟，这种预见性的悲剧促使我们对当前行为进行深刻反省，思考如何避免历史悲剧的重演。综上所述，废墟美学中的悲剧性不仅在于对已逝辉煌的缅怀，更在于它引导我们深入思考人类存在的根本问题，以及我们在时间长河中所扮演的角色和应承担的责任。

## 三、崇高性

崇高性是一个美学和哲学概念，它描述的是一种超越常规美感体验的、令人震撼和敬畏的情感状态。崇高性通常与宏大的自然景观、伟大的艺术作品、深刻的思想或崇高的道德行为相关联，其特征在于激发人们内心深处的情感，引发人们对生命意义的深刻思考，以及对无限、永恒、力量等超验概念的直观感受。崇高性有六个方面的特征。一是超越性。崇高之美超越了日常经验和感官享受的范畴，触及人的灵魂深处，激发人们对宇宙、自然、人性或精神世界的敬畏之情，它超越了形式美，触及存在本质。二是力量与威严。崇高性往往与巨大的力量、广袤的空间或无法抗拒的自然现象相联系，如高山峻岭、暴风雨、浩瀚星空等，这些景象展现出自然界的雄伟与不可征服性，引发人类对于自身渺小的深刻认知。三是恐惧与惊叹的混合。崇高性体验往往伴随着一种既恐惧又赞叹的情感，面对自然的壮丽或艺术的伟大，个体可能感到自身的微不足道，同时又被其无限魅力深深吸引，这种复杂的情感反应正是崇高性的独特之处。四是道德与精神。崇高性不仅仅是一种感官或情感的体验，它还能激发人的道德感、精神追求和创造力，崇高体验能够鼓舞人心，促使人们向往更高尚的道德境界，追求精神的自我超越。五是无限与未知。崇高之美常常与对无限、永恒和神秘的探索联系在一起，它鼓励人类探索未知，挑战极限，追求知识和智慧。六是艺术与语言的极限。在艺术领域，崇高性指那些试图表达无法用言语或图像捕捉的作品，这些作品往往通过象征、暗示、对比等手法，试图传达超越直接表现范围的情感和思想，促使观众进行深思。总之，崇高性是一种触及心灵深处，引发人们对宇宙、生命、道德及艺术极致之美的深刻反思与敬畏之情的美学体验。它挑战人类的认知极限，激发人们对更广阔领域的探索和思考。

崇高性具有重要的美学价值。崇高性是人类精神追求和审美经验中的一个重要维度，对个人成长、文化发展及社会价值观有着深远影响。崇高性的美学价值主要体现在七个方面。一是心灵的净化与升华。崇高性体验能够引发强烈的内在情感，如敬畏、惊叹和冲动，这种情感的释放有助于个体心灵的净化与升华，促进道德情操的培养，在面对自然的壮丽或伟大艺术作品时，人们往往会反思自己的行为和价值，追求更高的精神境界。二是想象力与创造力的激发。崇高性以其超越日常经验的特质，激发人们的想象力，推动创造性思维的发展，艺术家、作家和思想家常从崇高的自然景观或人类成就中汲取灵感，创作出超越时代、引领文化潮流的作品。三是人类共通性的体验。崇高性体验超越了种族、国界和文化的界限，成为人类共有的情感体验，它促使人们认识到在宇宙面前人类的渺小，促进人类相互间的理解和团结，为构建全球性的伦理提供了基础。四是道德与伦理的强化。崇高性在激发个体对宇宙、自然和人类伟大成就的敬畏的同时，也促进人们对道德规范和人类责任的深刻思考，这种体验可以加强个人的社会责任感和加深对正义、善良的追求，是推动社会正向发展的精神动力。五是对无限与永恒的探索。崇高性鼓励人们探索未知，对宇宙的奥秘、生命的起源、时间的无尽性等终极问题进行思考，这种探索不仅是科学进步的源泉，也是哲学、宗教和艺术等领域持续发展的重要驱动力。六是艺术与美学的拓展。崇高性美学挑战了传统美学的界限，推动了艺术表现形式和理论的创新，艺术家通过各种媒介尝试表达难以言喻的崇高情感，促进艺术风格的多样化。七是心灵的慰藉与希望。在面对生活中的困难和挑战时，崇高性能够给予人们安慰和力量，帮助人们走出眼前的困境，看到更广阔的前景和更多的可能性，这种心灵的支持是人类面对逆境时不可或缺的精神支柱。综上所述，崇高性的美学价值不仅在于它能提供深刻的情感体验和精神上的满足，更在于它对个体成长、社会进步、文化创新以及人类共同价值体系构建的深远影响。崇高性是人类文明发展的重要精神资源，激励着人类不断探索、创造和超越。

　　废墟美学实践重在对崇高性特质的探索。废墟美学的崇高性特质是指在废墟这一特定审美对象中所体现出来的超越性、震撼力，以及对人类精神的深刻触动，它与传统意义上的崇高性美学紧密相连，同时也具有其独特之处。具体来说，废墟美学的崇高性表现在六个方面。一是时间与历史的崇高。废墟作为时间的印记，展现了历史的深邃与沧桑，它静静地诉说着过往文明的兴衰更替，这种跨越时空的对话，激发了人们对宇宙无尽、时间永恒的深刻感悟，以及对人类历史在广阔宇宙背景下的微小与伟大并存的认识。二是自然力量与人类创造的交响。废墟中既有人类文明的痕迹，也有自然侵蚀的烙印，这种自然与人类文明交织的场景呈现出一种力量的碰撞感与和谐感，让人在自然的恢弘与人类创造的辉煌中感受到双重的崇高感。三是悲剧性与重生的象征。废墟作为曾经辉煌的遗迹，其破败与荒凉本身便是一种悲剧美的展现，然而正是这种毁灭孕育了新生的可能，在废墟中，人们看到了生命的循环、文明的再生，这种从毁灭到重生的象征，是崇高性中包含的希望与救赎。四是精神的超越。面对废墟，人们往往会产生对生命、存在和意义的深刻反思，废墟的荒芜与寂静促使观者超越日常生活的琐碎，进入对生命本质、历史意义和人类命运的沉思，这种精神上的提升与超越是崇高性的核心。五是审美与道德的双重震撼。废墟美学不仅仅是视觉上的震撼，更是心灵与道德的触动，它促使人们思考文明的脆弱、战争的残酷、人类行为的后果，以及我们对自然环境的责任，从而在审美体验中融入深刻的对道德与伦理的考量。六是艺术与现实的交融。废墟自身成了一种自然的艺术品，它未经刻意雕琢却展现出非凡的艺术魅力，同时又是历史与现实交汇的代表，让人在欣赏艺术的同时，反思现实社会的问题与挑战，增强了艺术的现实意义与社会价值。总之，废墟美学的崇高性在于它能够唤起人们对于时间、历史、自然、生命、道德以及艺术与现实关系的深刻思考，激发人们内心的敬畏、惊叹等情感，进而促进个人精神的提升和对社会文化的深思。

## 四、共情性

共情性又称为同理心、移情或者神入，是指个体能够理解并感受他人的情绪、想法及心理状态的能力。这种能力使人们能够暂时放下自己的视角，设身处地地进入他人的精神世界，体验对方的感受，从而更加深刻地理解对方。共情不仅仅是情感上的共鸣，还包括认知层面的参与，即理解他人情绪背后的原因和逻辑。共情的过程通常包含情感共鸣、认知理解、沟通表达三个方面：情感共鸣指个体能够自动地感受并体验他人的情绪，这种情绪反应与对方的情绪状态相匹配；认知理解指通过观察他人的言行，结合自身的知识和经验，深入理解对方为何会有这样的情绪和想法；沟通表达指运用有效的沟通技巧，将自己的共情传达给对方，确认理解的准确性，并对对方的情绪做出恰当的反应，这有助于建立信任和增进亲密感。共情在人与人之间的交流中扮演着至关重要的角色，它有助于建立良好的人际关系、增进相互理解、促进社会和谐。在心理咨询、教育、领导力、医疗保健等多个领域，共情都被视为一项基本且重要的技能。共情的理论最早由人本主义心理学家卡尔·兰塞姆·罗杰斯系统阐述，后来也被广泛应用于其他心理学流派和学科研究中。

共情性具有重要的美学价值。共情性作为一种人类情感与认知能力，在美学领域同样发挥着重要作用，其美学价值可以从以下六个方面进行探讨。一是加深艺术体验。共情性使观众或读者能够更深入地理解和感受艺术作品中的人物情感和情境，通过共情，观众仿佛亲身经历了作品中描绘的故事，增强了艺术体验，使艺术作品更加生动有力，促进了人们情感的共鸣和审美体验的深化。二是促进跨文化交流。在多元文化环境中，共情性是理解和欣赏不同文化背景下艺术作品的关键，通过共情，人们能够跨越文化差异，理解并感受到异域文化的美学特征和情感表达，这能促进文化的交流与融合，增强对文化多样性的价值认知。三是艺术创作的灵感源泉。艺术家在创作过程中，往往需要借助共情来深入挖掘和表现人性的复杂性，创造出触动人心的作品，共情使他们能够从不同视角出发，细腻地刻画人物心理，丰富作品的层次和深度，增强艺术作品的普遍性和感染力。四是道德与社会批判的载体。艺术作品常通过共情机制引发观众对社会现象的反思和道德判断，共情性使人们能够深切体会作品所呈现的社会问题及其背后的人性挣扎和道德困境，从而激发社会责任感，促进社会正义和道德价值的传播。五是审美教育的作用。在审美教育中，共情性是培养审美能力的重要途径之一，通过引导学习者对艺术作品进行共情体验，不仅可以提高他们的情感理解能力，还能培养其批判性思维，使他们学会从不同角度分析和评价艺术作品，形成更加全面和深入的审美观。六是情感治愈与心理疗愈。艺术的共情体验具有显著的心理疗愈功能。在面对艺术作品时，人们通过共情释放情感，得到安慰和理解，这对于缓解心理压力、治疗心理创伤具有积极作用，艺术疗法正是利用了共情性这一美学价值，帮助人们通过艺术来达到心灵的自我探索和恢复。总之，共情性在美学领域不仅加深了艺术体验的深度和广度，促进了文化的交流与理解，而且在艺术创作、社会批判、审美教育、情感治愈等方面都发挥着不可替代的作用，是连接艺术与人类情感世界的桥梁，丰富了美学的内涵与价值。

废墟美学实践重在对共情性特质的探索。废墟美学作为探讨废弃、残破空间美感的一个领域，其实践中追求共情性不仅是必要的，而且是核心所在。其理由存在于五个方面。一是理解历史与记忆。废墟不仅仅是物质的遗存，它承载着丰富的历史信息和集体记忆，共情性使得观察者能够超越表面的破败，深入理解这些遗迹背后的故事、曾经的生活以及它们对过去生活在这里的人们的意义，这种情感上的联系有助于构建一个更加立体、多维度的历史叙事框架，使得废墟不再是孤立的物体，而是有温度的历史见证。二是情感共鸣与审美体验。废墟往往激发人们对时间流逝、生命脆弱性的深刻思考，共情性让观赏者能够与废墟的"伤痕"产生共鸣，感受到一种超越物质衰败的美——这是一种关于时间、记忆与变迁的美学，共情性促使人们在这些看似无生命的结构中发现生命力，从而获得独特的审美体验和情感满足。三是社会责任与人文关怀。废墟美学不仅仅是对美的追求，也是一种社会责任的体现，共情性促使我们关注废墟背后的社会变迁、环境影响以及人类活动的后果，通过对废墟的共情理解，可以提升公众对环境保护、城市规划、文化遗产保护等方面的意识，促进对历史与人文景观的尊重与保护。四是创造性转化与再生。在废墟再生项目中，共情性是激发创新设计灵感的关键，设计师和艺术家通过共情，理解废墟的原始功能、环境语境及文化意义，从而在保留历史痕迹的同时，赋予废墟新的生命，这种基于共情的创造性转化，不仅保留了记忆，也为城市提供了新的功能空间，促进了城市可持续发展。五是心理与情感疗愈。废墟往往与失落、悲伤等负面情绪相连，但通过共情，这些空间也可以成为心灵治愈的场所，人们在废墟中找到共鸣，面对并接受失去，进而实现心理的重建和成长，废墟美学的实践因此也具有了心理支持和社会康复的功能。总之，废墟美学中的共情性追求，不仅是为了深化个体的审美体验，更是为了建立一种更加广泛的社会、文化与情感联系，促进历史的传承、文化的反思、社会的发展以及个人的情感成长。通过共情，废墟美学得以超越物质层面，触及人类共有的情感本质和精神需求。

## 五、生态性

生态概念的萌芽可以追溯到古代，不同文明中都蕴含着对自然界生物与环境相互作用的朴素认识。例如，在中国古代，道家哲学强调"天人合一"，认为人应当顺应自然规律生活，体现了人与自然和谐共处的思想。而在西方，古希腊哲学家亚里士多德对动植物进行了分类，并初步探讨了生物与其环境的关系，这可以视为生态思想的早期体现。生态学是研究生物与生物之间以及生物与环境之间关系的学科。研究范围包括个体、种群、群落、生态系统以及生物圈等层次。"生态学"一词是德国动物学家恩斯特·海克尔于1869年提出的。海克尔在其动物学著作中定义的"生态学"是研究动物与其有机及无机环境之间相互关系的科学，特别是动物与其他生物之间的有益和有害的关系。后来，他将"生态"一词用于指自然环境中各种因素的相互作用，特别强调这种互动是如何产生一种平衡和健康的环境的。20世纪30年代，已有不少生态学著作和教科书阐述了一些生态学的基本概念和论点，如食物链、生态位、生物量、生态系统等。至此，生态学已基本成为具有特定研究对象、研究方法和理论体系的独立学科。

生态学的发展经历了三个重要阶段。古典生态学阶段（19世纪末至20世纪初）。这一时期，生态学家主要关注单个物种的生活史、分布和种群动态，以及物种间的竞争与共生关系。生态系统生态学阶段（20世纪中叶）。随着林德曼关于能量流动和食物链的理论，以及坦斯利生态系统概念的提出，生态学开始侧重于研究生物群落及其环境组成的整体系统。现代生态学阶段（20世纪末至今）。这一阶段，生态学研究方法和技术得到极大发展，分子生态学、景观生态学、全球变化生态学等分支兴起。同时，生态学与其他学科的交叉融合，如生态经济学、恢复生态学，以及对可持续性的深入探讨，使其应用范围更加广泛。

生态学研究的现实意义至少体现在以下几个方面。在环境保护与资源管理方面，生态学原理指导我们如何合理利用自然资源，防止环境污染和生态破坏，维护生态平衡，如通过生态修复技术恢复受损生态系统。在气候变化应对方面，生态学帮助我们理解全球气候变化对生态系统的影响，以及生态系统如何影响全球气候，这为减缓和适应气候变化提供科学依据。在生物多样性保护方面，生态学研究揭示了生物多样性的重要性及其面临的威胁，为制定保护策略和建立自然保护区提供科学基础。在可持续发展方面，生态学原则是实现经济、社会、环境协调发展的基石，为绿色经济、循环经济等可持续发展模式提供理论支持。在公众教育与意识提升方面，提高公众对生态问题的认识，促进生态伦理的形成，鼓励人们采取环保行动，这些是实现人与自然和谐共生的重要途径。总之，生态概念从古代朴素的认知逐渐演变为一门复杂的现代科学，其发展不仅深化了我们对自然界运作机制的理解，更是在全球环境问题日益严峻的今天，为寻求解决方案提供了不可或缺的知识体系和方法论。

生态美学的研究具有重要意义。生态美学是一门将生态学与美学原理相融合的新兴学科，它探讨和分析人与自然环境及与生态系统之间的审美关系。生态学作为自然科学的一个分支，专注于研究生物体（包括人类）与其生活环境的相互作用；而美学则是哲学的一个领域，关注人类的审美体验和美的本质。生态美学便在这两者交汇之处应运而生，它不仅涉及对自然界的美学欣赏，还涉及人与自然和谐共存的哲学美学思考，以及对生态环境的经验美学探讨。生态美学的核心在于强调"生态真""生态善"与"生态美"的统一，即在顺应生态规律的基础上，追求生态系统的和谐与生命的活力之美。这一学科借鉴道家美学、海德格尔的存在论美学等理论，倡导"天人合一"的思想，认为真正的美应当体现自然界的完整生态秩序和生命的内在活力，而非仅仅局限于传统艺术美学的范畴。此外，生态美学也影响了现代设计、建筑等领域，催生了一种更加尊重自然、寻求与环境和谐共生的设计理念。在实践层面，生态美学鼓励人们发现并保护未经人工干预的自然美，同时也提倡通过艺术和设计手段提升公众的生态保护意识，促进可持续的生活方式和环境伦理的建立。

如果从审美的角度理解和评价自然环境及生态系统的美，它不仅仅局限于自然景观的外在美感，更深层次地触及人与自然之间的关系、生态系统的内在和谐，以及生态平衡的价值。生态性的美学意义主要体现在五个方面。一是自然之美与心灵的和谐。生态美学认为，自然界的美不仅仅是视觉上的享受，更重要的是它能激发人的内心情感，促进人的精神健康和心灵成长，山川湖海、森林草原等自然景观，以其不加雕饰的原始美让人感受到宁静、壮丽或崇高的情感，从而达到心灵与自然的和谐统一。二是生态系统的内在秩序。从生态美学的角度看，自然界的美还体现在复杂而精妙的生态系统中。各种生物之间、物质循环和能量流动构成了一个动态平衡的网络，这种内在的秩序和和谐本身就是一种高级的美，它启示人们，自然界的每一个组成部分都有其存在的价值和意义，这种整体性和相互关联性是生态美学的核心。三是人与自然的共生关系。生态美学强调人类不是自然的征服者，而是自然的一部分，人与自然应该是和谐共生的。通过审美体验，人们可以更深刻地理解自己与自然界的紧密联系，从而产生保护自然的责任感和紧迫感，生态危机背景下，这种美学体验促使人们反思现代生活方式，寻求更加可持续和更环保的生活方式。四是生态伦理与价值观。生态美学还涉及生态伦理的问题，即在审美体验的基础上，形成尊重生命、保护环境的价值观。它倡导的是一种超越人类中心主义的伦理观，认为所有生命形式都有其固有价值，人类应当以谦卑和敬畏之心对待自然，这种价值观对于推动环境保护、促进生态正义具有重要意义。五是文化与生态的互动。生态美学还关注文化与生态的互动关系，认为不同的文化背景会影响人们对自然美的感知和表达，同时，生态美学也可以成为跨文化交流的桥梁，促进不同文化圈生态保护共识的形成，通过艺术、文学、设计等文化形式，生态美学传递了对自然之美的赞颂和对生态危机的警示，激发全球范围内的环保意识和行动。总之，生态性的美学意义在于它不仅提升了人们对自然美的欣赏能力，更重要的是促进了人类对自然的理解和尊重，引导人们在日常生活中实践生态伦理，为构建可持续发展的未来贡献力量。

生态性特质的探索也是废墟美学实践的重要内容之一。作为一种独特的文化现象和审美取向，废墟美学实践对于人类社会的生态发展具有深刻的价值和意义，主要有六个方面的体现。一是反思工业文明与自然的关系。在后工业时代，废墟美学提醒我们反思过去工业发展对自然环境造成的破坏，通过欣赏那些在废弃工厂、矿场或其他工业遗址上生长的植被，人们开始认识到自然恢复力的同时，也意识到必须改变与自然的相处模式，推动可持续发展。二是提升环境保护意识。废墟美学鼓励人们从废墟中发现美，这种美往往伴随着对环境破坏的哀悼，促使公众对环境问题产生共鸣，增强环保意识，当人们看到曾经辉煌的建筑变为废墟，而自然又在这些废墟中顽强重建，这成为一种生动的教育，让人们更加珍惜现有环境资源。三是文化记忆与身份认同。废墟不仅是物质的遗存，也是历史和文化的见证。通过对废墟的审美，人们能够追溯城市或地区的过往，理解其发展历程，从而加深对本土文化的认同感，这种对过去的回顾，有助于构建一个更加连贯的社会文化身份。四是激发创新与创意。废墟空间常常被重新诠释和利用，成为艺术创作、公共艺术项目或城市再生计划的一部分，这种再利用不仅赋予废墟新的生命，也为城市规划和设计提供了新思路，促进了循环经济和绿色建筑的发展。五是社会心理疗愈。在废墟中寻找美，某种程度上也是一种心理疗愈过程，它帮助人们接受变迁、衰败与重生的自然规律，为处于快速变化社会中的人们提供了一种心灵慰藉，使人们增强了面对未来不确定性的韧性。六是推动生态文明建设。废墟美学强调自然与人文的和谐共生，倡导一种尊重自然、顺应自然的生态文明理念，它鼓励人们在发展经济的同时，还要考虑生态的承载能力，推动绿色低碳的生活方式和社会发展模式形成。所以，废墟美学不仅是一种审美上的探索，更是对人类社会未来发展路径的一种深刻反思。它通过情感、文化和实践层面，促进了人们对生态问题的关注，激发人们对可持续发展路径的探索，为构建更加和谐的人类—自然关系提供了重要启示。

在艺术创作活动中，废墟美学的生态性实践就是指将废墟作为艺术创作题材时，所蕴含的对生态环境、自然关系以及人与自然和谐共生思想的思考和表现。废墟美学作品常常展现出对自然力量的尊重和对自然环境的关注，废墟场景中的侵蚀和生长，反映了艺术家对自然规律和自然美的认识和敬畏。废墟美学作品中的废墟场景往往体现了人与自然关系的断裂和失衡，艺术家通过对废墟的描绘，表达对人与自然和谐共生的向往和呼吁。废墟美学作品常常关注环境破坏、资源枯竭和生态危机等问题，作品通过废墟的形象，引发观众对环境问题的思考，强调生态环境保护的重要性。废墟美学作品中的废墟场景有时也象征着生态系统的失衡和破坏，艺术家通过对废墟的展现，探讨生态平衡的重要性，呼吁人类采取行动保护生态环境。废墟美学作品中的废墟场景有时也预示着自然恢复和重建的可能性，艺术家通过对废墟的再创造，表达对自然恢复和生态重建的希望和信心。废墟美学实践注重生态性，可以促使艺术家在艺术作品中思考人类与自然的关系，认识到生态环境保护的重要性，并激发对生态平衡和自然恢复的探索和追求。

## 六、独特性

独特性是指某事物具有其自身的特殊性质或特征，这些特质使它区别于其他同类事物。在不同的语境中，独特性的含义略有差异，但核心都是强调新颖、独有、非同寻常的特性。人格心理学中的独特性指的是每个人的人格结构是在遗传、环境、教育等多种因素相互作用下形成的，每个人的心理特征、行为模式、情感反应等方面都有其独一无二之处。人格的独特性体现了个体间的差异性，表明人与人之间没有完全相同的心理面貌。在创造性思维领域，独特性是创新思维的关键特征之一。它意味着能产生新颖、前所未有的想法或解决方案，它打破了传统框架，不拘泥于常规，展现出思维的新颖性和原创性。一件艺术作品设计的独特性，体现在其创意、表现手法或风格上的新颖与独到，这使得作品能够脱颖而出，成为具有辨识度的艺术表达。自然环境中的生态系统、物种或地理特征的独特性强调的是它们在全球或局部范围内的唯一性，这对于生态保护和生物多样性维护至关重要。综上所述，独特性是标识个体、思想、作品或自然现象等在特定领域或环境中与众不同特质的概念，它是认识世界多样性和促进个性化发展的重要基础。

那么，独特性的美学价值是什么呢？独特性不仅仅是美学领域内的一种评价标准，更是一种推动艺术创新、文化多样性发展和人类情感共鸣的力量。独特性的美学价值体现在以下六个方面。其一，激发创造力与创新能力。独特性鼓励艺术家和设计师打破常规，探索未知的表达方式，创造出前所未有的作品。这种追求新颖和原创的过程是艺术发展和美学演进的动力源泉。它拓宽了美的边界，使艺术作品不仅仅是美的展示，更是智慧和想象力的结晶。其二，增强艺术的辨识度与影响力。独特性让作品具有鲜明的个性特征，使之在众多艺术作品中脱颖而出，易于识别和记忆。这种辨识度不仅提升了作品的艺术地位，也加强了其在文化和社会层面的影响力，有时甚至能够成为时代的标志或文化符号。其三，丰富审美经验与促进情感共鸣。每个独特的艺术品都为观众提供了新的视角和体验，激发观众的情感反应和深层次思考。这种多样性满足了人们对于新鲜感的追求，同时也深化了个人对美的理解和感知，促进了人类情感的交流与共鸣。其四，促进文化多样性和身份认同。不同地区、民族和社群的独特艺术表现形式是文化多样性的直接体现。它们反映着各自的历史、信仰、生活方式和价值观，强化了群体的身份认同感。在经济全球化的背景下，独特性美学有助于保护和传承地方文化，防止文化同质化。其五，推动美学理论的发展。独特性挑战了传统的美学观念，促使理论家不断审视和重构美学的标准与范畴。它引导我们思考美的本质、艺术的功能以及审美经验的社会文化背景，从而丰富了美学理论的内涵。其六，促进社会对话与培养批判性思维。许多独特性的艺术作品蕴含着对社会现实的批判或反思，通过新颖的视角和表现手法引发公众讨论。这种美学价值不仅停留在视觉享受，更在于启发思考，促进社会进步和变革。总之，独特性在美学领域中扮演着至关重要的角色，它不仅关乎艺术创作本身，更是连接个体、社会、文化与自然环境的桥梁，不断拓展美学观念的范围和丰富人类精神世界。

废墟美学实践重在对独特性特质的探索。废墟美学探讨的是废墟、遗迹或废弃空间中蕴含的美学价值与文化意义。在这个语境下，独特性扮演了极其关键的角色，它不仅体现了废墟美学的核心价值，还深化了我们对历史、时间、记忆以及人类存在状态的理解。废墟美学实践中坚持独特性的价值和意义体现在以下方面。一是历史见证与记忆保存。每个废墟都是独一无二的历史见证者，它们以物质形态记录了过去的文明、事件或生活方式。这种独特性让废墟成为不可替代的历史教材，帮助我们追溯过往，理解历史的复杂性和多样性。废墟的独特形态、破损程度乃至其位置，都蕴含着特定的历史信息和集体记忆，激发人们对过往的反思和缅怀。二是审美体验的丰富性。与人工构建的完美和统一不同，废墟的不规则感、破败感和自然侵蚀度所带来的独特美感，为审美体验增添了新的维度。每一块碎石、每一处裂缝都讲述着不同的故事，这种非标准化的美挑战了传统美学观念，鼓励观者以更加开放和包容的心态去欣赏不完美中的美，从而增加了审美经验的深度和广度。三是文化的多样性和身份认同。废墟的独特性也是文化多样性的体现。不同的废墟承载着各自地域、民族或时代的特色，反映了不同地域、民族和时代的人类文明的特有面貌。对于当地社群而言，这些废墟不仅是地理标志，更是文化身份和历史连续性的象征。通过保护和研究这些独特的废墟，可以增强社区的文化自豪感和归属感，促进文化的传承与发展。四是创意与再生的灵感源泉。在当代城市规划和艺术创作中，废墟的独特美学特质常常成为创新与再生的灵感来源。艺术家和设计师利用废墟的空间结构、材料质感或是背后的故事，创造出具有强烈地方特色和时代感的新作品，这不仅赋予废墟新生，也促进了社会对历史环境保护和可持续发展意识的提升。五是哲学思考的触发点。废墟的荒凉与破碎使人产生对生命、时间、衰败与重生等哲学议题的思考。每一个独特的废墟场景都是对"无常"和"存在"直观而深刻的表达，促使人们在过去与未来的交汇点上，进行更深层次的哲学探索和自我反省。综上所述，独特性在废墟美学实践中不仅是美学价值的基石，更是连接过去与现在、自然与人文、个体与集体的重要纽带，它激发了人们对历史的尊重、对文化的珍视、对创造的灵感以及对哲学的沉思，展现了废墟美学深刻而广泛的内涵。

笔者认为，展现废墟美学艺术实践创作的独特性可以尝试以下视角。以历史与时间的视角。废墟作为时间的见证者，承载着丰富的历史文化信息，艺术家通过描绘废墟，展现了历史的深度和复杂性，引导人们思考历史的演变和人类社会的进程。以自然与人类的视角。废墟美术作品中的废墟场景往往体现了自然力量与人类文明的对话。这种对话超越了常规的审美范畴，激发人们对自然和人类行为的思考，从而体现出一种独特的美学视角。以悲剧与反思的视角。废墟美学作品常常蕴含着悲剧性，艺术家通过废墟形象表达对于历史消逝、人类苦难、环境破坏等悲剧事件的反思，呈现出一种独特的美学价值。以人类精神的视角。废墟美学作品常常描绘人类在苦难中的生存状态，展现出人类面对困境时的坚韧和勇气。这种对人类苦难和坚韧的呈现，激发人们对人生意义和人类精神的思考。以审美创新的视角。废墟美学作品打破常规的审美规范，以独特的艺术表现手法呈现废墟的美丽和价值，这种审美创新体现出艺术家对美和艺术的深刻理解和高尚追求。通过这些独特性视角，废墟美学作品不仅拓宽了艺术表现的领域，也为人们提供了一种重新审视历史、自然、人类和社会的途径，从而拓展了创作的意义和价值。

## 第二节　废墟美学实践的策略

废墟的破碎、残缺、斑驳、荒凉、悲苦的视觉特点，刚好让废墟美学具备视觉上的"破碎美""残缺美""痕迹美""悲怆美"以及"救赎美"等美学特征，反过来，这些视觉美学特征又可以用来指导废墟美学艺术创作实践。例如，"破碎美"与"残缺美"其实是比较接近的概念，在艺术创作中都是对完整形态的有意识打破。从审美角度来说，不完整的形态给予了欣赏者一种特殊的审美体验，欣赏者需要通过自身的认知和理解去补全这个缺失的部分。这一概念与中国废墟文化下的"空"相类似，事物残缺所遗留下来的"空"场凝固着过往的生活记忆，激发着欣赏者对于空间的思考与领悟。又如，废墟的"痕迹美"，时间流逝所带来的陈旧与大自然偶然间摩擦出的破损都是独一无二的，这些都是自然规律的真实表现。"痕迹美"以褪色、风尘、自然腐蚀、气味、破损等形式表达着材质上的岁月。这些痕迹带给欣赏者独特的视觉心理感受，而人类又赋予了这些痕迹语言以更深厚的文化观念与精神内涵，这些看似不完美的效果是艺术创作的生命力与故事性所在。废墟的"悲怆美"往往与"物衰"相关联，在绘画、雕塑、摄影及艺术设计中，残缺、破碎、斑驳的视觉元素会给予人们一种岁月已逝的悲怆之感。而"救赎美"其实早在尼采开始，艺术这种悲苦、被损害且卑微的审美特性就被赋予了一种救赎的职能。废墟美学的荒凉、悲苦感赋以艺术创作特殊的救赎性，其往往有着深刻的内涵并具有理性、高冷、虚幻的思辨气质。艺术家直面废墟中的苦难并以作品的形式展示，释放出其内心本身的焦躁与痛苦，表达了对过往事物的深切情感。而欣赏者就在其中获得视觉上与心灵上的震撼，并从中反省自身，重新思考世界遗留下的种种问题，最后走出废墟，寻找生活的希望。

现在我们讨论一下废墟的视觉审美特征在艺术创作中的应用。废墟美学实践中，"残缺美"的探索实践也可以体现在艺术造型方法上，体现在解构、重构、堆砌的造型手法上。造型主要在于结构的营造，结构营造主要分外部结构的重构以及内部结构的重构。外部结构的破碎性通过对外轮廓的拆分重组而成，体现了向外延伸的特点。而内部结构的破碎性则通过重组内轮廓来完成。打破二维空间，实现三维立体再造的可能性与选择的多样性。对形象结构进行重组与拆解来打造对象的立体形态。从结构细节来看，大量柔美与硬朗材料的拼接结合，使造型设计硬挺大方且不会过于沉闷与厚重；拆分、重构、折叠的造型赋予作品如废弃纸箱、石砖破裂、建筑支架般的视觉效果；破碎、堆砌、随性的整体效果与暴露在外的毛边，彰显出一丝废墟美学中原始和粗犷的美。

废墟的"救赎美"也可以加强对"空"的研究运用。在艺术创作实践中，对于造型设计的处理手法主要有两种：一种为堆积与重叠的造型设计手法，意为在本身大廓形的基础上将内部结构复杂化，体现了解构式的废墟的堆砌形态。另一种则为"空"的造型设计手法，意为在本身大廓形的基础上对内部结构进行删减或"留白"，体现了废墟的残缺形态。在艺术创作中，"空"的运用更多源于中国文化对于废墟的独特情感，与西方的石质建筑不同，东方的木质建筑更容易受到时间的侵蚀而形成一种"空无"的状态。若说"废墟的在场"更接近于形容西方石质建筑材料的破碎，那"废墟的缺席"则代表了东方木质结构所留下来的"空虚"意境，这种"空"引发了人们对往昔的无限哀伤与回味。废墟美学中的"空"在艺术创作中主要体现在造型的"不完整"化、构图的"留白"、声音或者画面的局部消失等方面。

废墟美学给人带来破碎空灵的审美体验，这是对审美艺术的高度提炼。其破碎的外表下蕴含着个人记忆的融合以及群体历史的流动，是过往精神与未来时光的彼此牵扯，既有着痛苦的象征，又有着希望的存在。从美学角度来说，其残缺陈旧的外表有着许多值得欣赏的地方。对于废墟美学艺术创作价值的研究有利于人们重新审视残缺物的意义，改变人们对于废旧物品的固有印象，促使人们增加对旧物的情感认同。同时，废墟美学艺术创作价值的研究，可以为艺术家和设计师提供新的理解中国传统文化艺术的视角。具体来说，中国人的废墟美学精神主要体现在怀古诗、山水画及园林创作和建构中。[①] 以废墟美学的视觉去感受中国艺术，其有着深切的荒凉寂寥之意境，更使人久久无法忘怀。垃圾通常被人们理解为废弃、肮脏、无用甚至有害的物品，但是垃圾跟废墟之间存在着很大的关联。在后现代观念中，甚至也是审美的一部分。最近，在美国的图森大学，考古学家威廉·

---

① 程勇真. 废墟美学研究及现实意义 [J]. 河南机电高等专科学校学报，2015，23（2）：63-66.

雷斯叶就引导学生专门关注一门新学科——垃圾研究，学生与研究者通过梳理那些腐烂的碎屑，企图去寻找深藏其中的意义。[①] 此外，废墟美学艺术创作实践有助于提高艺术作品的文化内涵，增加艺术作品的附加值。因此，"研究废墟美学为我们重新审视中国传统文化艺术及后现代艺术提供了一个新的视点。"[②] 废墟的"痕迹美"启发艺术家重视"肌理"的研究与实践，在艺术创作中，斑驳的肌理再造废墟的"痕迹美"源于人们对于废墟最原始的审美，大自然在废墟上留下的锈迹使原本形态完美的外观变得残缺且斑驳，这种自然的变化促使人们产生对于过往岁月的怀念与遐想。也正是因为人类对于时间流逝所留下的"物衰"有着最深刻的悲切之感，所以废墟般的面料肌理才蕴藏着浓郁的故事性。[③]

　　废墟美学作为一种艺术和文化现象，关注的是废墟、遗迹以及破损事物中的美感与深层意义。它不仅仅局限于视觉艺术，还广泛渗透到文学、电影、摄影、建筑、音乐等多个领域。在摄影与视觉艺术中，摄影师常常将镜头对准废弃工厂、城市废墟、古老遗址等，捕捉这些地点的独特氛围和时间留下的痕迹；数字艺术和后期处理技术也被用来增强或重新诠释废墟的意义，创造出超现实或富有象征意义的作品。在电影与视频艺术中，意大利新现实主义电影运动就是一个典型的例子，如罗伯托·罗西里尼的《罗马，不设防的城市》展现了战争废墟中的生活，将废墟作为背景，是对人性和社会状况的深刻反映；后来的电影如《我是传奇》利用末日废墟背景探讨孤独与生存的主题，通过视觉呈现强化了故事的情感深度。在装置艺术与环境艺术中，艺术家有时会直接在废墟现场进行创作，如利用废旧材料构建装置艺术，或是在废墟内部进行光影、声音的装置布置，让观众在互动中体验废墟的多重维度；《一棵在雕塑里的树》这样的艺术项目，通过在废墟中植入新生的自然元素，形成鲜明对比，探讨生命与衰败的共生关系。在文学与诗歌领域，文学作品中常通过描写废墟来象征文明的兴衰、时间的流逝或个人记忆。例如，废墟可以成为体现历史、文化和个人身份的媒介；诗人可能会以废墟为隐喻，探讨失去、记忆和重建的主题，通过文字构建一个充满情感和哲学思考的废墟世界。在建筑领域，废墟美学影响了旧建筑的保护与再利用，如将旧工厂改造成创意园区或文化中心，保留原有结构的同时赋予新的功能和生命；城市规划中也出现了"废墟公园"等概念，将工业遗址转变为公共空间，既保留了历史记忆，又具备了休闲与教育的场所。废墟美学也体现在音乐创作中，艺术家可能录制废

① 贝利. 审丑：万物美学 [M]. 杨凌峰，译. 北京：金城出版社，2014.
② 程勇真. 废墟美学研究及现实意义 [J]. 河南机电高等专科学校学报，2015，23（2）：63-66.
③ 毕静文，孙雪飞. 废墟美学在服装设计中的应用研究 [J]. 设计，2023，36（21）：123-126.

墟环境的声音，如回声、风声等，将其融入音乐作品，营造特定的情感氛围；音乐视频或现场表演也可能选择废墟作为背景，通过视觉与听觉的结合，传达特定的情感或主题。这些实践路径共同展示了废墟美学的多样性及其在当代文化中的重要作用，不仅反映了人类对过去的追忆，也激发了人们对未来的想象。

## 一、孤寂美与意境营造

孤寂美强调在孤独与寂静之中发现并欣赏到一种独特美感。这一概念蕴含了深刻的情感价值和审美体验，体现了人类情感的复杂性和对生命本质的深刻洞察。孤寂美并不是简单指孤独或寂寞本身，而是人们在孤独状态中所体验到的一种深刻的内心平静、自我反思以及对周围世界更为敏锐的感受能力。它是一种通过独处，远离尘嚣，深入内心探索后获得的心灵体验，是对生命、自然、时间乃至宇宙的一种独特感悟。在艺术创作中，孤寂常常被赋予一种超脱世俗、静谧深邃的美学意义。文学、绘画、音乐等艺术形式通过展现孤寂的场景，传达出一种超越日常喧嚣的孤寂美。例如，中国古诗中的"孤舟蓑笠翁，独钓寒江雪"，便是将人物置于广阔孤寂的自然之中，营造出一种淡泊名利、物我两忘的孤寂美。从心理学角度看，孤寂美也是一种自我成长和心灵净化的过程。在孤独中，个体有机会面对自己最真实的感受，进行深度的自我对话和反思，从而达到一种更高层次的自我认知和实现精神觉醒。这种经历往往能促进个人的情感成熟和心灵丰富。从哲学的角度，孤寂美与存在主义、道家思想等有着密切联系。存在主义者认为，孤独是人存在的本质之一，通过面对孤独，人可以更直接地认识到自己的自由与责任。而道家哲学中的"无为而治""独与天地精神往来"等思想，则强调在自然与内心的和谐中寻求超然物外的境界，孤寂成了一种接近自然、领悟宇宙真理的途径。在快节奏、高压力的现代社会，孤寂美提供了一种对抗浮躁、寻求内心平静的方式。它提醒人们在忙碌之余，也需要给自己留出时间与空间，享受独处，进行心灵的滋养和修复，这对于维护心理健康、提升生活品质具有重要意义。总之，孤寂美是一种深层次的审美体验和人生哲理，它不仅仅是一种艺术表达，更是触及人的内心世界，引导我们探索生命的真谛和宇宙的奥秘。在孤寂中发现美，不仅能够丰富我们的精神世界，也是对现代生活方式的一种反思和补充。

艺术创作中的意境美是中国传统美学中的一个核心概念，它强调通过艺术作品所营造的氛围、情境和深层意蕴，激发观者或读者的联想与想象，进而达到一种超越具体形象的精神境界。意境美的形成与欣赏涉及艺术家的情感寄托、技巧运用以及观赏者的主观体验等多个方面。意境美并非仅仅局限于画面或文字的直接表现，而是超越这些表象，通过象征、暗示、留白等手法，构建一个富有诗意的空间，让观赏者在心中自行完成画面，体会作品背后的深层含义和情感。它追求的是"言有尽而意无穷"，强调的是意与境的融合，即情与景的完美结合。意境美的创造首先源自艺术家深厚的情感和独特的审美情趣。艺术家通过个人的生活体验、情感积累和文化修养，将内心的情感和对自然、社会、人生的深刻理解融入创作之中。在构思时，他们往往不拘泥于客观事物的逼真再现，而是追求通过高度提炼和艺术加工，达到"以形写神""情景交融"的境界。在意境美的塑造上，艺术家会巧妙运用各种表现手法。比如，在中国画中，水墨的浓淡、线条的粗细、空白的运用都能创造出空灵、苍茫、恬静的意境；在诗歌中，通过比喻、象征、借景抒情等修辞手段，使字里间蕴含丰富的联想空间；在音乐中，则通过旋律、和声、节奏的变化，营造特定的情绪氛围，引导听众进入特定的心境。意境美的实现还依赖于观赏者的主观参与和创造性解读。艺术作品提供了一个框架，而真正的意境是被观众激活和构建的。不同的人因各自的文化背景、生活经验、情感状态不同，对同一作品的解读和感受也会有所差异，这正是意境美魅力的一部分——它允许并鼓励个性化、多维度的审美体验。意境美的理念深深植根于中国古典哲学，尤其是道家的"道法自然"和儒家的"中庸之道"，这些哲学思想强调顺应自然、追求内在和谐与平衡，影响着艺术家在创作中追求超越形式、贴近自然与人性本质的审美理想。在当代艺术中，虽然表现手法更加多元，但对意境美的追求依然具有普遍价值。不少现代艺术家尝试将传统意境美学与现代观念、媒介相结合，创造出既有时代感又不失深邃意境的新作品，展现了意境美在不同文化语境下的生命力和适应性。综上所述，艺术创作中的意境美是一种超越直观感知的深层次艺术体验，它要求艺术家以高超的技艺、深沉的情感，以及对生活的独特洞察，构建出一个能够触动人心、引人深思的艺术世界，同时也鼓励观赏者积极参与，共同完成这一精神上的旅行。

废墟美学实践中的孤寂美探索是对废弃、残破空间中蕴含的独特美学价值和哲学思考的一次深入挖掘，其价值和意义体现在多个层面。一是时间与记忆的见证。孤寂美的探索是对时间流逝与历史记忆的反思。废墟作为过去与现在的交汇标志，承载了丰富的历史文化信息，它见证了文明的兴衰更替，记录了人类活动的痕迹。在这些孤立、寂静的场景中，每一块破损的砖石、每一处风化的雕刻都诉说着往昔的故事，引发人们对过往时光的追忆与思考。孤寂美让这些被遗忘的角落重新获得关注，成为连接过去与现在的桥梁。二是自然与人文的和谐共生。

废墟美学中的孤寂美，往往展现出自然力量与人为建筑之间复杂而微妙的关系。随着时间的流转，自然逐渐回收这些曾经的人造空间，代替植被生长、动物栖息，最后形成一种特殊的生态景观。这种自然与人工的融合，不仅体现了自然界生生不息的力量，也揭示了人类文明与自然环境之间既冲突又共生的哲学命题，促使人们思考如何在发展与保护之间寻找平衡。三是审美意识的拓展。孤寂美学打破了传统美学对完整、对称、和谐的追求，转而关注残缺、不完美乃至荒凉之美。它拓宽了人们的审美视野，让人们开始欣赏那些看似无序、破败，实则充满力量和深意的景象。孤寂美以其独特的视觉冲击力，激发了艺术家和观赏者的创造力和想象力，促进了艺术表达方式的多样化。四是情感与心理的共鸣。在孤寂的废墟中，人们往往能感受到一种超脱日常喧嚣的宁静与孤独感，这种情感体验触发了深层次的心理共鸣。孤寂之美让人正视自身的渺小与宇宙的浩瀚，从而产生一种灵魂的净化。它提供了一种逃避现实喧嚣、寻找心灵慰藉的途径，帮助人们在现代社会的快节奏生活中寻找到一片静谧之地。五是社会文化的批判与反思。通过孤寂美的探索，废墟美学实践也常常隐含着对现代文明的批判与反思。废墟的出现往往是由于战争、灾难、遗弃等因素，它是社会变迁、经济波动、环境破坏的直接证据。孤寂美的呈现促使人们思考人类行为的后果，是对快速消费主义、无节制的城市扩张等问题进行审视，倡导一种更加可持续和负责任的生活方式。总之，废墟美学实践中的孤寂美探索，不仅是对美学领域的一次深化和拓展，更是对人类文化、自然关系及社会发展模式的一种深刻反思。它以其独特的艺术语言和哲学内涵，为现代人提供了丰富的精神食粮和深刻的思想启示。

废墟题材的艺术作品中，关于孤寂美的展现通常涉及对时间印记、自然与人类文明的交织，以及对历史沧桑感的深刻描绘。在中国画中，废墟题材虽不如西方艺术中那样常见，但也不乏艺术家通过对古迹、遗迹或荒芜景致的描绘来表达孤寂美。例如，元代画家倪瓒以其简远疏旷的山水画闻名，其作品常展现出一种萧瑟孤寂的美，如《六君子图》虽非直接描绘废墟，但画面中稀疏的树木、空旷的水面和远山，营造出一种远离尘嚣、超然物外的孤寂意境，反映了作者内心世界的清冷与淡泊。明末清初的画家八大山人，其作品往往以简练的笔墨和夸张的构图，表达内心的孤傲与不羁。虽然八大山人更多以花鸟为题材，但其笔下的鱼、鸟等形象常透露出一种孤独与倔强，如《孤禽图》中，一只孤立的鸟站立于枯枝之上，四周空白无物，强烈地传达出孤寂与不群的情感。绘画大师林风眠虽然以融合中西的仕女图和静物画著称，但是他的部分风景作品也展现了孤寂之美。绘画大师林风眠在画面中常常融入淡淡的忧郁与孤寂情绪，如描绘月夜下的古建筑或是空旷的郊外，通过色彩与构图营造出一种超越时空的静谧与孤寂感，反映出艺术家的漂泊感与孤独感。这些中国画家通过各自独特的艺术语言，将废墟或象征孤寂的场景转化为富有哲思和具有情感深度的画面，展现了中国文化中特有的孤寂美。

国外一些案例展示了西方艺术家如何在废墟中捕捉并表达这种独特的美学。例如，路易·达盖尔《霍利路德教堂废墟》，这幅1824年的布面油画，展现了苏格兰爱丁堡霍利路德宫内一座教堂的废墟场景。达盖尔通过精细的光影处理和细节描绘，捕捉了废墟的庄严与岁月的痕迹，废墟在画布上显得既孤寂又壮丽，使人想象其昔日辉煌与背后的历史故事。卡尔·布莱兴《哥特式教堂遗址》创作于1829至1831年间，展示了哥特式教堂的残垣断壁被自然景观逐渐包围的场景。画面中，阳光透过破碎的拱窗，照亮了长满青苔的石块，孤寂的氛围与自然的生命力形成鲜明对比，体现了时间的流转以及自然与文明的共存之美。艺术家菲利普·霍达斯的数字艺术作品利用数字技术创作了一系列未来废墟的图像，如将流行文化符号与废墟结合，展示被遗弃的迪士尼城堡、锈迹斑斑的机器人等。这些作品通过超现实的场景设置，传达了一种未来孤寂感，同时引发了对科技进步与文明衰落的思考。这些作品中的孤寂不是绝望，而是一种自然与人类文明和谐共生后的宁静美，充满了对重生与希望的寓意。这些艺术作品通过不同的媒介和风格，共同展现了废墟中的孤寂美，不仅唤起了人们对过去的回忆，也激发了对未来、自然、时间以及人类自身角色的深刻思考。

## 二、残缺美与形象塑造

残缺美也称为"缺陷美"，是一种美学概念，指的是因为物体的不完整、瑕疵或缺陷而呈现出的一种特殊美感，这种美感与传统意义上的"完美"有所不同，它强调的是不完美状态中所蕴含的独特魅力和深层意义。在很多情况下，残缺被认为是能够揭示事物的真实本质，彰显个性，并激发观者的想象与情感共鸣的。例如，古希腊雕塑中断臂的维纳斯，尽管失去了双臂，但这一缺陷反而激发了人们对于完整形态的无限遐想，使得雕像的整体韵味超越了形式上的完整性，成为残缺美的经典例证。此外，文学、绘画、音乐等领域中也常利用残缺美的理念，通过留白、暗示、不和谐元素等手法，让作品富有更深的意境和更高的艺术价值。总之，残缺美不仅体现在对不完美形态的欣赏上，更在于它能够启示人们认识到完美与不完美之间的辩证关系，以及增强人们在不完美中寻找和创造美的能力，进而感悟到生命的多样性和宇宙的深刻内涵。

残缺美作为艺术审美观念，在当代社会中具有广泛的影响和深刻的内涵，成为一种重要艺术审美趋势。第一，残缺美是一种多元化价值观的体现。当代社会文化趋于多元与包容，不再单一追求传统意义上的"完美"，而是更加重视个性表达与差异性。残缺美正是这种多元价值观的直接反映，它鼓励人们从不同角度审视和欣赏事物，接受并珍视不完美中的独特魅力。这种观念的普及，促进了艺术创作的自由度和深度，使艺术作品更能触动人心。第二，残缺美可以促使情感共鸣的强化。残缺往往能触发观众的情感共鸣，因为它映射了人类共同的生命体验——不完美与遗憾。艺术作品中展现的残缺可以让观者在自身的不完美中找到认同感，感受到一种超越物质形态的精神连接。这种情感的共鸣加深了艺术作品与人之间的情感纽带，增强了艺术的感染力。第三，残缺美是一种想象力的激发。残缺美为观者的想象力留下了广阔的空间。当作品的某些部分被有意或无意地省略时，观众需要用自己的想象去填补那些空白，这种参与式的审美体验让每个人都可能成为作品的一部分。这种互动性不仅丰富了艺术体验，也使得作品的意义更加个性化和多样化。第四，残缺美是一种对哲学与美学的深度探索。在哲学层面，残缺美体现了东方哲学中的缺陷之美（如中国美学中的留白）与西方存在主义关于人性不完整的探讨。它促使人们思考完美与缺陷、整体与碎片、有限与无限之间的关系，从而深化对生命本质的理解。在美学领域，残缺美挑战了传统美学标准，推动了美学理论的发展和创新。第五，残缺美可以促使现代生活压力的缓解。当代社会节奏快、竞争激烈，人们常常面临巨大的心理压力。残缺美作为一种审美观念，提醒人们接受并拥抱现实中的不完美，有助于减轻心理负担，促进心理健康。通过欣赏残缺之美，人们可以学会在不完美中寻找到平衡与和谐，从而获得心灵的慰藉和情感的释放。综上所述，残缺美作为当代艺术审美观念，不仅反映了社会文化的变迁，也是对人类深层次需求的回应。它通过独特的视角和深远的意蕴，丰富了人们的审美体验，促进了艺术创作与个人情感、社会文化之间的深度交流。

废墟中蕴含的残缺美不仅仅关乎视觉上的不完整或破败，更触及时间、历史、文化和人类情感。首先，废墟作为时间流逝的见证，其残缺的形式揭示了历史的痕迹和岁月的沧桑。墙体的剥落、雕饰的模糊、结构的倾颓，这些残缺无不讲述着过往的故事，激发人们对历史事件、文化变迁的想象与思考。残缺美在这里成了一种时间美学，它让人们在废墟中体会到一种超越当下、联通过去与未来的连续性。其次，废墟中，自然与人造环境的界限变得模糊。植被的生长、风雨的侵蚀、动物的栖息，使废墟成为一个自然与文明交织的场所。这种自然对人造结构的"入侵"和"改造"，展现出生命的循环与再生，体现了自然界的力量感与人类文明的脆弱性。残缺美在这种自然与人文的交响中，显现出一种独特的生态美学。再次，残缺废墟的不完整性为审美提供了无限的想象空间。观赏者在面对这些破碎的景象时，需要依靠自己的想象去填充缺失的部分，这种参与性的审美体验使每个人心中的废墟都是独一无二的。残缺美由此成了一种开放的艺术形态，鼓励个性化的解读与情感的投射。此外，废墟的残缺美往往触动人心，引发深沉的情感共鸣。它让人感受到一种孤独、苍凉甚至哀伤，同时也激发出对生命、文明、宇宙的深刻思考。在废墟面前，人类的渺小与伟大、短暂与永恒形成了鲜明对比，激发了对存在意义的探索和对生命价值的反思。最后，废墟中的残缺美也是对文化和哲学问题的深刻思考。它提出关于进步与衰退、创造与毁灭、存在与消逝的哲学议题。废墟不仅仅是物质形态的遗存，更是文化和精神层面的象征，反映了人类文明的矛盾与挣扎，促进人类对自身行为及其后果的深刻省察。综上所述，废墟中蕴含的残缺美是一种复杂的美学现象，它跨越了时间、空间、自然、人文等多个维度，触及人类情感、文化记忆、哲学思考的深处，为我们提供了理解和体验世界的新视角。

中国画家在表现废墟题材时，倾向于通过意境的营造、文化的反思以及自然与哲学的融合，展现出一种超越物理形态的美。例如，黄公望的《富春山居图》虽然并非直接描绘废墟，但此画通过对自然景观的描绘，隐含了时间流逝与世事变迁的主题，间接传达了废墟之美。画中部分山石、古木呈现历经风霜的形态，透露出一种历经岁月沧桑的残缺美感。黄公望巧妙地运用留白和淡墨，营造出空灵、超脱的氛围，使观者在自然景象中体悟到时间的无情与生命的短暂，以及在这一切变化中蕴含的恒久之美。又如，张大千的敦煌壁画临摹，张大千在20世纪初对敦煌莫高窟的壁画进行了大量的临摹工作，这些壁画中不乏因年代久远而受损的场景，张大千在复制过程中不仅忠实再现了壁画的原貌，更是在一定程度上传达了因岁月侵蚀而形成的特殊美感。壁画中褪色的色彩、剥落的边缘，都在他的笔下被赋予了新的生命，展现出一种历史与艺术交融的残缺美。在当代，一些画家开始关注城市化进程中的废墟现象，如被拆除的老街区、废弃的工厂等。他们通过写实或抽象的手法，捕捉这些废墟的瞬间，揭示社会变迁背后的故事。在他们的作品中，废墟不仅是残缺的物质形态，更是对快速现代化带来的文化记忆消失的反思，体现了对逝去时光的怀念和对未来的忧虑，展现了时代变迁下的残缺美学。再如，徐冰的装置艺术与版画创作，其作品虽然更多地属于现代艺术范畴，但他在某些作品中对"废墟"概念进行了独特的艺术诠释，如他的装置艺术作品《凤凰》利用建筑工地的废弃物创作出巨大的鸟类雕塑，既是对城市化进程中废墟的直接引用，也寓意着从废墟中重生的希望。徐冰的《天书》系列版画则通过创造无法解读的文字，探讨了文化和语言的"废墟"状态，触及文化记忆和传承的断裂与重建。画家吴冠中在其《黄山松》系列作品中，通过对黄山奇松与云海的描绘，展现了自然之中的残缺美。黄山的松树生长在岩石缝隙中，形态各异，有的枝干扭曲，有的独立峭壁，它们在极端环境下顽强生存，展现出生命的坚韧与自然的神奇。吴冠中以简洁的笔触和淡雅的色彩，描绘了这些松树在逆境中的姿态，反映了中国文人对残缺美的独特理解和赞美，即在不完美中窥见生命力的顽强与自然。通过这些例子可以看出，中国画家在表现废墟题材时，并非单纯描绘物质形态的破败，而是深入挖掘其背后的文化意义、时间感怀与生命哲理，从而创造出一种独特的、富含情感深度的残缺美。

西方艺术中对废墟题材的探索，常常蕴含着对残缺美的深刻体现，这种美不仅体现为视觉上的不完整，更触及时间的流逝、历史的沧桑以及自然与人类文明的互动。例如，皮埃尔·保罗·普吕东的《废墟中的画家》，这幅作品描绘了一位画家在古代废墟中作画的场景，废墟不仅是背景，也是主题，它象征着过往的辉煌文明，以及时间对一切人造之物的侵蚀。画面中的残垣断壁，虽然破败，却在夕阳的映照下呈现出一种苍凉而庄严的美。再如，卡斯帕·大卫·弗里德里希的风景画，其作品经常包含废弃的城堡、孤零零的十字架或远古纪念碑，如《橡树下的墓地》等，这些废墟不仅仅是自然风景的一部分，也激发了人们对生命、死亡和时间流逝的沉思，展现了自然与人类文明交叠下的残缺美感。还有，在乔凡尼·巴蒂斯塔·皮拉内西的版画中，皮拉内西以其对虚构和真实废墟的精细描绘而闻名，他的《罗马及其古迹》系列作品展现了罗马帝国废墟的壮丽与哀婉。这些作品不仅记录了历史的痕迹，也创造出一种超现实的、梦幻般的氛围，让人感受到一种超越现实的美。约翰·康斯坦勃尔的风景画如《萨利斯伯里的老废墟》等，通过对乡村教堂废墟的描绘，传达出一种宁静而略带忧郁的美。这些废墟与周围的自然环境和谐共存，反映了英国浪漫主义时期对自然和历史情感的重视。还有威廉·透纳的画作以捕捉光线和营造气氛著称，其作品《古罗马》系列，展现了罗马废墟在不同光线下的景象，强调了时间的流逝与自然力量的不可抗性。这些废墟不仅是对过去的回忆，也是对美的重新定义，它们的残缺成了画面中不可或缺的美学元素。再如，弗朗西斯科·德·戈雅的《萨拉曼卡的废墟》。这幅画作虽然名为《萨拉曼卡的废墟》，但实际上描绘的是一座虚构的、被战争摧毁的西班牙城市。戈雅用强烈的光影对比和混乱的构图，展现了战争带来的破坏。画面中残破的建筑、散落的尸体，以及在废墟中寻找生存希望的人，共同体现了人们对战争残酷性的控诉，同时也体现了对人类文明脆弱性的深刻反思。戈雅通过这幅画，以残缺的形式表达了对和平的渴望和对人性的深刻同情。此外，一些摄影师作品如安塞尔·亚当斯的摄影作品《月升》间接体现了废墟的残缺美。这张照片捕捉了新墨西哥州一片荒凉之地的日落时分，远方山丘的轮廓剪影与天空中明亮的月亮形成对比，营造出一种孤寂而壮美的气氛。虽然没有直接拍摄废墟，但画面中对大地的荒芜、自然之力的刻画，隐喻了时间对一切的侵蚀，展现了自然界中废墟般的残缺美。这些艺术家通过各自独特的视角和技巧，将废墟这一题材转化为对残缺美的深刻探讨，让观者在面对这些不再完整的历史遗迹时，不仅能感受到历史的沉重，也能领略到一种超越物质完整的内在美。

## 三、悲天悯人与情怀表达

悲剧的概念起源于古希腊，最初与宗教仪式紧密相关，特别是与对酒神狄俄尼索斯的崇拜有关。在古希腊的酒神节庆典中，人们表演酒神颂歌，这些颂歌逐渐演化为一种戏剧形式，即悲剧。悲剧的起源可以追溯到公元前6世纪末期，它不仅是西方戏剧的基石，也是最古老的戏剧体裁之一。古希腊三大悲剧诗人：埃斯库罗斯、索福克勒斯和欧里庇得斯，他们创作了许多流传至今的经典作品。埃斯库罗斯被誉为"悲剧之父"，他的《被缚的普罗米修斯》是早期悲剧的典范；索福克勒斯的《俄狄浦斯王》探讨了命运与自由意志的冲突；欧里庇得斯则在作品中更多地融入了个人心理分析和社会批判，如《美狄亚》。在《诗学》中，亚里士多德为悲剧下了经典的定义，他认为悲剧是对一个严肃、完整且有一定长度的行动的模仿，其目的是通过引发观众的怜悯和恐惧来达到情感的净化效果。悲剧中的主角往往是高贵的，但因自身的缺陷或命运的捉弄而走向毁灭。古希腊之后，随着古希腊文化的衰落，悲剧的形式和主题也在不断变化。在罗马时期，虽然也有悲剧创作，但其影响力和原创性不如古希腊时期。到了欧洲文艺复兴时期，威廉·莎士比亚等人将悲剧艺术推向了一个新的高度。莎士比亚的四大悲剧（《哈姆雷特》《奥赛罗》《李尔王》和《麦克白》）展现了深刻的心理剖析和复杂的人物性格，进一步丰富了悲剧的表现形式。进入现代和后现代时期，悲剧的概念和表现手法更加多元化。现代悲剧不再局限于古典的英雄模式，而是转向日常生活，关注普通人的情感和遭遇，如易卜生的《玩偶之家》、贝克特的《等待戈多》等，这些作品展现了现代社会的异化性和存在的荒诞性。在中国，虽然没有严格意义上的"悲剧"概念，但古典戏曲和小说中不乏展现人生苦难、道德冲突和命运悲剧的作品，如《窦娥冤》《梁山伯与祝英台》等，这些作品同样体现了人类共有的悲剧性审美体验。综上所述，悲剧的概念从古希腊的宗教仪式中萌芽，经历了数千年的发展，不断地被不同的文化、时代和作者重新诠释和创新，成为探讨人性、命运和社会矛盾的重要艺术形式。

悲剧美学是美学理论的一个重要分支，它探讨的是悲剧艺术形式的审美特性和其在文化、心理、哲学层面上的影响与价值。悲剧美学的核心在于分析和解释为什么人们会从展现苦难、冲突、失败甚至死亡的艺术作品中获得美感体验和产生深刻的情感共鸣。悲剧美学主要关注悲剧作品如何通过展现人类的痛苦、冲突、抗争，以及最终往往不可避免的失败或死亡，来引发观众或读者的强烈情感反应，包括恐惧、怜悯、哀伤乃至某种升华的情感体验。这种美学形式强调的是通过艺术手段对人性、命运和社会矛盾进行深刻揭示。典型的悲剧作品包含几个关键要素：英雄人物（通常具有高尚品质）、不可抗拒的命运或冲突、悲剧性的选择或错误，以及通过这些冲突和苦难所展示的深刻道德或哲学主题。悲剧美学的源头可以追溯到古希腊，特别是埃斯库罗斯、索福克勒斯和欧里庇得斯的作品。在古希腊悲剧中，神的意志、命运和人类的傲慢是常见的主题，这些作品通过壮丽的舞台表演和复杂的剧情设计，探索了道德、正义与自由意志的议题。在文艺复兴时期，悲剧美学得到了新的诠释和发展，莎士比亚的作品如《哈姆雷特》等展示了更为复杂的人物心理和道德困境。启蒙时代的思想家，如伏尔泰，继续探讨悲剧中的道德和哲学问题，同时开始质疑古典悲剧中宿命论的绝对性。19世纪初，德国浪漫主义对悲剧美学做出了重要贡献，强调了艺术的情感力量和人类的个性解放。黑格尔在《美学讲演录》中提出，悲剧是两种对立的伦理力量之间不可调和的冲突，通过这种冲突展现了绝对精神的自我实现，进一步深化了悲剧美学的哲学基础。20世纪以来，随着现代主义和后现代主义的兴起，悲剧美学经历了深刻的变革。现代戏剧家如易卜生、贝克特等，通过《玩偶之家》《等待戈多》等作品，打破了传统悲剧的结构和模式，展现了更加复杂、模糊和不确定的悲剧情境。后现代悲剧则更倾向于解构传统英雄观念，强调日常生活的悲剧性，以及体现对传统叙事和价值观的质疑。悲剧美学的发展是一个不断演进的过程，它既是人类对生存状况深刻反思的产物，也是文化与历史变迁的镜像。从古至今，悲剧艺术不断探索人性的深度，挑战伦理的边界，激发人们对生命意义、价值与命运的思考，从而使人们在审美体验中达到某种心灵的净化或超越。

"悲天悯人"这一表述，源自中国古代文学，指对天地间万物，尤其是对人间疾苦深切的同情和关怀。这一理念不仅贯穿于文学和艺术创作之中，也是人文主义思想的重要组成部分。在文学领域，悲天悯人体现为作家对社会底层人民生活状态的关注、对人性的深刻洞察，以及对不公和苦难的深刻同情。例如，杜甫的诗歌常被称为"诗史"，他以《三吏》《三别》等作品深刻描绘了战乱时期人民的苦难，表达了对时局的忧虑和对百姓命运的深切同情。又如，雨果的《悲惨世界》，通过主人公冉·阿让的命运，展现了对社会不公的批判和对人性光辉的赞美，体现了对弱者的关怀和对社会改革的呼唤。艺术作品中，无论是绘画、雕塑还是音乐、电影，都常常通过形象直观的方式表达悲天悯人的情怀。例如，米开朗基罗的《圣母怜子》雕塑，通过细腻的线条和表情刻画，展现了圣母对受难耶稣的无尽悲悯，传递出深沉的宗教情感，展现着人性的光辉。再如，梵·高的《食土豆的人》，通过描绘贫困农民的生活场景，反映出对劳动人民艰辛生活的同情和对社会现实的关注。悲天悯人的思想深深植根于人文主义精神之中。人文主义强调人的价值和尊严，主张以人作为衡量一切的标准，倡导理性、自由、平等和博爱。在这一基础上，悲天悯人不仅是对个体苦难的同情，更是对全人类共同命运的关怀。它促使人们反思社会制度、道德伦理以及人类自身的行为，追求更加公正、和谐的社会秩序。人文主义者如达·芬奇、莎士比亚、蒙田等，他们的作品无不体现出对人文主义的深刻理解、对知识的渴望，以及对人类境遇的深切同情。总之，悲天悯人作为一种文学、艺术表现手法，作为人文主义的核心精神之一，鼓励我们超越个体的局限，以更加广阔的视角去理解和感受世界，促进社会的正义与进步，体现了深厚的人文关怀和道德责任感。

废墟美学蕴含的悲剧性。废墟美学是对废弃、破损和衰败的物体或景观所具有的独特美感和深层意义的探讨。在这一美学视角下，废墟不仅仅是历史的遗迹，更是时间、记忆、自然与人类关系的象征。废墟之美在于它见证了曾经的辉煌与现在的衰败，是时间流逝的直接证据。正如莎士比亚在《麦克白》中所说："昨天的辉煌已成今日的废墟。"这种对比引发了对过往荣耀与当下没落的哀悼，体现了时间的无情。废墟作为历史的遗物，唤起了人们对失去的文明、文化的集体记忆，以及引发了对那些不可复现时刻的悲叹，这种怀旧情绪中充满了对无法逆转的消逝的悲剧感。废墟美学中的悲剧性还体现在自然与人类文明之间的对抗与和解。自然力量的侵袭（如地震、风化）导致建筑的损毁，显示了人类创造与自然法则之间的脆弱平衡。废墟成为自然重夺领地的标志，揭示了人类文明在宇宙尺度上的短暂。这种自然与人文的冲突，反映了人类对控制与永恒的渴望与对现实的无力感，体现了一种深沉的悲剧意识。废墟往往与战争、灾难、衰败的社会结构相联系，它是人性缺陷和历史悲剧的见证。例如，庞贝古城的废墟，它不仅展示了自然灾难的破坏力，也映射了古罗马社会的崩溃瞬间。这些废墟提醒我们，无论文明多么辉煌，都可能因为人性的贪婪、权力的斗争、决策的失误而迅速陨落。废墟美学中的悲剧性，也涉及对人性深层次的反思和对命运无常的感慨。废墟美学强调的残缺美本身即是一种悲剧性的美学表达，破碎、不完整的形式激发了观赏者对完整与完美的想象，这种想象与现实的对比产生了强烈的审美张力。废墟的美在于它以沉默的语言诉说着过往的故事，同时激发了人们对存在本质的哲学思考。这种美是建立在对失去、遗憾和不可能恢复之物的深刻感知之上的，因而带有浓厚的悲剧色彩。综上所述，废墟美学中的悲剧性不仅是与时间、自然、人性与命运的深刻对话，也体现了人类对美的追求与对生命无常的深刻理解。在废墟的残破之美中，我们看到了历史的重量、文明的脆弱与人类情感的复杂性，这些都是废墟美学悲剧性的核心所在。

中国画家在处理废墟题材时，常常展现出对历史、社会变迁的深刻反思以及对个体命运的悲天悯人之情，体现了深厚的人文主义关怀。郑板桥作为扬州八怪的代表人物，其作品中的人文主义关怀体现在对普通民众的关注与同情。虽然郑板桥的作品更多地以竹石、兰草等自然景物为主题，但其艺术风格和创作理念影响了一代画家，鼓励艺术家脱离宫廷画风，深入民间，关注现实。扬州八怪的"怪"在某种程度上是对传统美学规范的挑战，背后是对真实人生和社会现象的深刻洞察与人文关怀。北京画院常务副院长袁武的作品《抗联组画——生存》，通过对特定历史事件和人物的描绘，展现了对苦难历史的深刻记忆和对英雄精神的颂扬。《人流》则更直接地关注底层人民的生存状态，以朴素真挚的手法揭示了他们的艰辛与坚韧。这些作品反映了袁武对社会现实的关注和对普通人命运的深切同情，体现了强烈的人文主义关怀。画家张佩的山水画虽然较少直接表现废墟，但其作品中通过对自然与人文环境的融合，展现了画家对于自然和谐与人文精神的追求。尽管没有直接描绘废墟，但其艺术创作中流露出的对传统与现代、自然与社会的深刻思考，同样体现了对社会变迁中的人文主义关怀。在快速城市化进程中，一些当代艺术家关注城市拆迁现场，通过艺术创作反映城市废墟背后的社会变迁和个体命运。这些作品可能不直接归属于某一位特定画家，但整体上呈现出对现代化进程中失落的记忆、被遗忘的历史，以及个体遭遇的同情与反思。例如，某些画家通过照相写实油画，捕捉拆迁现场的废墟景象，引发观众对城市发展与文化保护之间矛盾的思考，体现了人文主义关怀。综上所述，中国画家在处理废墟题材时，不仅关注物质的破败与重建，更深入挖掘背后的文化意义、社会变迁以及人性的光辉，展现了深厚的人文主义关怀和对社会现实的深刻关怀。

西方画家在处理废墟题材时，往往通过艺术语言传达对历史、战争、时间等造成的破坏的沉思，以及表达对人类境遇的深刻同情，这些作品富含悲剧色彩和人文主义精神。例如，弗朗西斯科·德·戈雅的《1808年5月3日夜枪杀起义者》，记录了西班牙抵抗拿破仑军队入侵期间的一场悲剧事件，画面上的废墟不仅仅是物理空间的破坏，更是国家尊严和人民自由坍塌的象征。画面中的黑暗色调、混乱的构图和扭曲的人体，强烈表达了对无辜牺牲者的悲悯和对战争暴力的控诉，体现了对人性尊严的深刻关怀。再如，安塞姆·基弗对废墟景观的表达。基弗作为新表现主义的重要代表，其作品经常涉及废墟、灰烬和空旷的大地，如《诺斯替田野》系列。他使用如泥土、灰烬等材料，直接在画布上展现出一种沉重的历史感，这些废墟不仅是"二战"后德国物质环境的反映，也是文化和精神层面废墟的象征。基弗的作品通过这些元素探讨记忆、历史与个人身份的关系，表达对历史悲剧的反思和对未来的希望。再如，卡班丁的中古典废墟画作。卡班丁选择在废弃建筑的残垣断壁上重现经典油画，如将文艺复兴或巴洛克时期的画作"安置"在现代社会的废墟之中，这种对比突显了文明的辉煌与衰败之间的紧张关系。他的作品不仅仅是视觉上的冲击，更是对时间、记忆和文化遗产价值的深刻探讨，体现了对逝去美好事物的哀悼和对当下社会状况的批判性思考。再如，丹尼尔·阿尔沙姆的未来废墟作品。阿尔沙姆的作品以"未来考古学"著称，他创造了一系列看起来像是从未来废墟中挖掘出来的雕塑和装置艺术。这些作品通常展示日常物品被风化侵蚀后的形态，如水晶化的篮球或破裂的手机，预示着技术进步与人类文明的脆弱性。阿尔沙姆通过这种方式探讨时间、记忆与人类文明的关系，表达了对现代生活短暂性的悲剧性认识和对未来不确定性的担忧。这些艺术家通过"废墟"这一主题，不仅展现了对过去的纪念和对未来的忧虑，更重要的是，他们以艺术为媒介，唤起公众对人类共同命运的思考，体现了深刻的悲剧意识和人文主义关怀。

当代文艺领域中，废墟题材作为一种富有象征意义的表现形式，被广泛应用于文学、影像、艺术设计及实验艺术中，艺术家以不同的手法探讨历史、记忆、损失与重生等主题，体现出深刻的悲剧性人文关怀。例如，日裔英国小说家石黑一雄的《长日将尽》是一部关于回忆与失落的小说，虽然不是直接描绘物理废墟，但通过对主人公史蒂文斯——一位英国庄园管家的内心世界的细腻刻画，展现了个人记忆与情感废墟的重建过程。史蒂文斯在英国乡村的旅行中，回望自己职业生涯与个人生活，其内心的废墟象征着错失的爱情、亲情及忽视的个人价值。这部小说以细腻的心理描写，表达了对个体命运的悲剧性反思和对人性尊严的关怀。再如，日本著名动画大师宫崎骏的动画电影《千与千寻》中，神秘的废弃主题公园场景是对现实世界遗忘角落的隐喻，反映了现代化进程中传统文化与自然景观的消逝。这片废墟既是主人公千寻成长与自我发现的舞台，也暗含了对过往辉煌的追忆和对环境保护的警示。通过这一充满奇幻色彩的废墟，宫崎骏传达了对人类与自然和谐共存的渴望，以及对儿童纯真心灵在现代社会中易被遗忘的悲剧性关注。再如，荷兰建筑师雷姆·库哈斯的艺术设计作品《普拉达基金会》。雷姆·库哈斯设计的米兰普拉达基金会艺术中心，位于一家历史悠久的酿酒厂旧址，该设计保留了原有工业建筑的废墟特征，如裸露的砖墙和锈迹斑斑的框架。这种设计不仅赋予了废旧建筑新的生命，也将其转变为艺术与文化的殿堂，反映了对过去工业时代的记忆和对现代文化创新的追求。这种再利用策略，体现了对历史的尊重，同时也体现了对城市更新和文化延续的悲剧性思考，即在发展与遗忘之间寻找平衡。还有艺术家蔡国强的火药爆破实验艺术。蔡国强以其独特的火药爆破艺术闻名，他常常在废墟或历史遗址上进行创作，如《天梯》项目。虽然"天梯"并非直接在废墟上完成，但蔡国强的艺术哲学与废墟主题紧密相关，他通过短暂而壮观的爆炸艺术，探讨了创造与毁灭、瞬间与永恒的辩证关系。这些作品往往在自然景观或文化遗址的背景中留下短暂的印记，体现了对人类文明兴衰的深刻反思，以及对生命力顽强不息的肯定，具有强烈的悲剧性和人文深度。这些例子展示了废墟作为一种艺术主题，在不同媒介中的多样表达，它们共同指向一个核心：通过探讨物质或精神层面的废墟，艺术家触及了人类经验中最根本的情感，从而引发了对过去、现在与未来之间复杂关系的深切关怀。

## 第三节　本章小结

当代废墟美学的实践呈现跨学科特征，它不仅局限于视觉艺术，还涉及文学、建筑、摄影、装置艺术等多个领域。废墟美学实践关注被遗弃的空间、物体以及记忆的痕迹，通过重新解读和表现这些废墟，探讨时间、记忆、历史、身份以及环境等议题。当代废墟美学实践进行了多维度探索。当代废墟美学不再仅限于对废墟本身的再现，而是通过多媒体、互动装置、虚拟现实等技术手段，创造出沉浸式体验，使观众能够从多个维度感受废墟的美学价值。艺术家利用声音、光影、材料等多种元素，重构废墟的叙事，引发更深层次的情感共鸣与思考。当代废墟美学实践关注社会与环境。许多当代艺术家在废墟美学实践中融入了强烈的社会责任感和环保意识，通过艺术干预废弃场所，如老旧工厂、废弃社区、污染区域等，不仅赋予这些空间新的生命，也促进了公众对城市化进程中的社会变迁、文化遗产保护、环境保护等问题的关注。当代废墟美学实践重视跨界合作，如艺术家与建筑师、历史学家、环保专家等合作，共同探索废墟的保护与再生策略，使得废墟美学实践不仅停留在审美层面，更能促进社会进步与环境改善。当代废墟美学实践更注重全球视野，随着经济全球化进程的加深，废墟美学实践跨越国界，成为全球艺术家共同关注的话题。从欧洲的"二战"遗迹到亚洲的工业遗产，从美洲的城市空地到非洲的废弃矿场，废墟美学实践在全球范围内展开，形成了丰富的国际对话。

随着技术的不断进步，未来废墟美学实践将更加深入地融合数字艺术、人工智能、生物技术等新兴科技，创造前所未有的艺术形态和体验方式。例如，利用增强现实和虚拟现实技术重现历史场景，或是通过生物反应装置让废墟"生长"，展现自然与人工的共生关系。面对全球环境危机，废墟美学实践将更加注重可持续性，强调对材料的循环使用、能源的有效管理，以及生态系统的恢复。艺术家可能会更多地参与到城市再生项目中，将废墟转化为绿色空间、社区中心或文化地标，推动城市向更可持续的未来发展。废墟美学实践的未来趋势还包括增强社区的参与度，通过艺术激活社区，促进社会包容性，让不同背景的人参与到废墟的改造和记忆的重构中来。这不仅有助于构建集体记忆，还能激发社区活力，促进社会的和谐与进步。随着实践的深入，废墟美学的理论研究也将进一步发展，包括对废墟艺术的社会影响评估、跨文化比较研究等。同时，废墟美学将成为艺术教育的重要组成部分，培养新一代艺术家和设计师对历史、环境和社会责任的敏感度。总之，当代废墟美学实践在不断地拓展边界，其成就体现在多维度的探索、社会责任感的提升、跨界合作的加强，以及全球视野的形成。未来，随着科技的进步、社会需求的变化，废墟美学实践将继续以创新的方式促进文化传承、环境改善和社会进步。

# 第七章　废墟美学实践的现实意义

本章讲述的是废墟美学实践的现实意义，主要包括四部分内容，分别为废墟美学实践的人文意义、废墟美学实践的社会意义、废墟美学的未来发展、本章小结。

## 第一节　废墟美学实践的人文意义

当代社会物质条件相比以前各个历史时期已大大提升，但是，人文精神缺失的问题仍需要引起人们的重视。人文精神通常指对人的价值、尊严、自由、理性等方面的关注和尊重。在艺术作品中，人文精神的表现可以是对人性的深刻揭示、对人类命运的关注、对个体存在的反思等。一些观点认为，一些艺术家更关注商业成功和社会地位，而不是深入探讨和表达人文精神。此外，一些艺术作品被认为是肤浅、碎片化、缺乏深度的，是仅仅追求形式的创新和视觉的冲击力，而忽视了人文内涵的表达的。然而，另一些观点认为，当代艺术仍然充满了对人文精神的探索和表达。他们认为，艺术家通过不同的媒介和表现形式，探讨着当今社会的各种问题，如社会不公、环境破坏、性别不平等、种族歧视等。这些作品反映了艺术家对人类社会和个体命运的关注，体现了人文精神的核心价值。总的来说，当代艺术作品中人文精神的缺失问题是一个需要深入探讨和反思的话题。评价一个艺术作品是否具有人文精神，需要综合考虑作品的内容、形式、意图等多个方面，以及艺术家对社会和人类命运的关注和反思。

人文精神对于社会进步的价值和意义无疑是很重要的。其主要体现在以下八个方面。一是涉及价值观念塑造。人文精神强调人的价值、尊严和权利，提倡自由、平等、正义等基本伦理原则，这些价值观念为社会提供了道德指引，促进了社会的和谐与进步。二是涉及文化传承与发展。人文精神关注文化遗产的保护与传承，同时鼓励创新与批判，这种精神促进了文化的不断发展。三是涉及个性与创造力的发展。人文精神尊重人的个性和创造力，鼓励人们发挥自己的潜能，推动个人的全面发展，为社会创新和进步提供了人才基础。四是涉及社会批判与改革。人文精神中的批判性思维对于社会问题和不公正现象具有揭示和反思作用，为社会改革提供了思想基础和精神动力。五是涉及科学与人文的融合。人文精神强调科学精神与人文关怀的结合，促进了社会问题解决的全面性和综合性，为社会进步提供了更多的发展路径。六是涉及国际理解与和平。人文精神倡导国际交流与理解，促进了不同文化之间的对话和融合，为国际和平与和谐提供了思想基础。七是涉及可持续发展。人文精神强调人与自然的和谐共生，提倡可持续发展理念，为社会提供了维持经济发展与保护自然环境的平衡路径。八是涉及公民意识的提升。人文精神强调公民权利和责任，促进了公民意识的提升，增强了社会的凝聚力和稳定性。总之，人文精神是社会进步的重要动力和指引，它不仅塑造了社会的价值观念和道德准则，也促进了文化的繁荣、科技的进步和人的全面发展，在现代化进程中，弘扬和培养人文精神对于构建和谐社会、实现可持续发展具有重要意义。

那么，废墟美学对于当代社会的价值是什么呢？废墟美学的社会价值在于它对人类社会和文化产生了多方面的积极影响。在历史与文化的反思方面：废墟美学让人们关注历史遗迹，反思文化和历史，增强对文化遗产的保护意识，通过对废墟的审美体验，人们可以更好地理解历史的发展脉络，珍惜并传承文化遗产。在社会问题的批判与启示方面：废墟美学常常包含了对社会问题的隐喻，如战争、贫困、城市化等，艺术家通过废墟的形象，批判社会问题，启示人们关注和思考这些问题，促进社会进步。在环境问题的警示方面：废墟美学也能够反映环境破坏和资源枯竭等问题，艺术家通过展示自然或人为造成的废墟，警示人们关注环境问题，倡导可持续发展的理念。在情感与心理的探索方面：废墟的荒凉和破败形象，可以引发对个体情感和心理状态的深刻思考，废墟美学为人们提供了一种情感共鸣和心理慰藉的途径，有助于缓解现代社会带来的压力和焦虑。在美学价值的追求方面：废墟作为一种独特的审美对象，其美学价值在于它的残缺美、荒凉美和超现实美，艺术家通过对废墟的美学探索，提升观众的审美体验，丰富人们的精神生活。在创造力的激发方面：废墟美学的未知性和开放性激发人们的想象力，鼓励人们创造性地思考废墟背后的故事和历史，这种想象和创造的过程本身就是一种艺术创作，有助于培养和激发个人的创造力。在文化创新的激活方面：废墟美学作为一种文化资源，可以被艺术家用来进行文化创新，通过对废墟的再创造和重新诠释，艺术家可以创作出具有新意和文化深度的作品，推动文化的发展和进步。因此，废墟美学在社会价值方面产生了积极影响，它不仅丰富了人们的精神世界，也促进了社会的文化进步和人的全面发展。

当代废墟美学和废墟题材美术创作的特点决定它具有人文主义关怀特质。当代中国废墟美学和废墟题材美术创作和研究逐渐增多，这在客观上反映了中国在文化、艺术和社会发展中对于废墟美学的认识和重视。概括来说，中国当代废墟美学和废墟题材美术创作研究大致有以下特点，这些特点均带有较强的人文主义关怀特质：一是城市化进程的反思。随着中国快速的城市化进程，许多原有的建筑和空间被拆除，废墟成了一种常见的现象，艺术家和研究者开始关注这一现象，通过艺术创作来反思城市化进程中的文化遗失和环境破坏等问题。二是历史与现实的交织。中国的废墟美学作品常常融合了历史元素和现实问题，反映了艺术家对于历史记忆和现实困境的思考，废墟题材的美术作品往往在残破的景象中寻找美的存在，展现时间的痕迹和历史的深度。三是废墟美学的本土化。中国艺术家在探索废墟美学时，会结合本土的文化传统和审美观念，创造出具有中国特色的废墟美学作品，这种本土化的探索有助于丰富和发展废墟美学的内涵。四是社会批判与公众参与的增加。废墟美学作品常常蕴含对社会现象的批判，如环境污染、城市规划问题等，同时，艺术家也尝试通过公众参与的方式，让更多人参与废墟美学的讨论和创作，增强作品的社会影响力。五是跨学科研究与教育的深化。中国的学者和艺术家也在尝试将废墟美学与其他学科如历史学、社会学、环境科学等进行交叉研究，以拓宽废墟美学的研究视野，同时，废墟美学也被纳入艺术教育中，培养学生的审美能力和批判性思维。六是媒体艺术与技术的融合。随着科技的发展，中国的废墟美学创作也开始尝试运用新媒体艺术和技术，如数字绘画、虚拟现实等，以探索废墟美学的新表现形式。因此，当代中国废墟美学和废墟题材美术创作关注环境、人的情感体验以及社会问题，具有较强的人文主义关怀特质，艺术家和研究者在探索中寻找废墟美学在中国特定文化和社会背景下的意义和表达方式，废墟美学的人文主义关怀特质决定它将会产生更广泛的社会影响。

废墟题材的美术作品通过其独特的视觉和象征性语言唤起人文精神，激发观众的深层次思考。在历史的沉思方面，废墟是时间的见证，它承载着丰富的历史故事和文化遗产。美术作品通过描绘废墟，让观者对过去的辉煌和衰败进行反思，从而对历史的连续性和变迁产生深刻的认识。在人类共通体验方面，废墟往往与灾难、战争、贫困等人类苦难相关联，艺术家通过废墟的形象，展现了人类共通的体验和情感，如失落、挣扎和希望，这能够唤起观众的同理心和人文关怀。对存在的哲学思考方面，废墟的残破和无常性触及与生命的脆弱性和人类存在相关的根本问题，艺术家通过废墟题材的作品，引导观者思考生命的意义、人类的角色，以及我们在宇宙中的位置。在自然与文化的对话方面，废墟题材的作品常常探讨自然力量与文化建筑之间的关系，展现了人类文明与自然环境的相互关系，这促使观众思考人类活动对环境的影响，以及自然与文化之间的相互依存关系。在文化传承的反思方面，废墟不仅是物理空间的残余，也是文化传承的断层，艺术家通过废墟题材的作品，关注文化遗产的保护和传承，以及在现代化进程中保持文化的连续性等主题。在社会问题的批判性反思方面，废墟可以作为对社会问题的隐喻，如战争、贫困、城市化等。艺术家通过废墟的形象，批判社会问题，促使观众思考和讨论。在美的追求与创造方面，废墟题材的作品展现了艺术家对美的追求，同时也鼓励观众在看似破碎和荒凉的环境中寻找美和感知美。在想象与创造的激发方面，废墟的未知性和开放性激发观众的想象力，鼓励人们创造性地思考废墟背后的故事和历史，这种想象和创造的过程本身就是人文精神的一部分。因此，废墟题材的美术作品不仅展现了艺术家的创造力和对美的追求，也引发了观众对历史、人类、文化和社会的深刻理解和反思，从而深刻地影响了人文精神的表达。

当代艺术创作塑造人文精神的过程是通过艺术家的创造力和想象力来实现的，艺术家通过结合不同的艺术形式和媒介，来表达对人类生存状态、社会现象、文化传承等深层次的思考。在主题的选择方面，艺术家往往会选择一些与人文精神紧密相关的主题，如人的尊严、自由、平等、伦理道德、社会责任等，通过艺术作品对这些主题进行探讨和表达。在形式的创新方面，艺术家运用油画、雕塑、摄影、数字艺术、行为艺术等不同的艺术形式和媒介，通过创新的形式来传达人文精神，给观众带来新的审美体验和思考。在社会现实的反映方面，艺术家往往通过艺术作品反映社会现实，反映贫富差距、环境保护、种族歧视等社会问题，通过艺术的力量引起观众对这些问题的关注和思考。在文化传统的融合方面，艺术家在创作中融合不同文化传统的元素，通过对话和融合来表达对文化多样性和文化传承的思考，从而塑造人文精神。在互动和参与方面，艺术家运用参与式艺术、公共艺术等一些参与性强的艺术形式，吸引和鼓励观众参与、互动，通过艺术的共创来塑造人文精神。在情感和思想的传递方面，艺术家通过艺术作品传递情感和思想，触动观众的心灵，引发其对人性、生命、死亡等深层次问题的思考。通过以上途径，当代艺术创作塑造了人文精神，激发了观众对人类生存和发展的深层次思考，促进了社会的进步和文化的发展。

废墟题材的美术作品可以塑造人文精神。废墟题材的美术作品通过对废墟的描绘和诠释，能够在多个层面塑造人文精神。第一，对历史的尊重与反思。废墟是历史的见证者，它承载着过去的记忆和故事。艺术家通过描绘废墟，不仅展现了对历史的尊重，还促使观众思考过去的事件对现在和未来的影响，以及如何从历史中学习。第二，对人类体验的共鸣。废墟往往与人类的苦难、失落和挣扎相关联。艺术作品通过表现废墟的景象，能够唤起观众对人类体验的共鸣，增强同理心和人文关怀。第三，对生命的深刻思考。废墟的荒凉和无常形象可以引发对生命、死亡和存在的深刻思考。艺术家通过废墟题材的作品，引导观众思考生命的意义、人类的存在，以及我们在宇宙中的位置。第四，对自然与文明的对话。废墟题材的作品常常涉及自然与文明之间的关系。艺术家通过展现自然力量对文明遗址的影响，探讨人类文明与自然环境的相互作用。第五，对文化传承的关注。废墟不仅是物理空间的残余，也是文化传承的断层。艺术家通过废墟题材的作品，关注文化遗产的保护和传承，以及如何在现代化进程中保持文化的连续性等问题。第六，对社会问题的批判性反思。废墟可以作为对社会问题的隐喻，如战争、贫困、城市化等。艺术家通过废墟的形象，批判社会问题，促使观众思考和讨论。第七，对美的追求与创造。即使是在废墟之中，艺术家也能发现美和创造美。废墟题材的作品展现了艺术家对美的追求，同时也鼓励观众在看似破碎和荒凉的环境中寻找美和感知美。第八，激发想象与创造。废墟的未知性和开放性激发观众的想象力，鼓励人们创造性地思考废墟背后的故事和历史。这种想象和创造的过程本身就是人文精神的一部分。通过这些方式，废墟题材的美术作品不仅展现了艺术家的创造力和对美的追求，也塑造了观众对历史、人类、文化和社会的深刻理解和反思，从而深刻地影响了人文精神的塑造。

当代艺术创作体现社会价值的方式多种多样，艺术家通过作品对多个方面的问题进行评论、反思和表达，从而产生社会影响。具体分析如下：在社会问题的揭示方面，当代艺术可以揭示社会问题，如贫富不均、性别歧视、环境污染、战争等，通过艺术的形式引起公众对这些问题的关注和讨论。在文化身份的探索方面，艺术家通过艺术作品探讨和表达个体或群体的文化身份，如经济全球化背景下的文化冲突与融合、本土文化的传承与创新等，从而促进对文化多样性的认识和尊重。在政治批判和反思方面，当代艺术可以作为政治批判和反思的工具，艺术家通过作品对权力结构失衡、政策决策不当、社会不公等进行评论和揭露，提升公众的政治意识。在情感共鸣与慰藉方面，艺术作品能够触动人们的情感，提供情感共鸣和心灵慰藉，特别是在面对社会压力和挑战时，艺术可以作为一种情感的出口，帮助人们缓解压力，增强心理韧性。在美的追求与创造方面，当代艺术创作本身就是对美的追求和创造，美的事物能够提升人们的审美水平和生活质量，进而提升整个社会的文明程度。在促进社会对话与和解方面，艺术作品可以成为不同文化、群体之间对话和理解的桥梁，有助于缓解社会矛盾和冲突，促进社会和谐。在经济价值的创造方面，艺术作品也是一种文化产品，具有一定的经济价值，可以通过市场机制创造就业机会，促进经济增长和文化产业发展。综上所述，当代艺术创作通过多种方式体现社会价值，不仅在于艺术创作本身的美学价值，更在于其对社会、文化、政治等方面的深远影响。

## 一、历史与记忆的探索

一般意义上讲，人类社会经历的事件、人物、文化、社会结构等，通过各种形式（包括但不限于文献资料、口头传说、文物、建筑遗迹、艺术作品等）留存下来并被后世所记住和传承的知识与经验叫作历史记忆。这些历史记忆代表了人类历史不同阶段的内容，反映了特定时代的社会特征、文化价值观、政治经济状况，以及人类行为模式。历史记忆的概念强调的是人们对过去的集体或个人记忆及其表述方式，它是社会身份、文化连续性和历史意识构建的基础。这种记忆可能以正式的历史记载形式存在，如史书、档案记录等；也可能体现为非物质文化遗产，如节日庆典、传统习俗、民间故事等。历史记忆不单是对过去的简单回顾，它还涉及选择性记忆、遗忘、重述和重新解读的过程，因此在不同的时间、地点和社会群体中可能会有不同的表现和含义。对历史记忆的研究涉及多个学科领域，包括历史学、社会学、心理学、文化研究和记忆研究等，旨在探讨记忆如何被创造、保存、传递，以及如何影响社会的现在和未来。通过分析历史记忆，人们可以更好地理解历史事件的意义变化，以及这些变化是如何塑造社会的认知、价值观和行为模式的。

废墟美学作为一种独特的实践和文化现象，通过探索、记录、重构或重新诠释废弃场所与残破遗迹，有效地唤起人们对历史的记忆，连接过去与现在，为观众提供深刻的情感体验和思考空间。一方面，废墟作为时间的见证者，保留了过往生活的痕迹和故事，当人们面对这些残垣断壁时，往往会产生一种怀旧情绪，激起对过去生活场景的想象，这种情感上的共鸣是直接而强烈的，能够唤醒个人乃至集体的历史记忆。另一方面，废墟美学通过摄影、绘画、雕塑、装置艺术等多种形式，将废墟转化为艺术作品，赋予其新的内涵。艺术家通过构图、光影、色彩等手法强调废墟的特定元素，或是利用对比、并置等技巧，增强其象征性和隐喻性，引导观者深入思考历史变迁、文明兴衰等主题。另外，许多废墟美学实践鼓励观众走进现场，亲身体验这些历史空间，艺术家通过声音装置、光影表演、互动展览等方式，创造出沉浸式的体验环境，使人们仿佛穿越时空，直观感受历史的厚重和时间的流逝，从而加深对特定历史时期或事件的记忆。此外，废墟不仅是物质的残留，更是社会记忆的载体。通过废墟美学实践，废墟被赋予新的文化意义，成为探讨集体身份、历史责任与未来愿景的平台，它帮助人们重新连接被遗忘的历史片段，理解自身文化根源和社会变迁的过程，增强了群体的身份认同感和归属感。不可否认，废墟美学不仅仅是对过去的怀念，更是一种对现代社会的批判性反思，通过揭示废弃背后的原因（如战争、自然灾害、城市化进程中的拆毁等），艺术家促使观众思考人类行为对历史遗产的影响，以及人类应如何保护和传承这些宝贵的记忆。总之，废墟美学通过情感、视觉、空间和社会等多个维度，不仅复苏了沉睡的历史记忆，也促进了对历史、文化和社会问题的深刻思考，展现了艺术在连接过去与现在、个体与集体之间的独特力量。

废墟艺术创作通过视觉艺术的形式，可以有效地展示城市记忆，让观者通过艺术作品感受到城市的过去、现在和未来。其一，艺术家可以通过废墟题材的作品，对城市的历史遗迹进行再现和重塑，如古老的建筑、废弃的工厂等，这些元素都是城市记忆的重要组成部分。其二，废墟美术作品可以记录城市的变迁，如拆迁中的房屋、被遗忘的街角、城市更新后的遗址等，通过对比展示城市在不同时间点的面貌。其三，废墟中人的生活痕迹，如旧家具、照片、书籍等，可以反映城市居民的生活方式和社会的变迁，让观者感受到城市生活的多样性和复杂性。其四，废墟艺术作品可以通过废墟这一载体，传达城市中的情感和故事，如失落、孤独、希望、重生等，这些情感和故事是城市记忆不可或缺的部分。其五，废墟的美学价值不仅在于其残缺、荒凉，还在于其蕴含的历史和文化意义，艺术家可以通过描绘废墟的形象，探索城市的美学价值，展示城市的独特魅力。其六，废墟可以作为对社会问题的隐喻，如城市化进程中的拆迁、环境破坏等，艺术家可以通过废墟的形象，批判这些社会问题，启发人们对城市发展的思考。总之，废墟美术创作可以成为展示城市记忆的有效途径，让观者通过艺术作品感受到城市的丰富历史和文化。

废墟艺术作品也是唤起乡愁记忆的重要载体，通过描绘人们记忆中的景象、风土人情等乡土元素来唤起乡愁、留住乡愁。首先，废墟艺术作品可以通过艺术手法来再现乡村或城市的废弃建筑、遗址等景象，这些景象承载着人们的共同记忆和乡愁情感，从而唤起人们的乡愁记忆。其次，废墟作品往往会营造一种凄美、怀旧的氛围，能够唤起观者对过去时光的回忆和对失去的美好事物的怀念，从而引发人们的情感共鸣。再次，废墟是历史的见证者，通过废墟艺术作品可以展示乡村或城市的历史文化，传承和弘扬本土文化，让乡愁得以在后代延续。此外，废墟艺术作品记录了社会发展和城市的变迁，展现了乡村或城市从过去到现在的变化，让乡愁成为历史的见证和记忆的载体。最后，废墟的美学价值在于它的残缺感、荒凉感和超现实性，这种特殊的美学形态使得废墟艺术作品具有独特的艺术魅力，吸引人们去欣赏和思考，艺术家通过创造性的艺术转化，将废墟的残破和荒凉转化为艺术的美感，使得废墟在艺术中得到了新的生命和意义，从而留住乡愁记忆。通过以上方式，废墟艺术创作不仅能够留住乡愁记忆，还能够让人们更好地理解和珍视自己的文化和历史，促进文化的传承和发展。

艺术设计也是废墟美学实践的重要途径，同时，艺术设计同样具有情感唤起功能，最有代表性的案例是侵华日军南京大屠杀遇难同胞纪念馆。侵华日军南京大屠杀遇难同胞纪念馆（江东门纪念馆）的设计，深刻体现了对历史记忆的尊重与对历史的哀悼，其建筑设计和展示策略都是围绕着铭记历史、传递和平信息的核心理念展开的。纪念馆的设计强调了场所精神和历史事件的沉痛性质，主体建筑采用下沉式设计，象征着对死难者的深切哀悼和对历史记忆的深埋。进入纪念馆，访客需经过一条缓缓下降的坡道，这一艺术设计寓意着走进历史的深处，体验那段沉重的过去。纪念馆周围环绕着水面和绿植，既营造了肃穆的氛围，也象征着生命的复苏与对和平的期望。纪念馆的空间布局通过精心设计，用不同的展区逐步展开对南京大屠杀的历史叙事。从户外的雕塑群到室内展厅，每一部分都承载着特定的信息与情感，如"家破人亡""逃难""屠杀""抵抗"等主题，通过实物、图片、视频、文献档案和幸存者证言等多种形式，全方位、多层次地展示了大屠杀的残酷现实与人性的光辉。馆内收藏了大量珍贵文物史料，包括受害者的遗物、历史照片、档案文件等，这些直接证据有力地证明了历史事实。同时，纪念馆还采用了现代多媒体技术，如互动触摸屏、3D影像等，提升参观者的沉浸感和参与度，使人们能够更直观地感受到历史事件的震撼。除了展示历史，纪念馆还承担着重要的教育职责，设有专门的学习教育区域，举办各类讲座、研讨会和青少年教育活动，旨在传递历史真相，培养和平意识，促进国际间的理解和宽容。纪念馆的外部空间同样融入了深刻的纪念意义，如和平公园内的雕塑作品、纪念墙、和平钟等，它们不仅是艺术的展现，也是对和平的祈愿和对逝者的缅怀。南京大屠杀遇难同胞纪念馆在展示城市记忆方面，采取了一种"活化历史"的方式，将城市的历史伤痕转化为面向未来的和平教育资源。它不仅是一个纪念场所，更是城市记忆的重要载体，具体通过以下三个方面来体现：在连接历史与现代方面，纪念馆通过现代设计手法和科技手段，让历史记忆得以在当代社会中生动再现，使参观者能在了解过去的同时，思考当下与未来。在社区参与与公共记忆方面，鼓励当地居民和社会各界参与纪念活动，如国家公祭日的公众悼念仪式，强化了城市公共记忆，增强了历史事件的社会共情和集体记忆。在国际交流平台方面，作为国际公认的"二战"期间"三大惨案"的纪念馆之一，它吸引了全球的关注，成为国际间交流历史认知、推动和平发展的重要平台，增强了中国的国际形象和地位。综上所述，南京大屠杀遇难同胞纪念馆的设计与展示，不仅深刻体现了对历史的尊重与记忆，也通过多维度的展示策略和教育活动，使纪念馆成为促进和平、反思历史的公共空间，展现了设计在处理历史创伤、传承城市记忆方面的独特价值。

## 二、现代性的批判

人类发展进程中，社会批判往往起到正向的警醒作用。现代性批判是指对现代社会及其发展过程中出现的种种现象、理念和后果进行的深入分析与反思。它旨在揭露现代性带来的问题、矛盾与危机，挑战普遍接受的进步观念，并质疑现代性依赖的基本假设和价值体系。现代性通常与工业化、理性化、世俗化、民主化、经济全球化以及科学技术的快速发展等相关联，这些变革极大地改变了人类的生活方式、社会结构、经济模式和思想观念。现代性批判的视角是多元的，不同思想家和流派提出了各自的批判观点。法兰克福学派如西奥多·阿多诺、马克斯·霍克海默和赫伯特·马尔库塞等人，他们批判了大众文化的同质化、工具理性对人性的压抑，以及资本主义对自由和创造力的限制，他们认为，尽管启蒙运动带来了理性与自由的理念，但这同样导致了对自然的剥削、对生命力的抑制，以及对个体多样性的忽视。卡尔·马克思对现代性的批判主要集中在资本主义体系上，特别是资本积累导致的阶级冲突、异化劳动以及人与自然关系的破裂。他认为资本主义的发展虽然带来了生产力的巨大提升，但也伴随着对工人阶级的剥削和社会的不公。尼采批判了启蒙运动的理性至上主义，认为它忽视了人类本能、激情和权力意志的重要性；弗洛伊德则通过精神分析揭示了潜意识对个体行为的决定作用，指出理性只是冰山一角，而人类行为更多地受到无意识驱力的控制。后现代主义者如米歇尔·福柯和雅克·德里达，他们进一步解构了现代性的宏大叙事，批判了普遍真理、客观知识和元叙事的权威，强调知识与权力的关系，以及语言和符号系统的建构性。现代性批判不仅指出了问题，也推动了对替代方案的探索，如生态社会主义、批判理论、后现代伦理等，这些都试图在批判的基础上寻找更加公正、可持续的社会发展模式。

废墟美学本身的反思与批判立场决定了其对社会具有现代性批判作用，废墟美学通过借助废墟元素，传达出对现代性的批判和反思。下面简单讨论一下废墟美学在绘画、公共艺术、建筑艺术、数字影像艺术、装置艺术、行为艺术、跨媒介艺术、实验艺术等领域的现代性批判作用。现代绘画中，废墟美学通过描绘破败的建筑、荒废的景象来表达对现代社会的批判，艺术家通过描绘废墟的形象，反映出城市的扩张与破坏，以及人类对自然环境的破坏，废墟美学在现代绘画中的批判作用在于揭示现代社会的矛盾和问题，引发观众对现代性的反思。在公共艺术中，废墟美学通过在公共空间中创造废墟景象，挑战了公共艺术的界限，艺术家将废墟美学运用在公共艺术中，既是对现代社会的一种批判，也是对观众的一种启示，废墟美学的公共艺术作品让人们重新思考城市的发展与破坏的关系，以及公共空间的意义和价值。在建筑艺术中，废墟美学通过将废墟元素融入建筑设计中，批判了现代建筑的单一性和同质化，废墟美学的建筑作品展现了建筑的残缺与不完美，强调了建筑的历史和文化内涵，这种批判作用使得废墟美学成为一种重要的建筑理念，引领着现代建筑设计的发展。在数字影像艺术中，废墟美学通过后期制作将废墟景象融入影像，创造出一种独特的视觉体验，废墟美学的数字影像作品批判了现代社会对技术的依赖和滥用，引发了观众对现实与虚拟界限的思考，废墟美学的数字影像艺术作品让人们反思现代社会中人与技术的关系。在装置艺术中，废墟美学通过对废墟元素的装置，创造出一种独特的空间体验，废墟美学的装置艺术作品批判了现代社会的消费主义和物质主义，引发了观众对废墟与消费文化的思考，废墟美学的装置艺术作品让人们重新审视废墟的价值和意义。在行为艺术中，废墟美学通过艺术家在废墟中的行为表演，批判了现代社会的荒诞性和虚无主义，废墟美学的行为艺术作品引发了观众对废墟与人类存在的思考，强调了废墟作为人类历史和文化见证的重要性。在跨媒介艺术中，废墟美学通过融合不同艺术形式的废墟元素，创造出一种全新的艺术体验，废墟美学的跨媒介艺术作品批判了现代艺术的界限和分类，引发了观众对废墟与艺术关系的思考，废墟美学的跨媒介艺术作品展示了废墟美学的多样性和广泛性。在实验艺术中，废墟美学通过探索废墟的新形式和新表达方式，批判了现代艺术的局限性，废墟美学的实验艺术作品挑战了观众的审美观念，引发了观众对废墟与艺术的思考，废墟美学的实验艺术作品展示了废墟美学的创新和探索精神。因此，废墟美学在现代艺术中具有重要的现代性批判作用，艺术家通过在各个艺术领域中运用废墟元素，揭示了现代社会的矛盾和问题，引发观众对现代性的反思。废墟美学的多样性和广泛性使其成为现代艺术中不可或缺的一部分，为现代艺术的批判和反思提供了新的视角。

废墟题材艺术作品常常被用作现代性批判的有力媒介，通过展示文明遗迹的破碎与遗弃，艺术家表达了对现代化进程中的矛盾、损失的反思。例如，在杨致远的电影评论《"一瞥"的现代性批判》中，他分析了中国当代电影中废墟影像的应用，揭示了现代性带来的问题。电影中的废墟不仅作为背景出现，还体现着对快速城市化、环境破坏、文化断裂以及历史记忆消逝的深刻批判。再如，一些拆迁废墟的涂鸦艺术摄影捕捉了拆迁区域的涂鸦艺术，涂鸦内容经常包含对社会变迁、消费主义以及社区解体的批判。艺术家通过在即将消失的建筑物上留下印记，探讨了现代城市更新过程中的文化消失和身份认同问题。《废墟上的名画展》艺术项目在废旧房屋的墙壁上复现经典油画，并加以"装裱"，通过这种独特的展示方式，艺术家不仅对经典艺术进行了重新诠释，同时也对现代消费文化下艺术的复制与再生产，以及历史记忆的商业化利用进行了反思。再如网络上常见的一些末世风情的废墟元素插画作品，通过精细描绘废墟中的残破建筑，营造出一种末世氛围，间接批判了人类活动对自然环境的破坏以及展现对未来可能面临的灾难性后果，促使观者思考人类文明的脆弱性和持续性发展的重要性。上述案例展示了废墟艺术通过视觉叙事，激发对现代性带来的各种社会、环境、文化问题的深刻思考，从而达到批判和警示的目的。

### 三、自然与人类关系的问题研究

自然与人类关系的问题研究可以追溯到古代哲学，随着时间的推进，这一议题逐渐深化并拓展至多个学科领域，成为跨学科探索的核心。让我们先来回顾一下人与自然关系问题研究的历程。早在古希腊时期，哲学家就开始探讨人与自然的关系。例如，赫拉克利特提出万物皆流的思想，认为变化是自然界的本质，而人作为自然界的一部分，应该顺应自然规律生活。亚里士多德则提出了"自然目的论"，认为自然界中的一切都有其内在的目的，人的理性使他能够认识并遵循自然法则。在中国，道家哲学，特别是老子的《道德经》强调"道法自然"，倡导人应当效仿自然，追求和谐共生的生活方式。儒家思想虽更侧重于社会伦理，但也提倡"天人合一"，体现了人与自然和谐共处的思想。随着科技革命的到来，人们开始以更加理性和实证的态度审视自然。笛卡尔的二元论区分了心灵与物质，为后来的自然观与人类中心主义奠定了基础。启蒙思想家卢梭强调回归自然，批判工业文明对人性的异化。19 世纪末至 20 世纪初，生态学作为一门学科逐渐受到重视，它系统研究生物与其环境之间的相互关系，标志着人类对自然的认识从个体物种转向生态系统层面，为深入理解自然与人类的相互作用提供了科学基础。20 世纪 60 年代起，随着环境污染和生态破坏等问题日益严重，环保意识的觉醒引发了全球范围内的环境保护运动。蕾切尔·卡逊的《寂静的春天》等著作揭露了化学物质对环境的危害，促使环境立法的加速和公众环保意识的提升。"1987 年，世界环境与发展委员会发布的《我们共同的未来》报告，首次正式提出了'可持续发展'的概念，强调在不损害后代满足自身需要的能力的前提下，满足当前的发展需求"。[1] 这标志着人类开始从更长远的角度审视与自然的关系。进入 21 世纪，在后现代思潮影响下，环境伦理学、深生态学等理论强调非人类中心主义，主张生物多样性、生态系统的内在价值，以及人类对自然的责任。同时，"生态文明建设"成为中国的重要战略，旨在推动绿色、低碳、循环的可持续发展模式。当前，自然与人类关系的研究正不断深化，跨学科合作成为常态，涉及生态经济学、环境伦理学、气候变化政策、生物多样性保护等多个领域。技术进步（如人工智能、大数据等）也为理解自然系统、预测环境变化提供了新工具。此外，全球性的挑战，如气候恶化、生物多样性丧失，要求国际社会加强合作，共同探索人与自然和谐共生的新路径。

对人与自然关系问题进行深入研究和批判性思考，也是废墟美学的努力方向之一。废墟美学通过艺术的语言和视角，揭示了人类活动对自然环境的影响，以及自然力作用下的人类文明变迁，促进了对可持续发展、环境保护、生态伦理等议题的讨论。在人与自然关系问题上，废墟美学的立场如下：一是保持对自然力量的彰显与敬畏。废墟美学常聚焦自然灾害留下的痕迹，如地震、洪水、火山爆发后的废墟，这些作品通过艺术化的呈现，不仅展现了自然力量的壮丽与不可抗性，也唤醒了人们对自然的敬畏之心，使人类反思在自然面前的渺小与脆弱。例如，艺术家通过摄影记录海啸后被摧毁的海岸线，或通过雕塑重现森林火灾后的焦土，提醒人们自然环境的平衡需被尊重和维护。二是警惕人类活动的后果。废墟美学也批判性地展示了过度开发、工业化、战争等人为因素导致的环境破坏和生态失衡，艺术家通过废墟艺术揭示了人类文明进步背后的代价，如废弃的工厂、污染的河流、枯竭的矿坑等，这些作品促使观者反思现代生活方式对自然环境的长期影响，以及人类应该如何修正与自然的关系，走向更加可持续的发展道路。三是提倡自然再生与共生的愿景。废墟中往往蕴含着自然再生的迹象，如野草从

---

① 葛涛. "环境保护与可持续发展"课程教学研究与探讨 [J]. 科技视界，2016（14）：85.

裂缝中生长、野生动物在废弃建筑中栖息，废墟美学在呈现这些场景时，不仅展示了自然的韧性与恢复力，也寄托了对人与自然和谐共生的希望。艺术家通过艺术创作，如在保护废墟原生态的基础上，种植绿色植被，或在废弃工厂内设置生态艺术装置，鼓励人们思考如何在受损环境中促进生态修复，实现人类与自然环境的和谐共存。四是促进文化记忆与生态记忆的融合。废墟美学还重视生态记忆与人类文化记忆之间的联系，注重揭示特定地理空间上人类活动与自然环境交织的历史，通过对这些地点的考察和艺术创作，艺术家强调了保护自然环境就是保护人类的文化遗产，提醒人们废墟不仅是物质的残留，也是生态记忆与文化记忆的交汇点，提醒人们保护生态环境就是保护自己的历史与未来。五是提倡环保意识与行动。废墟美学作品通过展览、公共艺术项目等形式，向公众传播环保意识，激励人们采取实际行动参与环境保护，艺术作品成为教育和启发的媒介，促使人们思考个人行为与环境之间的关联，鼓励人们减少浪费、采用可持续的生活方式，以及参与环境保护的公共政策讨论。综上所述，废墟美学不仅是一种艺术表达，更是对人与自然关系深刻反思的平台，它以直观而强烈的方式，激发人们对环境问题的关注，促进了对可持续发展路径的探索和实践。

废墟美学通过现代文学、诗歌、音乐、建筑、绘画、公共艺术、影像艺术、装置艺术、行为艺术、跨媒介艺术等各种艺术表现形式，借助废墟元素，传达出对自然与人类关系的反思。在现代文学中，废墟美学通过描绘废墟场景来表达对自然与人类关系的反思，作家通过废墟的形象，探讨人类对自然的破坏和自然的报复；废墟美学在现代文学中的作用，在于揭示了人类与自然之间的矛盾和紧张关系，引发读者对自然与人类关系的思考。在诗歌中，废墟美学通过废墟的意象来表达对自然与人类关系的反思，诗人通过对废墟的描绘，反映人类对自然的掠夺和破坏，以及自然的荒芜和报复。废墟美学在诗歌中的作用在于唤起读者对自然与人类关系的关注，引发对环境保护的思考。在音乐中，废墟美学通过旋律和节奏来表达对自然与人类关系的反思，作曲家通过废墟的音效和旋律，传达人类对自然的破坏和人类的困境。废墟美学在音乐中的作用在于触动听众的情感，引发对自然与人类关系的思考。在建筑中，废墟美学通过将废墟元素融入建筑设计中，反思人类与自然的关系，建筑师通过废墟的形态和结构，展现自然的荒芜和破坏，强调自然与人类之间的冲突。废墟美学在建筑中的作用在于提醒人们关注自然与人类关系的重要性。在绘画中，废墟美学通过描绘废墟的景象来表达对自然与人类关系的反思，画家通过废墟的形象，揭示了人类对自然的掠夺和破坏，以及自然的荒凉和报复。废墟美学在绘画中的作用在于引发观众对自然与人类关系的思考，增强对环境保护的意识。在公共艺术中，废墟美学通过在公共空间中创造废墟景象，反思自然与人类关系，艺术家将废墟美学运用在公共艺术中，既是对自然与人类关系的一种反思，也是对观众的一种启示。废墟美学的公共艺术作品让人们重新思考自然与人类之间的互动关系。在影像艺术中，废墟美学通过后期制作将废墟景象融入影像中，创造出一种独特的视觉体验，废墟美学通过影像作品反思自然与人类关系，揭示人类对自然的破坏和自然的报复。废墟美学的影像艺术作品让人们关注自然与人类关系，思考未来发展的可持续性。在装置艺术中，废墟美学通过对废墟元素的装置，创造出一种独特的空间体验，废墟美学的装置艺术作品反思自然与人类关系，引发观众对自然与人类之间的互动关系的思考。废墟美学的装置艺术作品强调了自然与人类关系的重要性，倡导对自然的尊重和保护。在行为艺术中，废墟美学通过艺术家在废墟中的行为表演，反思自然与人类关系，通过行为艺术作品揭示人类对自然的破坏和自然的报复，引发观众对自然与人类关系的思考。废墟美学的行为艺术作品强调自然与人类关系的重要性，呼吁人们采取行动保护自然。在跨媒介艺术中，废墟美学通过融合不同艺术形式的废墟元素，创造出一种全新的艺术体验，废墟美学的跨媒介艺术作品反思自然与人类关系，引发观众对自然与人类之间互动关系的思考。废墟美学的跨媒介艺术作品展示废墟美学的多样性和广泛性，为自然与人类关系的反思提供了新的视角和思考。总之，废墟美学在现代艺术中具有重要的作用，特别是在自然与人类关系方面，艺术家通过在各个艺术领域中运用废墟元素，揭示了人类对自然的破坏和自然的报复，引发观众对自然与人类关系的思考。废墟美学的多样性和广泛性使其成为现代艺术中不可或缺的一部分，为自然与人类关系的反思提供了新的视角。

## 四、美学创新

众所周知，美学是哲学的分支学科。美学主要研究人与世界审美关系的本质、规律及意义，同时，美学关注审美的原理、美感经验、艺术创作、欣赏活动以及美的哲学基础。美学探讨的核心问题包括美的本质、艺术的定义、美的判断标准、审美经验的心理机制、艺术创作的过程、艺术品的评价以及艺术与社会、文化、历史的关系等。美学既是一门涉及哲学抽象思辨的理论学科，也是一门关注人的直接感知和情感反应的感性学科。美学的研究范围广泛，与心理学、语言学、人类学、神话学、社会学等多个学科有交叉。在实际应用中，美学的理论被用来分析和评价文学、音乐、绘画、雕塑、建筑、设计等艺术形式以及日常生活中的审美体验。此外，美学还关注自然美、环境美以及人造环境对人的心理和行为的影响，如景观设计、城市规划中的美学考量。总之，美学作为一门研究美、美感及艺术的哲学学科，它不仅探讨美的本质和规律，也关注审美活动在人类文化和精神生活中的地位与作用，对于理解和提升人类的生活品质具有重要意义。

那么，什么是美学创新呢？美学创新是指在美学领域内对传统观念、表现形式、设计手法或审美体验进行的革新与创造。这种创新通常旨在打破常规，引入新鲜的视角、理念或技术，创造出与众不同的美感体验，满足人们日益增长的审美需求和对新颖性的需求。艺术与设计领域的美学创新是很常见的，艺术家和设计师通过新材料的应用、新技术的融入、新奇的表现手法或跨界合作，创造前所未有的艺术作品。比如，利用虚拟现实、增强现实技术来构建沉浸式的艺术体验。又如，概念微波炉产品设计，在功能实用性基础上融入现代审美和个性化设计，使产品不仅实用而且成为家居装饰的一部分，提升用户的使用体验和情感价值。在建筑和室内设计中，美学创新体现在对传统建筑语言的解构与重组上，或者体现在对环保材料、绿色建筑技术的探索上，创造出既美观又可持续的空间环境。在数字媒体与互联网领域，随着互联网和数字技术的发展，美学创新也在此域大放异彩。比如，网页设计、用户体验设计中的动态图形、互动体验设计，都在不断拓展美的边界和增加用户体验的新维度。同时，美学创新也渗透到人们的日常生活中，鼓励人们在衣食住行各方面追求更有品质、更具个性的生活方式，通过创意和美学的融合，日常生活变得更加丰富多彩。美学创新不仅推动了艺术和设计的进步，也促进了科技与文化的融合发展，增强了人们对美的感知和享受，进而影响社会文化趋势和消费习惯。在快速变化的时代背景下，美学创新成了激发社会创造力、推动文化多样性发展和经济发展的重要动力。

废墟美学研究通过独特的视角和方法实现美学创新，它不仅扩展了我们对美的认知范畴，还促进了艺术表现形式、设计理念及审美体验的革新。例如，在扩展美的定义方面，废墟美学挑战了传统美学中对完美、完整、和谐的追求，转而探索破损、衰败、不完整的美，它揭示了废墟中蕴含的时间之美、沧桑之美、自然之力与人类历史痕迹交织的复杂美感，这种对美的重新定义拓宽了美学的边界，促使人们从新的角度理解美与丑、生命与死亡、创造与毁灭之间的辩证关系。在创新艺术表现形式方面，废墟美学鼓励艺术家采用非常规材料和场所进行创作，如在废弃工厂、旧仓库、城市遗迹等地点进行装置艺术、大地艺术、街头艺术等的创作。艺术家往往结合现场的物理结构、历史背景与自然侵蚀的痕迹，创造出独一无二的艺术体验，如将光影、声音、气味等元素融入废墟，形成多感官的互动体验，为观众提供了一种全新的审美感知方式。在强化环境意识与社会责任方面，废墟美学不仅仅体现了对美的追求，它还承载了对环境问题、社会变迁、历史记忆的深刻反思，通过艺术手段，将废墟转化为社会对话的平台，引起公众对环境保护、城市更新、历史保护等问题的关注，这种实践促进了艺术家、学者、决策者及公众之间的交流，使之共同探索可持续发展的美学路径。在探索跨学科融合方面，废墟美学研究经常跨越艺术、建筑、历史、人类学、生态学等多个学科，通过跨学科的合作与对话，开辟了新的研究领域，增加了艺术表现的可能性。例如，结合生态恢复的废墟改造项目，不仅恢复了自然生态，也创造了具有生态美学价值的空间，这种融合促进了对自然与人类关系的深层次理解，以及对美学创新的实践探索。在促进审美经验的多样性方面，废墟美学通过其独特的情境设置，为观众提供了不同于传统美术馆或剧院的审美体验，观众在废墟中漫步，亲身体验时间的流逝、空间的转换和历史的沉重，这种体验往往更加个人化、情感化，激发了人们对生命意义、历史责任和未来憧憬的深层思考。总之，废墟美学研究通过其对传统美学观念的挑战、艺术形式的革新、社会责任的强化、跨学科的融合，以及审美经验的丰富，实现了美学领域的深刻创新，为当代艺术和设计实践提供了新的灵感来源和思考方向。

## 五、社会评论与政治评论

社会评论与政治评论是指针对社会现象、政策动向、政治事件、公共议题、文化趋势等进行的分析、评价和讨论，它是一种表达观点、解读现象、评估影响、引导公众讨论和影响政策制定的公共话语形式。社会评论与政治评论是两个既有联系又有区别的概念。社会评论偏重于探讨社会结构、民众生活、文化习俗、价值观等方面的问题，而政治评论则专注于政府行为、权力运作、法律政策、国际关系等政治领域的议题。两者之间存在紧密联系，因为政治活动深刻影响社会结构和社会生活，而社会状况又往往是政治决策的基础和反馈。社会评论往往涵盖社会公正与平等、社会福利（教育、医疗、住房等）、公众道德与社会风气、科技发展对社会的影响、文化多样性与身份认同、社会变迁与发展趋势等方面；政治评论则涉及政策的制定与执行、选举与政党政治、国际关系与外交政策、宪法权利与公民自由、政府透明度与腐败问题、民主与人权议题等方面。无论是社会评论还是政治评论都旨在通过深入分析、批判性思考，为公众提供信息、见解和观点，促进社会共识的形成，推动社会进步和政治改革。评论者可以是专业记者、学者、政策分析师、意见领袖或是普通公民，他们通过报纸、杂志、电视、广播、网络媒体、社交媒体等多种渠道发表评论，与广大受众互动。

废墟美学实践发挥着积极的社会评论与政治评论作用。废墟美学通过艺术创作途径，以独特的视角和强烈的视觉冲击力，介入政治评论与社会评论，成为反映社会现实、批判权力结构、唤起公众意识和推动社会变革的重要力量。在视觉叙事与历史记忆的重构方面，废墟美学通过摄影、装置艺术、雕塑、视频艺术等现代艺术形式，将废墟转变为叙事的舞台，重构被遗忘的历史片段。艺术家通过挖掘废墟背后的故事，揭示历史的创伤、社会的不公，或权力的滥用，如通过在战争遗址上安装纪念雕塑来纪念受害者，批判战争的残酷，唤起人们对和平的渴望。在对环境问题的警示方面，面对全球环境危机，废墟美学常常聚焦因人类活动导致的环境破坏，如工业废墟、污染土地、消失的自然景观等，艺术家通过这些作品展现自然环境的脆弱与人类行为的后果，如利用回收材料创作大型装置艺术，既是对废物的再利用，也是对消费主义和环境破坏的批判，促进环保意识的提升。在城市化进程的反思方面，随着城市化的快速推进，大量历史建筑被拆除，城市面貌迅速变化，废墟美学作品常常以此为背景，探讨城市化过程中的文化失落、社区解体和社会不平等，艺术家则通过在废墟上创作壁画、装置艺术作品等，唤起过去记忆，引发对城市发展方向的反思，激发公众对可持续城市规划和文化遗产保护的讨论。在为社会边缘群体发声方面，废墟艺术常常选择在边缘地区或被主流社会忽略的地点进行创作，如贫民窟、废弃工厂、隔离区等，为边缘群体提供了一个表达自己故事和困境的平台，这些作品不仅是艺术的呈现，也是社会不公的见证，促使社会关注弱势群体的生存状态，推动正义社会和包容性社会的构建。在公共空间的激活与社区参与方面，废墟美学项目往往鼓励社区积极参与，通过工作坊、公共讨论等形式，让当地居民参与到艺术创作中来，共同探讨社区的过去、现在与未来，这种参与性实践不仅激活了废弃空间，增进了社区凝聚力，也为居民提供了公共表达的渠道，促进民主参与和社会治理创新。在倡导跨文化对话与全球视野方面，废墟美学的现代艺术创作往往跨越国界，成为不同文化间交流与理解的桥梁，艺术家通过跨国合作项目，探讨经济全球化背景下普遍面临的问题，如移民、文化冲突、地缘政治等，促进了全球视野下的社会评论与政治评论，推动构建更加和谐的国际关系。总之，废墟美学通过现代艺术创作途径，以其独特的审美体验和深刻的社会洞察力，成为政治评论与社会评论的有力工具，不仅批判现实、唤醒意识，更激发了对更美好未来的想象与追求。

## 六、情感与心理的探索

作为人类文化的重要组成部分，艺术自古以来就在情感与心理的表达、揭示和理解方面扮演着不可或缺的角色。废墟美学实践通过绘画、雕塑、音乐、舞蹈、戏剧、文学等各种形式，以独特而深刻的方式触动人心，反映了人类的情感世界和复杂心理状态。其一，艺术为人们提供了一个难以用言语直接传达的情感渠道。无论是快乐、悲伤、愤怒还是恐惧，艺术家都可以通过作品将这些情感转化为视觉、听觉或其他感官体验，使观众能够共鸣并感受到相似的情感体验，这种情感的共享有助于人们在个人和社会层面建立更深层次的理解和连接。其二，艺术常常被用来探索人类的心理深层结构，包括潜意识、梦境、欲望和冲突。例如，超现实主义艺术试图展现梦境与现实之间的模糊界限，揭示潜意识中的图像和思想。这样的艺术作品可以帮助观众认识到自己未曾察觉的心理层面，促进自我探索和心理成长。其三，艺术不仅能够表达情感，还能帮助人们调节和管理情绪。艺术疗法是一种利用艺术创作过程来改善个体心理健康的实践，它被广泛应用于治疗抑郁、焦虑、创伤后应激障碍等多种心理健康问题，通过创作艺术作品，个体可以安全地表达和处理负面情绪，找到情感释放的出口，从而实现心灵的治愈。其四，艺术作品往往是对时代精神和社会心理的反映，它能够揭示一个时期的社会情绪、集体意识以及文化价值观。例如，战争时期的艺术往往充满了对和平的渴望和对人性的深刻反思，反映出那个时代的普遍心理状态。通过艺术，我们可以洞察不同历史时期人们的共同心理特征和情感反应。其五，艺术能够跨越文化和语言的界限，激发人们的共情能力，帮助我们理解他人的感受和经历。通过艺术作品，我们能够"步入"另一个人的内心世界，体验不同的生活境遇和情感状态，从而增进人与人之间的理解。总之，艺术在表达情感与揭示社会心理方面具有不可替代的价值，它不仅是个人情感的抒发，也是社会心理的映照，更是促进人类情感交流和相互理解的重要媒介。

废墟美学实践通过艺术作品呈现描绘废墟的景象，传达出对各种情感与心理问题的关注。首先，废墟美学通过描绘废墟的景象，为艺术家提供了一种独特的情感探索方式。废墟象征着破败、荒凉和失落的情感，艺术家通过废墟元素传达出对人生、社会和历史的深刻思考，废墟美学在现代艺术中的情感探索作用在于揭示艺术家内心的痛苦、困惑和挣扎。其次，废墟美学在现代艺术中的心理探索作用不可忽视。废墟作为一种破败的象征，能够引发观众对内心深处的恐惧、焦虑和孤独感的思考，废墟美学通过激发观众的共鸣，引导人们对自身的情感与心理状态进行反思。再次，废墟美学的情感共鸣作用在现代艺术中具有重要意义。废墟作为一种普遍的象征，能够触动观众内心深处的情感，废墟美学通过观众与艺术品的互动，创造出一种情感共鸣的效果，使观众能够更加深入地理解和体验艺术作品。最后，废墟美学在现代艺术中的心理治愈作用不容忽视。废墟作为一种破败的象征，能够激发人们的内心力量，帮助人们面对和克服情感与心理问题，废墟美学通过唤起人们对于废墟的感知和想象，为人们提供了一种心理上的治愈途径。例如，日本艺术家草间弥生的作品《无限镜屋》，通过废墟般的空间设计，使观众进入一种沉浸式的体验，帮助人们面对内心的恐惧和焦虑。综上所述，废墟美学在现代艺术中具有重要的情感与心理探索作用，通过对废墟元素的描绘和运用，艺术家能够表达内心的情感波动和心理状态，引发观众的共鸣和思考，废墟美学为现代艺术提供了一种独特的情感表达方式，同时也为观众提供了一种心理上的治愈途径。废墟美学的多样性和广泛性使其成为现代艺术中不可或缺的一部分，为艺术与观众之间的情感与心理探索搭建了一座桥梁。

# 第二节　废墟美学实践的社会意义

## 一、废墟美学在文化遗产保护中的应用

我们先来简短回顾一下文化遗产保护的概念、内涵与发展历程。文化遗产保护是一个旨在维护和管理具有历史、艺术和科学价值的文化财产的过程，这些财产既包括物质文化遗产，也涵盖非物质文化遗产。文化遗产保护的目的在于确保文化遗产得以传承，为当代及后代提供学习、研究和欣赏的资源，同时提升文化多样性与促进人类社会的可持续发展。物质文化遗产主要包括古遗址、古墓葬、古建筑等不可移动文物；历史上各时代的重要实物、艺术品、文献、手稿、图书资料等可移动文物；石窟寺、石刻、壁画等其他具有历史文化价值的实物。非物质文化遗产包括口头传统和表现形式，如民间故事、歌谣、谚语；传统表演艺术，如戏曲、音乐、舞蹈；民俗活动、礼仪与节日；传统手工艺技能、与自然界及宇宙相关的民间知识与实践等。自20世纪下半叶以来，随着经济全球化的加速，文化遗产保护的概念经历了全球性的觉醒与重视。这一时期，遗产保护不再局限于个别国家或地区，而是成了国际社会共同关注的话题。国际组织如联合国教科

文组织在推动全球文化遗产保护中发挥了核心作用，通过《世界遗产公约》等国际协议，促进了跨国界的保护合作，并设立了世界遗产名录。各国政府联合非政府组织开始制定法律、政策和技术标准，以科学的方法和技术手段对遗产进行调查、记录、修复和管理，同时加强公众教育和社区参与，提高全社会的文化遗产保护意识。面对自然灾害、战争破坏、城市化进程中的拆迁威胁以及文化同质化等挑战，文化遗产保护工作也在不断适应新情况，探索创新的保护策略和方法，如数字化保护、虚拟重建等。进入 21 世纪后，可持续发展和文化多样性成为全球共识，将文化遗产保护与这些理念相结合，被视为促进社会经济发展、增强民族认同和国际间文化交流的重要途径。因此，文化遗产保护是一个不断发展、日益重要的领域，它不仅关乎历史的留存，更是推动社会进步、促进人类共同发展的关键要素。

中国文化遗产保护的发展历程可以概括为以下几个阶段。一是孕育阶段（清末至 1949 年）。中国文物保护的意识和实践可以追溯到晚清时期，如 1909 年清朝民政部公布的《保存古迹推广办法》，标志着中国近代文物保护的开端。这一时期，尽管保护措施较为有限，但为后来的体系建立奠定了基础。二是形成与发展阶段（1949—1978 年）。新中国成立后，历史文化遗产保护进入形成期，形成了以"文物保护"为主的单一保护体系。此阶段，政府开始系统性地对文物进行登记、研究和保护，但保护工作主要集中在重点文物和遗址上。随着 1961 年第一批全国重点文物保护单位名单的公布，保护工作逐步规范化。三是完善与扩展阶段（1978 年至今）。这一阶段又分为三个时期：改革开放初期，文物保护工作得到进一步加强，保护性质逐渐由抢救性保护转向预防性保护，同时，伴随着经济的快速发展，文化遗产保护面临更大的挑战，如城市化进程中的拆迁问题；20 世纪 80 年代至 20 世纪 90 年代，中国开始建立较为完善的文物保护法律体系，如 1982 年颁布的《中华人民共和国文物保护法》，标志着文化遗产保护进入法治化轨道，这一时期，文化遗产保护的范围也从物质文化遗产扩展到非物质文化遗产；21 世纪以来：随着《中华人民共和国非物质文化遗产法》等法规的出台，中国文化遗产保护体系更加成熟，形成了多层次、多类型的保护体系，保护工作更加注重整体性和综合性，强调对文化景观、历史城镇和村落的保护，以及社区参与和公众教育，同时，数字化技术的应用为文化遗产的记录、研究和传播提供了新手段。国际合作日益增多，中国积极参与国际文化遗产保护的交流与合作，如加入《保护世界文化和自然遗产公约》并有多个项目列入世界遗产名录。至今，中国文化遗产保护工作仍在持续，面对新的挑战，如气候变化、旅游压力、经济全球化影响等，中国正不断探索新的保护策略和技术，力求在保护与利用、传承与创新之间找到平衡，确保文化遗产的永续传承。

　　废墟美学实践在文化遗产保护中展现出多方面的积极作用，不仅为传统保护方式带来了新的视角和思路，还促进了文化的活化利用与社会的广泛参与，原因有六。一是增强文化认同感与历史责任感。通过废墟美学的艺术创作，艺术家和公众得以重新审视和解读那些被遗忘或被边缘化的文化遗产，这种过程不仅展示了历史的痕迹，也唤醒了人们对过去生活的记忆，增强了对本土文化的认同感和历史责任感，这种情感的链接是文化遗产保护最坚实的基础。二是推动保护理念的革新。废墟美学强调在不破坏原有历史信息的基础上，通过艺术手段对废墟进行适度的干预和再创造，这种理念挑战了以往单一的修复或重建模式，提倡一种尊重历史真实、体现时间痕迹的保护策略，这种理念的转变促使文化遗产保护更加注重遗址的原真性与完整性，避免过度商业化和同质化。例如，历史遗迹废墟金陵大报恩寺的改造项目就是传承中创新范例，在不破坏原有历史遗迹废墟的前提下修旧如旧，充分挖掘遗迹废墟的展示潜力和历史价值，将现代的设计与遗迹废墟进行深层次结合和对比，制造强烈的反差，将历史和现代、新与旧的氛围变得更加浓厚。改造项目中最大限度地遵循了废墟场地特点、功能、文化等因素，使用了"塔基幕墙挂板为古法烧制的琉璃碎片，幕墙的色彩则是古塔的元素解析"①等新材料和新手法，同时增加了许多传统、破碎、残缺的元素以加深废墟本身的历史感、粗糙感、时间雕琢感等气质，完美地保留了废墟感。这样处理既对历史遗迹进行最大限度的保护，同时成功地激发了受众全新多元的情感体验，达到情感共鸣的效果。金陵大报恩寺改造项目将历史和美学价值进行最大化的挖掘，在传承废墟本身文化价值、美学价值、社会价值的同时，进行时代创新，使得设计作品在情感体验、视觉效果、精神内涵等方面达到更加完美的效果。三是促进社区参与和公众教育。废墟美学艺术实践往往鼓励社区居民和公众的参与，通过工作坊、展览、公共艺术等形式，让人们亲身体验和了解遗产的价值和保护的重要性，从而增强公众的保护意识和参与感，这种互动式的学习和体验，对于文化遗产保护的长期性和可持续性至关重要。四是激发创意经济与城市再生。废墟美学实践常常与城市更新相结合，将废弃的工业遗址、旧建筑等转变为文化中心、艺术园区、创意工作室等，不仅为城市增添了文化活力，也为地方经济发展注入

---

① 韩冬青，陈薇，马晓东，等. 在地脉和时态的关联中传承和创新：金陵大报恩寺遗址博物馆设计 [J]. 建筑学报，2017（1）：14.

了新的动力。这种转化不仅保留了城市记忆，也促进了文化创新和创意产业的发展，实现了经济效益与文化价值的双重提升。五是促进国际交流与合作。废墟美学作为一种全球性的文化现象，为国际文化遗产保护提供了交流的平台，通过各国分享废墟保护与再利用的成功案例，促进了技术、理念的跨国界传播，提升了全球文化遗产保护网络的紧密度，有助于构建更加包容和多元的文化保护体系。六是深化学术研究与教育。废墟美学实践促进了跨学科研究，如艺术、建筑学、考古学、历史学等领域的学者和学生，通过实地考察、艺术创作、学术研讨等方式，对废墟及其背后的历史、文化进行更深入的探索和理解，这不仅丰富了学术研究内容，也为文化遗产保护提供了理论支撑和人才储备。综上所述，废墟美学实践以其独特的视角和方法，为文化遗产保护工作带来了新的活力和可能性，不仅在理论上推动了保护理念的革新，也在实践上促进了文化的传承与创新，加强了社会的凝聚力，为文化遗产的可持续保护与发展作出了重要贡献。

废墟美学艺术实践在文化遗产保护中扮演了多重积极角色，其作用是多方面的。一是提升公众意识。通过在废墟上进行艺术创作，艺术作品可以吸引公众的注意力，提高人们对这些遗址存在价值的认识，能够以直观、感性的方式讲述历史故事，激发观众的情感共鸣，从而增强大众对文化遗产保护的意识。二是活化利用。废墟美学艺术实践是一种创新的再利用方式，它能够给废弃或受损的文化遗址注入新的生命，使之成为兼具教育意义和审美价值的公共空间，这种活化不仅保留了遗址的历史痕迹，还赋予了其当代功能和意义。三是促进文化交流。艺术无国界，废墟艺术创作往往能跨越文化和语言障碍，成为国际间文化交流的桥梁，它有助于展示不同文化的独特性，同时也强调了全球范围内文化遗产保护的共通性和紧迫性。四是科技创新与应用。很多废墟美学艺术实践都融入了现代科技，如增强现实技术、3D投影等，这些科技创新不仅丰富了艺术表现形式，也为文化遗产的记录、监测和保护提供了新工具和方法。五是经济带动效应。成功的废墟美学艺术实践能够带动周边旅游业和文化创意产业的发展，为当地创造经济效益，这种经济利益反过来又可以支持更多的文物保护和修复工作。六是联结情感与记忆，艺术创作能帮助人们建立与过去的情感联系，特别是对于那些因战争、自然灾害等原因遭到破坏的文化遗产。通过艺术，人们得以缅怀过去，同时展望未来，促进社会心理的愈合与重建。综上所述，废墟美学艺术实践不仅是对一种艺术的表达，更是文化遗产保护和传承的有效策略之一，它在多个层面促进了文化遗产的社会价值、文化价值和经济价值的提升。

## 二、废墟美学与中国主流文化价值传播

中国的主流文化价值深深植根于其悠久的历史与哲学传统中，并在现代社会体现为中国特色社会主义核心价值体系。中国的主流文化价值主要包括以下内容。一是社会主义核心价值观。这是当前中国主流文化价值的集中体现，倡导富强、民主、文明、和谐，自由、平等、公正、法治，爱国、敬业、诚信、友善，这24个字概括了国家层面的价值目标、社会层面的价值取向和个人层面的价值准则。二是爱国主义。强调对国家的深厚感情和忠诚，鼓励公民为国家的发展繁荣贡献自己的力量。三是集体主义。视集体利益高于个人利益、倡导团结协作是共同进步的社会风尚。四是社会主义道德观。倡导诚实守信、勤俭节约、尊老爱幼、助人为乐等传统美德，以及适应现代社会发展需要的新道德观念。五是改革开放精神。鼓励开拓创新、勇于担当、开放包容、兼容并蓄，体现了中国社会在经济、科技、文化等领域不断进取的态度。六是法治理念。强调依法治国，建设社会主义法治国家，尊重法律权威，维护社会公平正义。七是和谐社会。追求人与人、人与自然、人与社会的和谐共生，促进社会稳定与持续发展。这些主流文化价值不仅体现在官方政策和教育体系中，也渗透到大众媒体、文艺创作、日常生活和社会行为规范等多个层面，对中国社会的发展和民众的思想行为产生深远影响。

废墟美学实践通过探索和再解读废弃空间及历史遗迹的艺术价值，不仅为城市记忆的保留和文化身份的构建提供了新的视角，同时也对传播中国主流文化价值产生了积极影响。首先，增强文化自信与历史认同。废墟美学通过艺术手段重新激活历史遗址或工业废墟，使人们在欣赏美的同时，加深对本国历史文化的了解和认同，这种实践展示了中华文明的连续性和韧性，增强了公众的文化自信心和历史责任感，与弘扬传统文化、促进文化传承的主流文化价值相契合。其次，促进可持续发展理念传播。废墟改造项目往往强调就地取材、低碳环保的设计原则，体现了与自然和谐共生的生态文明理念，这种实践与主流文化中倡导的绿色发展理念相一致，有助于提升公众对环境保护和资源循环利用的认识，达成可持续发展的社会共识。再次，激发创新创造活力。将废墟转化为文化艺术空间或公共设施，需要跨学科的合作与创新思维，这与主流文化价值中鼓励创新、开放包容的精神相呼应，此类实践不仅丰富了城市文化生活，也为艺术家、设计师和建筑师提供了实验与表达的平台，促进了创意产业的发展。然后，强化社区参与和社会凝聚力。许多废墟美学项目鼓励社区居民参与设计和改造过程，增强了居民之间的互动与合作，促进了社区凝聚力的形成，这种基于地方文化的集体行动，

体现了主流文化中强调的集体主义精神和社会和谐的价值观。最后，推动国际文化交流。废墟美学的实践案例往往能够吸引国际关注，成为展示中国现代文化魅力和传统历史深度的窗口，通过这些实践案例的国际交流，可以增进世界对中国文化的理解和尊重，促进文化的多样性和国际间的友好交往，符合中国主流文化价值中倡导的开放包容、和平发展的外交理念。总之，废墟美学实践通过艺术与历史的结合，不仅为城市空间的再生提供了新路径，也在多个维度上促进了中国主流文化价值的传播与实践，展现了中国文化的独特魅力与时代活力。

通过废墟美学艺术实践讲好中国故事。废墟美学的艺术实践就是以艺术的形式展现中国美学历史文化和当代价值观念，增进国内外观众对中国文化的理解和共鸣。其途径有六个：一是挖掘历史深度，展现文化连续性。选择具有历史意义的废墟作为创作背景，如古代遗址、废弃的工业遗产等，通过艺术创作讲述这些地点背后的故事，展现中国的历史文化与民族精神。例如，将古代建筑遗迹与现代装置艺术结合，让观众在对比中感受时间的流逝与文化的传承。二是结合传统与现代元素。在废墟美学创作中融入传统艺术形式（如书法、绘画、雕塑）与现代艺术手法（如数字艺术、装置艺术），创造出既有古典韵味又不失现代感的作品，体现中国文化的包容性与创新能力，这样的作品能够跨越时空界限，吸引更多年轻观众的兴趣。三是关注社会议题，反映时代变迁。利用废墟作为社会变迁的见证，通过艺术实践探讨城市化、工业化、环境保护等当代社会议题，传达中国社会正面应对挑战、追求可持续发展的决心。例如，将废旧工厂改造成环保主题的展览空间，这既是对过去的反思也是对未来的展望。四是促进社区参与，增强文化认同。鼓励当地居民参与创作过程，收集他们的故事和记忆，将其融入艺术作品中，这样不仅能让作品更加贴近民众生活，也能增强社区居民对本土文化的认同感和归属感，社区废墟美学艺术实践可以成为连接过去与现在、个人与集体的桥梁。五是国际化表达，增进文化交流。采用国际化语言和视角进行创作，使作品不仅具有中国特色，也能引发全球观众的情感共鸣。例如，通过跨国艺术家合作，将中国故事与全球性主题相联结，或是在国际艺术节、展览中展示，提升中国文化的国际影响力。六是数字化传播，扩大影响力。利用互联网和新媒体技术，通过虚拟现实、增强现实等技术手段，让更多人以沉浸式体验的方式"走进"废墟美学创作，使中国故事跨越地理限制，触达更广泛的受众。以上途径不是全部，但废墟美学实践确实不仅能够活化历史记忆，还能成为讲述和传播中国故事的创新平台，提升文化自信与促进国际交流。

### 三、废墟美学与民族文化元素传承

中国的民族文化元素广泛而深厚，涵盖了物质文化和精神文化的多个方面，是中华民族悠久历史和多元文化融合的产物。物质文化元素包括饮食文化（如八大菜系、茶文化、酒文化等），服饰文化（如汉服、民族服饰、旗袍等），传统建筑（如四合院、故宫、长城、园林建筑等），手工艺品（如瓷器、丝绸、刺绣、玉雕、剪纸、风筝、泥塑等），生产工具与技术（如古代四大发明等）；精神文化元素包含哲学思想（儒家的仁爱礼教、道家的道法自然、佛家的因果轮回等），宗教信仰（佛教、道教、儒家伦理思想与民间信仰的结合），文学艺术（古诗词、小说、戏剧、书法、国画、篆刻、对联等），传统节日（春节、中秋、端午、重阳及相关的习俗和庆典活动），社会习俗与礼仪（礼仪之邦的待客之道、婚丧嫁娶习俗等），武术与体育（太极拳、少林功夫、气功、围棋、象棋等）；还包括音乐舞蹈（民族音乐、民族舞蹈、京剧、川剧变脸等）；教育与学术（科举制度、四书五经、古代四大名著等）；自然观与宇宙观（阴阳五行、风水学说、二十四节气等）。这些元素不仅体现了中华民族的历史积淀，也持续影响着当代中国人的生活方式和思维方式，是中华文化传承和发展的重要组成部分。

废墟美学实践在中华民族文化传承中扮演着多重积极角色，它不仅是对过去文化遗产的一种尊重与保护，也是促进文化创新与发展的重要途径。在增强文化记忆与认同感方面，废墟美学实践唤醒人们对历史的记忆，使人们加深对民族文化根源的理解和认同。废墟作为历史的见证，帮助现代人建立起与过去的联系，强化文化身份的意识。在促进历史教育与反思方面，废墟作为一种活生生的历史教材，能够激发公众特别是年轻一代对历史的兴趣，促使他们从过去的兴衰更替中汲取经验教训，培养批判性思维和提升历史责任感。在激发文化艺术创作方面，废墟独特的美学价值和丰富的象征意义，为艺术家和创作者提供了灵感源泉，从文学、美术到影视、音乐等领域，废墟美学的实践促进了跨学科的文化创新，丰富了当代中国文艺的表现形式和内涵。在推动文化旅游与经济发展方面，合理开发的废墟遗址可以成为重要的旅游资源，带动周边地区的经济发展，同时，这也有助于提升地区知名度，促进文化交流与国际理解。在倡导文物保护方面，废墟美学实践强调了保护历史遗迹的重要性，有助于形成全社会共同参与文物保护的良好氛围，这不仅限于对物质遗产的保护，也包括对非物质文化遗产的传承，从而维护文化多样性。在促进城市更新与可持续发展方面，在城市化进程中，废墟美学实践鼓励在新旧之间找到平衡，通过再利用和改造废弃空间，实现城市的有机更新，这样既保留了城市记忆，又促进了环境的可持续发展。综上所述，废墟美学在中华民族文化元素传承中具有重要作用。通过描绘废墟的景象，废墟美学能够帮助民众更好地理解和传承纹饰、京剧脸谱、皮影、武术、太极拳、景泰蓝、甲骨文、玉雕、篆刻、中式乐器、汉字书法等民族文化元素，实践天人合一、中庸之道等中华优秀传统文化。废墟美学的多样性和广泛性使其成为民族文化元素传承领域不可或缺的一部分，我们可以更加全面地认识和保护文化遗产，为艺术与文化之间的融合搭建一座桥梁。废墟美学不仅是一种审美的探索，更是文化传承与创新发展的重要驱动力，它促使我们以更开阔的视野审视和珍惜民族文化遗存，让民族文化元素在当代社会中继续传承下去，为构建有深度、有特色的当代中国文化贡献力量。

## 四、废墟美学与公共美育

社会公共美育是指面向全社会成员，旨在提升大众审美素养、培养审美能力、丰富精神文化生活的审美教育活动。它超越了学校教育的范畴，通过社会的各种渠道和平台进行，具有开放性、普及性和社会性的特点。社会公共美育的目标在于提高全民的文化艺术鉴赏力，促进社会文化的健康发展，以及建设更加和谐美好的社会。社会公共美育主要包含六个方面内容。一是艺术普及。通过在美术馆、博物馆、图书馆、剧院、音乐厅等公共文化空间，举办展览、演出、讲座、工作坊等活动，使公众有机会接触和了解各种艺术形式。二是自然与环境美化。提升城市公共空间的艺术美感，如公园、街道、广场的美化设计，以及环境保护项目，鼓励人们欣赏自然之美，培养环保意识。三是社区文化活动开展。在社区层面开展丰富多样的文化活动，如节日庆典、民俗展示、社区艺术节等，增强居民间的文化交流与社区凝聚力。四是媒体与网络平台宣传。利用电视、广播、互联网、社交媒体等现代传播手段，传播艺术知识，展示美学作品，进行审美教育，拓宽公共美育的覆盖面。五是公共艺术项目设置。设置公共艺术装置、壁画、雕塑等，将艺术融入日常生活空间，让市民在日常生活中感受艺术的魅力。六是终身教育展开。提供成人教育课程、公开讲座、在线学习资源等，满足不同年龄层人们对审美教育的需求，促进终身学习。社会公共美育的意义在于，它能够帮助构建一个更加人文、和谐、有创造力的社会，提升民众的生活质量，同时也是推动社会文明进步、实现人的全面发展的重要途径。

废墟美学作为一种独特的艺术表现形式，可以作为审美教育的一部分。它能够帮助学生和观众理解和欣赏复杂的美学作品，同时培养批判性思维和引发情感共鸣。废墟美学在高级审美教育中主要应用在以下方面：在美学理论的探讨方面，废墟美学可以作为讨论美学理论的案例，帮助学生理解美的多样性和相对性，以及美与时间、空间、文化背景之间的关系；在艺术史的学习方面，涉及废墟美学的作品可以作为艺术史的一部分，帮助学生了解不同历史时期的文化遗产和艺术风格，以及这些风格如何随着时间的推移而变化；在情感与思想的培养方面，废墟作品往往能够激发深层次的情感和思想反应，通过分析和讨论这些作品，学生可以提升自己的情感智力和培养批判性思维能力；在文化认同的探索方面，废墟美学可以作为探索个人和文化认同的工具，学生可以通过分析废墟作品中的文化元素，更好地理解自己的文化背景和身份；在创意表达的激发方面，废墟美学的创作过程可以激发学生的创造性思维，通过尝试废墟艺术创作，学生可以学习如何将抽象概念转化为视觉艺术形式；在社会责任的反思方面，废墟美学还可以引导学生反思社会责任，如通过讨论废墟作品中所反映的社会问题和环境议题，鼓励学生思考如何在现代社会中负责任地行动。因此，通过将废墟美学纳入高级审美教育，学生不仅能够学习到艺术和美学知识，还能够发展自己的情感智力、批判性思维和创造性表达能力，同时对文化和社会问题有更深入的理解。

不可否认的是，废墟美学实践对于推动社会公共美育具有积极作用。在增强历史意识与文化认同方面，废墟美学通过对历史遗迹的重新诠释，引导公众关注并思考过去与现在的关系，加深公众对本土文化的理解与认同，这种实践不仅提供了直观的历史教育，还促进了文化遗产的保护意识提升，使人们在美的享受中增加对民族历史的尊重与传承责任感。在拓展审美视野与创新思维方面，不同于传统美学对完整与完美的追求，废墟美学强调的是在不完美中发现美，促使观众从不同的角度审视事物，从而拓展审美的边界，这种审美体验鼓励创新思维，激发人们对现实世界的多重想象和创造性，有助于培养公众开放、包容的审美观念。在促进公共空间的活化与利用方面，许多废墟美学实践通过艺术介入的方式，将废弃空间转变为文化场所、公共艺术区或是社区活动中心，为城市注入新的活力，这不仅美化了城市环境，也为居民提供了更多接触艺术、参与文化活动的机会，增强了社区的凝聚力和归属感，推动了社会公共空间的有效利用。在引发社会对话与反思方面，废墟美学实践往往涉及对城市化进程、环境保护、人类文明发展路径的深刻反思，通过艺术展览、论坛、工作坊等形式，引发公众对这些议题的关注与讨论，促进社会意识的觉醒与价值观的交流，有助于构建更加理性的社会共识。在提升公民意识与社会责任方面，参与废墟美学实践的公众，无论是作为观察者还是创作者，都能在过程中体会到个人行动对社会环境的影响，从而激发其公民意识和社会责任感，这种实践鼓励人们主动参与社会文化建设，共同维护和创造更加美好、有内涵的城市空间。综上所述，废墟美学实践通过其独特的视角和方法，不仅丰富了社会公共美育的内容与形式，更在深层次上促进了文化传承、审美教育发展、社区发展与社会进步，是推动社会公共美育发展不可或缺的力量。

## 第三节　废墟美学的未来发展

废墟美学作为一门探讨废墟、遗迹及其文化、艺术、哲学、社会学意义上价值的学术研究，不仅仅关注废墟的物质形态，更深入探索其背后的历史记忆、文化认同、时间哲思以及人类情感。未来，废墟美学的研究有望在以下几个方向进一步发展。一是数字技术与虚拟现实的融合研究。随着数字技术的飞速发展，尤其是虚拟现实、增强现实和3D扫描等技术的应用，废墟美学的研究将更加注重数字化体验与重建，这不仅能够为无法实地访问的废墟提供沉浸式体验，还可能通过数字修复技术重现历史场景，探索虚拟废墟作为一种新的审美对象的可能性。二是跨学科整合研究。废墟美学的未来研究趋势将是高度跨学科的，涉及建筑学、艺术史、人类学、地理学、文学、哲学等多个领域，这种整合不仅能够更全面地理解废墟的文化意义，还能从不同视角挖掘其深层的社会价值和心理效应，促进理论框架的创新与发展。三是可持续性与环境保护研究。在全球气候变化日益剧烈和环境保护意识日益增强的背景下，废墟美学的研究也将更多地关注废墟保护与可持续发展之间的关系，如何在尊重自然环境和文化遗产的同时，通过创新的保护策略和技术手段，使废墟成为城市规划和生态恢复的一部分，这将成为一个重要议题。四是记忆与遗忘的社会心理学研究。废墟作为集体记忆的载体，其存在引发了关于记忆与遗忘、创伤与治愈的深刻讨论，未来的研究可能会更深入地探索废墟如何影响个人身份认同、社区凝聚力以及国家叙事，特别是在经历过战争、灾难或快速城市化进程的社会中。五是全球视野下的比较研究。随着经济全球化的推进，废墟美学的研究不再局限于某一地区或文化，而是扩展到全球范围内的比较研究，这包括不同文化背景下的废墟观念差异、保护实践的国际交流以及全球废墟旅游对地方经济和社会的影响等。六是伦理与责任方面研究。在研究和利用废墟的过程中，伦理考量变得尤为重要。如何平衡学术研究、商业开发与遗址保护之间的关系，尊重原住民权利，避免文化挪用，确保研究成果惠及当地民众，都是未来废墟美学研究需要面对的重要课题。综上所述，废墟美学的未来发展将是多元化、跨学科且充满挑战的，它不仅关乎对过去的理解和记忆，更给未来社会文化的可持续发展提供了新的路径。

## 第四节　本章小结

废墟美学作为一个独特的研究领域，在当代社会具有重要的价值。首先，在快速的经济全球化和城市化进程中，废墟作为历史的见证者，承载着丰富的文化记忆和独特的民族身份，通过研究废墟美学，可以帮助社会成员理解过去，强化文化认同感，促进文化的连续性和多样性提升。其次，废墟不仅是物质的存在，更是历史事件、社会变迁和人类经验的象征，它促使人们反思历史，从中吸取教训，如战争的破坏、文明的衰落等，从而在当今世界中作出更加明智的决策。此外，废墟的破败之美，激发了艺术家、建筑师和设计师的创作灵感，促进了新的艺术形式和设计理念的诞生，废墟美学鼓励人们从非传统美的角度去欣赏和创造，拓宽了审美的边界。最后，在城市更新和可持续发展中，废墟美学为城市规划提供了独特的视角。通过对废弃空间的再想象和改造，可以实现历史遗产保护与现代城市功能的结合，推动城市文化的创新与再生。值得一提的是，废墟常常是自然与人类活动相互作用的结果，废墟美学研究有助于提高公众对生态环境问题的认识，促进生态敏感型的废墟管理与保护策略的建立，为生态城市的建设提供参考。当下，废墟美学实践承载着对历史、记忆和变迁的深刻反思，同时面临着一些困境。一是历史文化信息的传达。艺术家在处理废墟题材时，如何恰当地传达历史信息，避免对历史事实误读或过度浪漫化是一大挑战，这要求创作者深入研究相关历史背景，确保作品既能触动人心，又能传递正确的历史文化信息。二是伦理与尊重。废墟往往关联着特定人群的记忆和伤痛，如战争遗址、灾难现场等，艺术家在创作中需要极其谨慎，尊重逝者和幸存者的感受，避免作品被视为对苦难的消费或轻率处理，确保创作行为的伦理正当性。三是保护与利用的平衡。一些艺术表达形式会涉及废墟场地和取材问题，特别是在废墟现场进行创作（设计改造）或取材时，如何在不破坏原有结构和环境的基础上进行艺术加工是一个难题，艺术家和管理者需要共同探索可持续的艺术介入方式，确保创作活动不会加速废墟的退化或改变其原有面貌。四是商业化压力。随着废墟艺术的兴起，市场和商业利益的介入可能导致艺术创作的初衷被扭曲，如何在艺术表达的纯粹性与市场需求之间找到平衡，防止废墟艺术沦为纯粹的商品，是对艺术家的一大考验。五是受众接受度。废墟艺术因其独特的主题和表现手法，可能难以获得广泛公众的理解和共鸣，如何提升作品的可读性，使深邃的历史思考与当代审美相结合，吸引更多观众的关注和思考，是推广此类艺术作品的关键。六是创新与突破。随着越来越多的艺术家涉足废墟题材，如何在这一相对固定的题材中保持创新，避免重复和同质化，创作出具有时代感和个人特色的作品，成为每位创作者需要面对的挑战。七是技术与材料的限制。部分废墟环境通常比较恶劣，对创作材料和技术有特殊要求，艺术家需克服自然侵蚀、光线不足、空间限制等困难，选择适合的媒介和技术手段，保证作品的耐久性和表现力。综上所述，废墟美学实践不仅要跨越艺术与历史的界限，还需在众多社会、伦理和技术的挑战中寻求平衡，以确保创作的深度、广度和影响力。

# 结　语

在数字时代，艺术作品更多是以数码符号的方式呈现的。客观上，电子传媒是没有情感的冷漠的科技衍生物，而艺术作品是饱含人类情感的精神产品，是人对客观世界的主观情感反映的形式。英国艺术批评家和理论家赫伯特·里德曾说，"整个艺术史是一部关于视觉方式的历史，关于人类观看世界所采取的各种不同方法的历史"[①]。艺术家总是竭尽智慧和能力，以饱含温情的目光审视周遭的世界，思考短暂生命历程中交集过的事物的存在方式和意义，尤其是那些无法摆脱时空限制的、含有悲剧意味的事物，在给予更多关注、审视和反思过后，以自我的言说方式表达出人对现实的态度。废墟美学实践何尝不是如此？废墟美学实践的意义在于它为我们提供了一个独特的视角，来理解和解构人类文明、历史、社会和个体经验中的复杂性。在文化记忆与历史意识方面，废墟美学帮助我们保存和反思过去的文化记忆，增强历史意识，通过对废墟的研究，我们可以更好地理解历史事件、文明变迁和社会发展的脉络。在审美体验的深化方面，废墟美学丰富了我们的审美体验，使我们能够欣赏和理解不同形式和状态的美，其所带来的视觉和情感冲击，挑战了传统的美学观念，拓宽了美学的边界。在人类存在的反思方面，废墟的存在让我们反思人类存在的意义和目的，以及我们与周围世界的关系，废墟作为一种象征，激发了关于生命、死亡、时间和永恒的哲学思考。在社会批判与警示方面，艺术家通过对废墟美学的研究，可以对社会现象进行批判性的分析，揭示社会问题和文化冲突，同时，废墟也作为一种警示，提醒我们关注环境的破坏、城市化进程中的人文关怀缺失等问题。在创意与艺术表现的灵感方面，废墟的美学价值激发了艺术家的创造力，成为创作灵感的来源，许多艺术作品通过废墟这一主题，展现了独特的艺术和深刻的情感。在跨学科交流与合作方面，废墟美学研究涉及多个学科领域，如哲学、艺术史学、建筑学、人类学等，促进了跨学科的交流与合作，推动了相关领域的研究发展。因此，废墟美学研究具有重要的文化和学术价值，废墟美学不仅丰富了我们的审美观念和人文素养，也为

---

[①] 王邦雄. 艺术的味道 [M]. 上海：上海百家出版社，2009.

我们提供了一个独特的视角来理解和面对当代社会和环境中的挑战。

本书全面探讨了废墟美学实践的意义，指出废墟美学实践具有较高的人文和社会意义。废墟美学实践的人文价值主要体现在探索历史与记忆、批判的现代性、反思自然与人类关系、美学创新、社会政治评论、情感心理探索六个方面；其社会意义则体现在文化遗产保护、中国主流文化价值传播、民族文化元素传承、公共美育四个层面。废墟美学实践的核心是艺术创作，艺术家通过废墟这一载体，表达自己的情感、思想和审美观念，这种实践视角强调艺术家的创造力和艺术家对废墟这一特殊空间的探索，它既关注艺术创作本身，也通过废墟这一特殊载体，实现艺术、文化、社会和环境的互动与融合。

本书也探讨了废墟美学实践的类型路径。首先，在分析废墟美学实践的时间、空间、主客视角基础上，从绘画、公共艺术、数字艺术、艺术设计、跨媒介实践等方面探讨废墟美学实践的路径，这些路径不仅体现了废墟美学的多样性，也反映了废墟美学在艺术、文化、社会和环境等多个领域的重要价值。其次，本书又从遗迹废墟、灾害废墟、战争废墟、生活废墟、工业废墟等不同类型废墟的角度分析它的实践情况。最后，本书指出废墟美学实践通过这些实践路径，引发公众对废墟和相关社会问题的思考和讨论。

本书也探讨了废墟美学实践的具体创作原则与策略建构，并提出了废墟美学实践的"六要素三策略"，指出尊重废墟的历史背景和现状是非常重要的原则，在遵循生态性和可持续性前提下，艺术家应当深入了解废墟的历史和文化价值，并在实践中予以体现。这些原则和策略不仅指导着废墟美学的创作过程，也反映了废墟美学作为一种审美形式存在的多样性和深远社会影响，通过这些原则和策略，废墟美学能够不断地发展和创新，为艺术家和公众提供新的表达和体验渠道。

当然，废墟美学研究尚在路上，且刚刚起步，需要投入更多的关注和努力。比如，理论研究的深度方面，废墟美学作为一个相对较新的研究领域，其理论体系尚不完善，缺乏对深入系统的理论体系的建构；缺乏综合多学科视角的跨学科研究；废墟美学的地域性研究相对较少且社会影响研究不足；缺乏废墟美学在社会批判、环境保护等方面的实际效果评估研究等。笔者认为，探索和建立完善的废墟美学理论框架是最重要且紧迫的任务，同时，加强废墟美学与其他学科的交叉研究，探讨文化差异对废墟美学的影响，探讨废墟美学对社会和文化的影响，探讨废墟美学融入教育体系，特别是有机融入社会公共美育，探索新科技在废墟美学创作中的应用，探索在经济全球化背景下废墟美学实践跨越文化的融合，以及废墟美学的可持续性和伦理问题等。笔者相信，随着社会的发展，越来越多的学者和艺术家将会加入废墟美学研究行列，他们将会更深入地挖掘废墟美学的内涵和价值，推动废墟美学研究迅速朝前发展，共同为人类文明进步作出自己的努力和贡献。

# 参考文献

[1] 本雅明. 德国悲剧的起源 [M]. 陈永国, 译. 北京: 文化艺术出版社, 2001.

[2] 本雅明. 本雅明文选 [M]. 陈永国, 马海良, 译. 北京: 中国社会科学出版社, 1999.

[3] 波德莱尔. 恶之花 [M]. 郑克鲁, 译. 长沙: 湖南文艺出版社, 2018.

[4] 波德莱尔. 波德莱尔美学论文选 [M]. 郭宏安, 译. 北京: 人民文学出版社, 2008.

[5] 波德莱尔. 巴黎的忧郁 [M]. 亚丁, 译. 北京: 生活·读书·新知三联书店, 2015.

[6] 桑塔格. 反对阐释 [M]. 程巍, 译. 上海: 上海译文出版社, 2011.

[7] 维特根斯坦. 文化与价值 [M]. 涂纪亮, 译. 北京: 北京大学出版社, 2012.

[8] 鲍桑葵. 美学史 [M]. 张今, 译. 桂林: 广西师范大学出版社, 2001.

[9] 艾柯. 丑的历史 [M]. 彭淮栋, 译. 北京: 中央编译出版社, 2012.

[10] 贝利. 审丑: 万物美学 [M]. 杨凌峰, 译. 北京: 金城出版社, 2014.

[11] 乌纳穆诺. 生命的悲剧意识 [M]. 哈尔滨: 北方文艺出版社, 1987.

[12] 吉登斯. 现代性与自我认同 [M]. 赵旭东, 方文, 译. 北京: 生活·读书·新知三联书店, 1998.

[13] 莱昂. 后现代性 [M]. 郭为桂, 译. 长春: 吉林人民出版社, 2004.

[14] 费伯. 牛津通识读本: 浪漫主义 [M]. 翟红梅, 译. 南京: 译林出版社, 2019.

[15] 基弗. 艺术在没落中升起: 安瑟姆·基弗与克劳斯·德穆兹的谈话 [M]. 梅宁, 孙周兴, 译. 北京: 商务印书馆, 2014.

[16] 波默. 气氛美学 [M]. 贾红雨, 译. 北京: 中国社会科学出版社, 2018.

[17] 伯曼. 一切坚固的东西都烟消云散了: 现代性体验 [M]. 徐大建, 张辑, 译. 北京: 商务印书馆, 2013.

[18] 丹纳. 艺术哲学 [M]. 傅雷, 译. 天津: 天津社会科学院出版社, 2007.

[19] 布莱宁. 浪漫主义革命：缔造现代世界的人文运动 [M]. 袁子奇, 译. 北京：中信出版社·新思文化, 2017.

[20] 伯林. 浪漫主义的根源 [M]. 吕梁, 等译. 南京：译林出版社, 2008.

[21] 贝尔. 艺术 [M]. 周金环, 等译. 北京：中国文联出版公司, 1984.

[22] 捷普洛夫. 心理学 [M]. 赵璧如, 译. 北京：人民教育出版社, 1953.

[23] 冯特. 心理学概述：情感三度说 [M]. 谭越, 译. 武汉：湖北科学技术出版社, 2016.

[24] 朗格. 情感与形式 [M]. 刘大基, 等译. 北京：中国社会科学出版社, 1986.

[25] 朗格. 艺术问题 [M]. 滕守尧, 译. 南京：南京出版社, 2006.

[26] 杜威. 艺术即经验 [M]. 高建平, 译. 北京：商务印书馆, 2017.

[27] 鲍曼. 废弃的生命 [M]. 谷蕾, 胡欣, 译. 南京：江苏人民出版社, 2006.

[28] 韦尔施. 重构美学 [M]. 陆扬, 张岩冰, 译. 上海：上海世纪出版集团, 2006.

[29] 巫鸿. 废墟的故事：中国美术和视觉文化的 "在场" 与 "缺席" [M]. 肖铁, 译. 上海：上海人民出版社, 2017.

[30] 巫鸿. 中国古代艺术与建筑中的 "纪念碑性"[M]. 李清泉, 郑岩, 等译. 上海：上海人民出版社, 2017.

[31] 巫鸿. 时空中的美术：巫鸿中国美术史文编二集 [M]. 梅玫, 等译. 北京：生活·读书·新知三联书店, 2016.

[32] 巫鸿. 物尽其用：老百姓的当代艺术 [M]. 上海：上海人民出版社, 2011.

[33] 巫鸿. 作品与展场：巫鸿论中国当代艺术 [M]. 广东：岭南美术出版社, 2005.

[34] 叶廷芳. 废墟之美 [M]. 深圳：海天出版社, 2017.

[35] 叶廷芳. 现代艺术的探险者 [M]. 广州：花城出版社, 1986.

[36] 叶廷芳. 现代审美意识的觉醒 [M]. 北京：华夏出版社, 1995.

[37] 吴苹. 西方景观文化中的残缺美 [M]. 北京：中国建筑工业出版社, 2007.

[38] 吴永琪, 李淑萍, 张文立. 遗址博物馆学概论 [M]. 西安：陕西人民出版社, 1999.

[39] 过常宝, 李志远. 遗迹文化 [M]. 北京：中国经济出版社, 2011.

[40] 张松. 城市文化遗产保护国际宪章与国内法规选编 [M]. 上海：同济大学出版社, 2007.

[41] 杨国庆. 南京城墙 [M]. 南京：江苏人民出版社，2014.

[42] 张恩荫，刘继文，等. 圆明园遗址公园 [M]. 香港：中国文学出版社，1998.

[43] 吴春涛. 自然灾害景区的开发和管理 [M]. 成都：四川大学出版社，2018.

[44] 董豫赣. 败壁与废墟建筑与庭园 [M]. 上海：同济大学出版社，2012.

[45] 朱光潜. 把心磨成一面镜：朱光潜谈美与不完美 [M]. 北京：中国轻工业出版社，2017.

[46] 许慎. 说文解字 [M]. 北京：中华书局，2003.

[47] 司马迁. 史记 [M]. 北京：中华书局，2014.

[48] 商务印书馆辞书研究中心. 古代汉语词典（第 2 版）[M]. 北京：商务印书馆，1998.

[49] 黄庭坚. 山谷诗集注 [M]. 上海：上海古籍出版社，2003.

[50] 中华书局编辑部. 全唐诗 [M]. 北京：中华书局，2018.

[51] 司马光. 资治通鉴 [M]. 北京：中华书局，1956.

[52] 杨衒之. 洛阳伽蓝记校笺 [M]. 北京：中华书局，2018.

[53] 魏收. 魏书 [M]. 北京：中华书局，2011.

[54] 姚思廉. 梁书 [M]. 北京：国家图书馆出版社，2014.

[55] 沈括. 梦溪笔谈 [M]. 沈阳：辽宁教育出版社，1997.

[56] 滕守尧. 审美心理描述 [M]. 成都：四川人民出版社，1998.

[57] 葛晓音. 杜甫诗选评 [M]. 上海：上海古籍出版社，2019.

[58] 逯钦之. 先秦两汉魏晋南北朝诗 [M]. 北京：中华书局，2008.

[59] 叶朗. 美学原理 [M]. 北京：北京大学出版社，2009.

[60] 欧阳英. 外国美术史 [M]. 杭州：中国美术学院出版社，2014.

[61] 王宏建，袁宝林. 美术概论 [M]. 北京：高等教育出版社，1994.

[62] 朱良志.《二十四诗品》讲记 [M]. 北京：中华书局，2017.

[63] 鲁枢元，等. 文艺心理学大辞典 [M]. 武汉：湖北人民出版社，2001.

[64] 李允鉌. 华夏意匠 [M]. 天津：天津大学出版社，2014.

[65] 王伯敏. 中国绘画通史 [M]. 北京：生活·读书·新知三联书店，2000.

[66] 张岱年，程宜山. 中国文化与文化争论 [M]. 北京：中国人民大学出版社，1990.

[67] 余秋雨. 文化苦旅 [M]. 北京：中国文学出版社，2012.

[68] 何志宁. 自然灾害社会学理论与视角 [M]. 北京：中国言实出版社，2017.

[69] 朱建宁. 西方园林史：19 世纪之前 [M]. 北京：中国林业出版社，2008.

[70] 针之谷钟吉. 西方造园变迁史 [M]. 邹洪灿，译. 北京：中国建筑工业出版社，2016.

[71] 外语教学与研究出版社编辑室. 现代英汉词典 [M]. 北京：外语教学与研究出版社，1996.

[72] 潘岳. 潘岳集校注 [M]. 天津：天津古籍出版社，2005.

[73] 罗小未，蔡琬英. 外国建筑历史图说 [M]. 上海：同济大学出版社，1986.

[74] 钱伯斯. 东方造园 [M]. 邱博舜，译. 台北：联经出版社，2012.

[75] 沃林. 瓦尔特·本雅明：救赎美学 [M]. 吴勇立，张亮，译. 南京：江苏人民出版社，2008.

[76] 莱斯利. 本雅明 [M]. 陈永国，译. 北京：北京大学出版社，2013.

[77] 黑格尔. 美学（第三卷 下册）[M]. 朱光潜，译. 重庆：重庆出版社，2018.

[78] 王邦雄. 艺术的味道 [M]. 上海：上海百家出版社，2009.

[79] 曹文柱. 中国社会通史：秦汉魏晋南北朝卷 [M]. 山西：山西教育出版社，1998.

[80] 毕静文，孙雪飞. 废墟美学在服装设计中的应用研究 [J]. 设计，2023，36（21）：123-126.

[81] 程勇真. 废墟的空间美学思想分析 [J]. 名作欣赏，2018（12）：23-25.

[82] 程勇真. 废墟美学研究 [J]. 河南社会科学，2014，22（9）：70-73.

[83] 郝青松. 废墟之中，艺术何为：当代艺术转折时刻的价值思考 [J]. 艺术广角，2012（4）：58-60.

[84] 赖志强. 城市变迁与废墟艺术：中国当代艺术的作品及其表现 [J]. 美术学报，2009（1）：68-75.

[85] 高士明. 从废墟到盛墟 [J]. 东方艺术，2007（14）：106-109.

[86] 瞿颖慧. 论波德莱尔《恶之花》对"丑"的精神超越 [J]. 名作欣赏，2019（21）：90-91.

[87] 莫万莉. 废墟时间中的美术馆：艺仓美术馆 [J]. 时代建筑，2018（6）：92-97.

[88] 刘克成. 解说大明宫国家大遗址保护展示示范园区暨遗址公园总体规划 [J]. 中国文化遗产，2009（4）：112-119.

[89] 陈跃中，刘剑，慕晓东. 废墟审美下的设计策略：首钢园区冬训中心与五一剧场地块景观设计解析 [J]. 中国园林，2020，36（3）：33-39.

[90] 魏婷. 城市工业遗址的设计再造：以重庆鹅岭二厂文创园为例 [J]. 装饰，2021（1）：138-140.

[91] 程泰宁，崔愷，孟建民，等. 金陵大报恩寺遗址博物馆设计研讨会 [J]. 建筑学报，2017（1）：22-29.

[92] 袁野，李久太，南旭. 纪念之路：唐山地震遗址纪念公园概念设计 [J]. 城市环境设计，2008（4）：42-47.

[93] 姜永帅，徐峰. 遗弃、反抗与记录：论当代艺术之"拆迁废墟" [J]. 南京艺术学院学报（美术与设计版），2014（2）：100-104.

[94] 张骏. 废墟题材在当代艺术作品中的精神表达和文化反思 [J]. 大观，2020（1）：12-13.

[95] 杜成宪. 中国古代思想家的生死观教育 [J]. 基础教育，2019，16（2）：5-9.

[96] 冉淑青，裴成荣，张馨. 国内外大遗址保护的经验借鉴与启示 [J]. 人文杂志，2013（4）：45-48.

[97] 黄文华，郭鸿. 工业废弃地景观更新模式研究 [J]. 工业建筑，2016，46（8）：69-72.

[98] 贾超，郑力鹏. 工业建筑遗产的美学内涵探析 [J]. 工业建筑，2017，47（8）：1-6.

[99] 张健健. 西方当代景观设计中的"垃圾"美学 [J]. 现代城市研究，2013（10）：44-49.

[100] 庄稼. 后工业景观：废墟美学的运用 [J]. 公共艺术，2019（5）：22-29.

[101] 吴苹. 梦幻中的乌托邦废墟：普桑与洛兰的理想景观 [J]. 中国美术，2011（2）：148-151.

[102] 袁也，黄晓. 英国如画式园林中废墟景观的发展演变及其启示 [J]. 包装世界，2017（4）：52-55.

[103] 贺万里. 景观意义上的文化遗产（废墟）保护 [J]. 艺术百家，2009，25（4）：30-32.

[104] 刘力维，丁山. 遗址景观保护与展示设计研究 [J]. 美术大观，2020（2）：110-113.

[105] 朱金华. 废墟：现代景观设计的一个符号及其意义 [J]. 美术大观，2018（12）：144-145.

[106] 沃菲尔德. 沃菲尔德风土图记：废墟和破败中的建筑本质 [J]. 顾心怡，译. 建筑遗产，2017（1）：55-68.

[107] 路晓军，路小燕，田根胜. 中国传统文化的生死观 [J]. 求索，2004（6）：171-173.

[108] 张再林. 中国文化中的"工具理性" [J]. 人文杂志，2017（12）：7-17.

[109] 吴卫红. 真实性 安全性：土遗址保护与遗址公园建设的原则两辨 [J]. 东南文化，2020（6）：6-12.

[110] 王刃余. 国家考古遗址公园形态与核心价值利用刍议 [J]. 南方文物，2019（3）：260-263.

[111] 葛承雍. 唤醒大遗迹废墟中的审美记忆 [J]. 西北民族大学学报（哲学社会科学版），2015（2）：88-92.

[112] 陆邵明. 记忆场所：基于文化认同视野下的文化遗产保护理念 [J]. 中国名城，2013（1）：64-68.

[113] 张宇星. 废墟的四重态：大舍新作"边园"述评 [J]. 建筑学报，2020（6）：52-57.

[114] 柳亦春. 重新理解"因借体宜"：黄浦江畔几个工业场址改造设计的自我辨析 [J]. 建筑学报，2019（8）：27-36.

[115] 孟舒. 心灵的抚慰与现代文明的反思：侵华日军南京大屠杀遇难同胞纪念馆新馆的公共艺术研究 [J]. 美苑，2015（2）：72-77.

[116] 郝卫国. 受灾记忆的传承：唐山地震遗址纪念公园规划建设刍议 [J]. 中国园林，2009，25（12）：72-75.

[117] 师彦灵. 再现、记忆、复原：欧美创伤理论研究的三个方面 [J]. 兰州大学学报（社会科学版），2011，39（2）：132-138.

[118] 李飞. 当代创伤研究：范式、缘起与脉络 [J]. 深圳大学学报（人文社会科学版），2022，39（2）：148-159.

[119] 谢梦云，云翃. 废墟景观的当代美学价值 [J]. 美术大观，2021（10）：131-135.

[120] 陈望衡. 再论环境美学的当代使命 [J]. 学术月刊，2015，47（11）：118-126.

[121] 何汶，陈烨. 废墟岁月价值缺失性认知隐含的文化观念研究 [J]. 住宅科技，2020，40（9）：52–56.

[122] 冯大康，张青荣. 从弗洛伊德《画家的工作·反射》谈起 [J]. 大众文艺，2012（1）：129–130.

[123] 陈淼霞. 废墟文化中的审美精神 [J]. 青年文学家，2010（14）：180.

[124] 程勇真. 资本·审美·艺术·垃圾：当代社会中"垃圾"的审美解读 [J]. 山东农业工程学院学报，2017，34（11）：140–144.

[125] 西村清和. 场所的记忆与废墟 [J]. 梁青，译. 外国美学，2016（1）：24–38.

[126] 李溪. 18 世纪英国废墟景观之美学探究 [J]. 风景园林，2017（12）：36–43.

[127] 卢忠仁. 说"荒残"：兼谈废墟之美 [J]. 美与时代（下），2017（9）：5–10.

[128] 陈思. 从审美视角论石门废墟的独特价值 [J]. 西部学刊，2021，（5）：5–8.

[129] 梁毅. 郝青松 × 杨重光：废墟与重生 [J]. 艺术市场，2020（8）：50–53.

[130] 杨子鲲，夏冬，赵月. 生命的向度：废墟美学于乡村重建的意义探究 [J]. 大众文艺，2023，（12）：37–39.

[131] 叶洪图，刘雨薇，申大鹏. 废墟美学：浅议中国城市废弃建筑空间中的当代艺术创作 [J]. 建筑与文化，2022（1）：28–29.

[132] 葛涛. "环境保护与可持续发展"课程教学研究与探讨 [J]. 科技视界，2016（14）：85.

[133] 韩冬青，陈薇，马晓东，等. 在地脉和时态的关联中传承和创新：金陵大报恩寺遗址博物馆设计 [J]. 建筑学报，2017（1）：11–15.

[134] 张振江. 向死而生：安塞姆·基弗艺术研究 [D]. 北京：中央美术学院，2021.

[135] 腾小娟. 废墟审美：与中国城市电影的现代性建构 [D]. 南京：南京大学，2020.

[136] 何剑锋. 中国当代艺术的废墟形象研究 [D]. 广州：暨南大学，2015.

[137] 吴东. "怀旧审美"与"废墟意识"杜夫海纳美学视野下"怀旧审美"的现代性反思 [D]. 福州：福建师范大学，2016.

[138] 周晓玲. 废墟上的理想：本雅明寓言理论研究 [D]. 汕头：汕头大学，2007.

[139] 童彤. 中国当代艺术中废墟主题研究 [D]. 南京：东南大学，2017.

[140] 何周. 新千年以来好莱坞后启示录废土题材电影研究 [D]. 重庆：西南大学，2020.

[141] 张曦萍. 废墟：毁坏与再生间的言说 [D]. 兰州：西北民族大学，2019.

[142] 龚傲. 张大力涂鸦符号创作研究 [D]. 武汉：华中师范大学，2019.

[143] 韩郁婷. "废墟"背后的探寻 [D]. 苏州：苏州大学，2017.

[144] 朱霖. 中国城市电影中的废墟意象研究（2000—2019）[D]. 杭州：中国美术学院，2022.

[145] 贺静娜. 废墟与漫游者：第六代导演电影研究 [D]. 太原：山西师范大学，2021.

[146] 谭旖旎. 宗教类废墟建筑的价值分析：以山西八台子圣母堂废墟为例 [D]. 北京：中央美术学院，2020.

[147] 王书颖. 废墟美学在绘画中的语言研究：以安塞姆·基弗为例 [D]. 武汉：湖北美术学院，2022.

[148] 杨洪波. 环境设计中"废墟之美"的情感体验研究 [D]. 上海：上海师范大学，2022.

[149] 丁则智. 废墟题材在现代中国画中的表现：以水墨人物画为主分析 [D]. 南京：南京艺术学院，2022.

[150] 周鹏宇. 废墟美学下的工业痕迹：以黄石工业遗址为例 [D]. 黄石：湖北师范大学，2023.

[151] 吴丹. 引导培养学生自觉践行社会主义核心价值观 [N]. 人民日报，2024-05-03（01）.

[152] RUSKIN J. The Seven Lamps of Architecture[M]. New York：Dover Publication，1989.

[153] STEWART S. The Ruins Lesson：Meaning And Material in Western Culture[M]. Chicago，IL：University of Chicago Press，2020.

[154] ALICE M.Industrial Ruination，Community，and Place：Landscapes and Legacies of Urban Decline[M]. Toronto：University of Toronto Press，2012.

[155] GOTHEIN M L S. A History of Garden Art[M]. Cambridge：Cambridge University Press，2014.

[156] ALEXANDER J C, EYERMAN R, GIESEN B, et al. Cultural Trauma and Collective Identity[M]. Berkeley: Univ of California Press, 2004.

[157] FRITZSCHE P. Stranded in the Present: Modern Time and the Melancholy of History[M]. Massachusetts: Harvard University Press, 2004.

[158] HEIDEGGER M. Being and Truth[M]. Bloomington: Indiana University, 2010.

[159] MC LUHAND E, ZINGRONE F. Essential McLuhan[M]. Oxfordshire: Taylor and Francis, 1997.

[160] LANDO K. Ruin policies: why we should aim for protecting ruins regionally[J]. International Journal of Cultural Policy, 2023, 29（2）: 202–215.

[161] SARMENTO J. The Aesthetics of Ruins: failure, decay, planning, and poverty[J]. Finisterra Revista Portuguesa de Geografia, 2018（109）: 171–175.

[162] KORSMERYER C. The triumph of time: romanticism redux[J]. The journal of Aesthetics and Art Criticism, 2014, 72（4）: 429–435.

[163] BICKNELL J.Architectural ghosts[J]. The Journal of Aesthetics and Art Criticism, 2014, 72（4）: 435–441.

[164] SCARBROUGH E. Unimagined beauty[J]. The journal of aesthetics and art criticism, 2014, 72（4）: 445–449.

[165] CLEMENCE Chan E. What roles for ruins? meaning and narrative of industrial ruins in contemporary parks[J]. Journal of Landscape Architecture, 2009, 4（2）: 20–31.

[166] HANNA KATHARINA G. Making cultural values out of urban ruins: re-enactments of atmospheres[J]. Space and Culture. 2021, Vol. 24（3）: 408–420.